西北沿黄灌区盐碱地农业高效利用技术规程

逄焕成　王 婧　李玉义　著

中国农业科学技术出版社

图书在版编目（CIP）数据

西北沿黄灌区盐碱地农业高效利用技术规程 / 逄焕成，王婧，李玉义著 .—北京：中国农业科学技术出版社，2019. 12

ISBN 978-7-5116-3528-0

Ⅰ. ①西… Ⅱ. ①逄…②王…③李… Ⅲ. ①黄河-灌区-盐碱地-农业利用-研究-西北地区 Ⅳ. ①S287

中国版本图书馆 CIP 数据核字（2019）第 273510 号

责任编辑 贺可香
责任校对 李向荣

出 版 者 中国农业科学技术出版社
北京市中关村南大街 12 号 邮编：100081
电　　话 (010)82106632(编辑室) (010)82109702(发行部)
(010)82109709(读者服务部)
传　　真 (010)82106625
网　　址 http://www.castp.cn
经 销 者 各地新华书店
印 刷 者 北京建宏印刷有限公司
开　　本 710mm×1 000mm 1/16
印　　张 21
字　　数 410 千字
版　　次 2019 年 12 月第 1 版 2019 年 12 月第 1 次印刷
定　　价 98. 00 元

《西北沿黄灌区盐碱地农业高效利用技术规程》

著 者 名 单

主　　著　逄焕成　王　婧　李玉义

副 主 著　冀宏杰　赵永敢　张　莉　李　华

参著人员　(按姓氏笔画排序)

王国丽　丛　萍　仲生柱　刘　娜

闫　洪　李二珍　张宏媛　张晓丽

张珺穜　侯智惠　常芳弟　董建新

温晓亮　靳存旺　翟　振

本书受国家重点研发计划项目（2016YFC0501302），国家科技基础性工作专项项目（2015FY110500），国家自然科学基金项目（41501314、31871584、31471455）资助。

前　言

我国盐碱土地资源总量近 1 亿公顷，其中现代盐碱土面积为 3693 万公顷，残余盐碱土约 4487 万公顷，并且尚存在有约 1733 万公顷的潜在盐碱土，主要分布在西北、华北、东北以及长江以北沿海地带等 17 个省（区）。西北沿黄灌区是我国盐碱地集中分布区域之一，盐碱发展快，危害范围广，经济损失大，严重威胁着我国西北地区农牧业生产与生态环境。有效改善和利用盐碱地资源，提高其综合生产能力，有利于保障我国耕地、粮食安全与农业可持续发展。

盐碱土是各类盐土、碱土以及不同程度盐化和碱化土壤的统称。由于土体中含有大量盐碱成分，土壤理化性质恶化，导致作物生长受到盐碱胁迫。盐碱地的改良利用是一项艰巨而复杂的生态工程，改良措施包括农业技术措施、农田水利措施、化学改良措施和生物改良措施等。目前，最为普遍的做法是采取农业生态工程手段综合治理，采用土壤改良与种植利用相结合的方法。各国农业科学工作者，根据具体自然环境条件和农业实践，因地制宜开展了筛选和培育耐盐碱农作物品种、轮作、盐碱地高产栽培等措施，均取得了良好的经济效益。近几十年来，我国的农业科技人员在高效利用盐碱地方面做了大量研究，积累了丰富资料，涌现出暗管排盐、上膜下秸、客土改良、脱硫石膏改良、微生物改良等卓有成效的改良模式，筛选出大批适用于不同类型盐碱地的改良植物。

盐碱地改良的目的不仅是去盐，更重要的是达到高产稳产，也就是说，既要排除盐分，又要通过配套栽培措施，达到高产稳产的目的。目前盐碱地种植模式存在管理粗放、效益低下等问题，严重影响了改良效果的实现和改良效益的发挥。本书结合前沿技术和实践经验总结，根据不同盐碱程度，编制种植技术规程，旨在提供更为规范化和精炼化的技术方案，让盐碱区种植户更容易掌握，让种植管理变得简单有效，以此推动实现不同类型、不同程度盐碱地种植系统的产量最大化、质量最优化、投入最少化、环境友好化。

本书共编制针对西北沿黄灌区重度盐碱地的技术规程 16 项，中度盐碱地 23

项，轻度盐碱地 30 项，涵盖西北沿黄灌区大部分栽培作物，并包括可有效提高盐碱地利用效率的农业技术措施、农田水利措施、化学改良措施和生物改良措施等。由于作者水平有限，本书错误和不足难免，恳请批评指正！

需要特别提出的是，盐碱地高效利用仅有一本技术规程还远远不够，我国盐碱地改良还需要社会各界共同努力，改变不科学、不精准的农业生产现状，推进盐碱地高效利用技术模式的规范化，提高改良效果，促进盐碱区农民增收。

作　者

目　　录

重度盐碱地篇

中度盐碱地篇

轻度盐碱地篇

重度盐碱地篇

内蒙古河套灌区盐碱地“上膜下秸”改良技术规程

1 范围

本规程规定了内蒙古自治区（全书简称内蒙古）河套灌区盐碱地“上膜下秸”改良技术的技术术语、技术参数、操作规程和实施规范。

2 规范性引用文件

下列文件对于本文件的应用是必不可少的。凡是注日期的引用文件，仅所注日期的版本适用于本文件。凡是不注日期的引用文件，其最新版本（包括所有的修改单）适用于本文件。

GB 4455—1994　农业用聚乙烯吹塑薄膜
GB 13735—1992　聚乙烯吹塑农用地面覆盖薄膜
GB 16151—2008　农业机械运行安全技术条件
NY/T 496—2002　肥料合理使用准则
NY/T 500　秸秆还田机作业质量
NY/T 740　田间开沟机械作业质量

3 术语和定义

下列术语和定义适用于本文件。

3.1 “上膜下秸”技术

地膜覆盖配合秸秆深埋技术的简称，是指在盐碱农田以专用机械将切碎至5~15厘米的秸秆翻埋至地下30~40厘米深处，形成秸秆隔层，秸秆用量为6 000千克/公顷，每隔2~3年翻埋一次，地表耙平后覆盖地膜，膜下种植作物的盐碱地淡化耕层的耕作栽培技术。

4 产地环境

内蒙古河套灌区，排灌方便，春季播前 0~20 厘米土层全盐含量为 0.2%~0.5%，土壤 pH 值为 8.00~8.90。

5 技术要点

5.1 选地

选择产地环境、盐碱程度符合要求的地块。田面宽度一般要达到 3 米以上，田（地）埂稳定牢固。

5.2 农田配套灌排系统建设

农田要进一步完善灌排系统，要求有灌有排，尤其修建好排水沟，排水沟沟深要求 30 厘米左右，沟直底平，保证田水畅通，以排盐抑盐。开沟机械作业要求符合 GB 16151—2008 和 NY/T 740 的规定。

5.3 地表秸秆铺设

秋季作物收获后，立刻进行地表秸秆铺设，每公顷用量 6 000 千克左右。秸秆来源可为本田栽培作物秸秆或外运其他田块作物秸秆，具体处理方式如下。

（1）本田栽培作物秸秆可根据作物种类采用不同的粉碎处理方式。小麦等矮秆作物可使用收割粉碎机，收获的同时，将秸秆打碎，铺撒于地表。向日葵、玉米等高秆作物收获后，可将其秸秆用缺口圆盘耙切至 5~15 厘米，铺设在地表；或用拖拉机牵引粉碎抛撒机，将秸秆粉碎至 5~15 厘米，均匀散布于地表。

（2）利用外运其他田块作物秸秆，是先将不同种类作物秸秆进行初步切割粉碎至 5~15 厘米长，再将切碎的秸秆运输到待铺设的农田中，均匀铺设到地表。

5.4 秸秆翻埋

以专用“秸秆深埋机”进行秸秆翻埋。机械作业要求符合 GB 16151—2008 和 NY/T 500 的相关要求。翻埋深度为 30~40 厘米，可根据需要调节犁具限深轮，变更耕作深度。耕作时，位于机械前方的犁刀切断作物残茬，切出整齐的沟墙，沟深 30~40 厘米（可调）；位于犁刀与主犁之间的小前犁，将土壤表面的秸秆及作物残茬进行翻扣，排入主犁前一次耕作翻起的犁沟中；主犁将沟墙进行翻耕，将耕起的土垡覆盖在上一次翻起的犁沟上。来回作业，在地下 30~40 厘米处铺设一层 3~5 厘米厚的秸秆层。秸秆翻埋作业后，表土立垡、晒垡，越冬。

5.5 秋浇压盐

每年的 10 月中旬到 11 月上旬，根据实际需要和黄河来水情况进行“秋浇”，洗盐抑盐、储水供墒，灌溉量为每次 1 200~1 800 立方米/公顷，不宜盲目扩大灌溉量。

5.6 春季整地

春季播前，进行整地，时间宜迟不宜早，采用旋耕机、耙耱机或激光平地仪等机械，进行土地平整，以碎土犁将土垡松碎，打堰作埂，进行农田耙耱，及时镇压，防止跑墒。做到农田局地无起伏、低洼存在，无漏耕、无坷垃，地表有 25~30 厘米的活土层，同一地块高度差控制在 5 厘米以内。在春旱严重的年份，采用压、耙、耱连续作业，使土壤紧实，更有利于提墒保墒，抑制返盐。

5.7 覆盖地膜

整地后，采用地膜覆盖种植方式，可平作也可垄作。地表以根据不同需要选用的不同规格的农用地膜覆盖。覆膜要求紧贴地面，拉紧铺平，压严压实。有破损地方用土盖严。如果田块超过 30 米则每隔 5~10 米横向打一条土带，防止刮风时将地膜破坏。地膜要求符合 GB 4455—1994 和 GB 13735—1992 的相关要求。

5.8 秸秆贮存

秸秆每 2~3 年翻埋一次，不需要翻埋的年份将秸秆在田间、地头就地打捆、堆放，贮存备用，长秆作物可根据贮存需要进行切段（如可将植株切为两段）后堆放。翻埋年份可将秸秆解捆，打碎至 5~15 厘米，进行地表铺设（见 5.3）。

5.9 其他

进行地表秸秆铺设时，按照每 100 千克秸秆添加 1 千克尿素以调节碳氮比。施用时，先在地表铺设秸秆，再将尿素均匀撒施在秸秆层表面，随后翻埋即可。施用肥料要求符合 NY/T 496—2002 的相关要求。

盐碱地脱硫石膏改良技术规程

1 范围

本规程规定了盐碱地脱硫石膏改良技术的技术术语、技术参数、操作规程和实施规范。

2 规范性引用文件

下列文件对于本文件的应用是必不可少的。凡是注日期的引用文件，仅所注日期的版本适用于本文件。凡是不注日期的引用文件，其最新版本（包括所有的修改单）适用于本文件。

GB 4285—1989　农药安全使用标准
GB/T 8321.1~9　农药合理使用准则（1~9）
GB 16151—2008　农业机械运行安全技术条件
NY/T 496—2002　肥料合理使用准则
NY/T 500　秸秆还田机作业质量
NY/T 1853—2010　除草剂对后茬作物影响试验方法
NY/T 1997—2011　除草剂安全使用技术规范 通则

3 术语和定义

下列术语和定义适用于本文件。

3.1 脱硫石膏

脱硫石膏是采用石灰—石灰石回收燃煤或油的烟气中的二氧化硫过程中的副产品，主要成分为二水硫酸钙。其可用于西北沿黄灌区以交换性钠为主的碱化耕地与碳酸、重碳酸盐为主的苏打盐化耕地的改良利用。脱硫石膏溶解产生钙离子代换土壤胶体上的可交换性钠离子，从而降低土壤的碱化度，同时钙离子与土壤中的 CO_3^{2-}、HCO_3^- 发生沉淀反应，降低因 CO_3^{2-}、HCO_3^- 引起的土壤高 pH 值。另外，随着土壤交换性 Na^+ 含量降低，土壤颗粒胶结起来，通过土体涨缩形成颗粒间通道，土壤孔隙结构和渗透性也得到改善。脱硫石膏改良碱化土壤原理由以下3个化学方程式简单表示：$2Na^{+}+CaSO_4 \cdot 2H_2O \rightarrow Ca^{2+}+Na_2SO_4+2H_2O$、$Na_2CO_3+CaSO_4 \cdot 2H_2O \rightarrow CaCO_3+Na_2SO_4+2H_2O$、$2NaHCO_3+2CaSO_4 \cdot 2H_2O \rightarrow Ca(HCO_3)_2+Na_2SO_4+H_2O$。施用脱硫石膏必须根据盐碱地特征，配合其他改良措施科学、合理施用。选用的脱硫石膏需来源于质量合格且正常运转的湿法脱硫装置，其纯石膏含量须大于80%，自由水含量须低于12%。

4 产地环境

西北沿黄灌区，区域范围明确，排灌方便，春季播前0~20厘米土层全盐含量为0.4%~2.5%，土壤pH值>9.0，碱化度>15%，总碱度>0.3毫摩尔/升的盐碱地。

5 选地

选择符合产地环境要求的盐碱农田，施用脱硫石膏进行改良。对于开垦多年的盐碱地，可选择在田间碱斑处施用脱硫石膏，对于盐碱斑块不明显或新开垦的盐碱地可采用全田施用脱硫石膏的方法。

6 平田整地

脱硫石膏施用前必须进行平地，最好采用激光平地仪平地，做到同一块田高低相差不超过5厘米。

7 灌水洗盐

脱硫石膏施用后灌冬水浸泡，灌水量2 250~3 000立方米/公顷。在冬季土壤表层干土层为2~3厘米时，及时耙耱，防止水分蒸发引起盐分上移。在作物生育期内灌水2~3次，每次灌水量1 500~2 250立方米/公顷，增强脱盐效果。

8 脱硫石膏施用方法

脱硫石膏一次性均匀撒施在平整好的土壤表面，然后进行翻耕或灌溉。翻耕最好采用旋耕，保证脱硫石膏与土壤混合均匀。或将脱硫石膏运输到田间的盐碱斑处，人工或机械撒施地表，采用旋耕机耕翻，根据土壤质地轻重一般耕翻1~3次，轻壤土耕翻次数应少，重壤土耕翻次数应多。机械作业要求符合GB 16151—2008的相关要求。

9 脱硫石膏施用时期和深度

秋季施用脱硫石膏较春季施用更佳，其对降低土壤碱化度、总碱度和 pH 值，提高作物出苗率和产量的效果更显著；深施（25 厘米）脱硫石膏较浅施（10 厘米）效果更明显。推荐秋季深施（25 厘米）脱硫石膏。

9.1 施用深度

应根据碱化土分布深度进行旋耕，一般应达到 20 厘米，对于碱化土层大于 20 厘米的盐碱地，需要在 20 厘米土层内增加使用量，通过灌水实现下层碱化土的改良。

9.2 施用时间

9.2.1 秋季施用

脱硫石膏施用时间应首选作物收获以后，在西北区一般选择在 10 月上旬，灌秋水以前进行为宜。

9.2.2 春季施用

在春季施用脱硫石膏，需要根据土壤含水量的高低确定施用时间，一般在播种前结合整地进行，西北区一般选择在 4 月上旬为宜。

10 施用数量

10.1 碱化土壤施用数量

10.1.1 重度碱化土壤施用数量

在重度碱化土，即土壤 pH 值为 9.0 以上，且碱化度在 30% 以上的碱化土壤，脱硫石膏施用量应在 15 000 千克/公顷以上。

10.1.2 中轻度碱化土壤施用数量

在中轻度碱化土，即土壤 pH 值在 8.5 以上，且碱化度在 10%~30% 的碱化土壤，脱硫石膏施用量应在 7 500~12 000 千克/公顷。

10.2 苏打盐化土壤施用数量

苏打盐化土类型施用脱硫石膏的数量应根据土壤 pH 值的高低确定，一般土壤 pH 值为 8.0~9.0 的轻度苏打盐化土，应施用脱硫石膏 4 500~6 000 千克/公顷，土壤 pH 值大于 9.0~10.0 的苏打盐化土，应施用脱硫石膏 7 500~9 000 千克/公顷。

10.3　苏打盐化土与碱化土混合类型盐碱地施用数量

该种盐碱土施用脱硫石膏的数量应参照碱化土壤的施用数量，一般不需要再考虑苏打盐化土。

11　施肥

施肥量可视土壤盐碱化程度、土壤肥力水平和目标产量而定。对于土壤碱化度高、含盐量高的低产田，可适当降低施肥量，而碱化度低、含盐量低的中、高产田，可增加施肥量，以提高产量。平田整地后，结合施用脱硫石膏，将农家肥（30~45 吨/公顷）均匀施于地表，采用旋耕机旋耕入土，使其与土壤充分混匀。根据种植作物的不同需求，基施氮、磷、钾肥和追施氮肥。肥料施用要求符合 NY/T 496—2002 的相关要求。

12　配套灌溉方式

12.1　灌水方式

采用喷灌和管灌，进行多次灌溉的方式，一般应灌水 2~3 次。

12.2　灌水数量

灌溉定额应控制在所改良地块 0~50 厘米土层田间持水量总量以上，并达到入渗土壤 50 厘米以上，一般一次灌水应大于 600 立方米/公顷，质地较轻的土壤应灌水 600~750 立方米/公顷，质地较重的土壤应灌水 750~900 立方米/公顷。

12.3　灌水时间

灌水应在脱硫石膏与土壤混合均匀以后进行，一般在旋耕后马上灌溉，效果最好，第二次灌溉应在上次灌溉后能够进行土壤旋耕以后进行。

13　配套培肥方式

13.1　有机肥料培肥方式

采用农家肥进行培肥，一般应施用 45 000 千克/公顷以上，开垦多年的盐碱化耕地施用量 45 000~60 000 千克/公顷，新开垦的盐碱地施用量 60 000~

75 000 千克/公顷。结合深耕深翻，施用深度 15～20 厘米，需要连续施用 2～3 年。肥料施用要求符合 NY/T 496—2002 的相关要求。

13.2 秸秆培肥方式

采用秸秆还田进行培肥，一般应施用 4 500 千克/公顷以上，采用秸秆粉碎后深耕深翻，施入深度为 25～30 厘米，需要连续多年施用。机械作业要求符合 GB 16151—2008 和 NY/T 500 的相关要求。

13.3 其他培肥方式

宜采用增施化肥、腐殖酸和其他工业有机物副产品等措施，化肥培肥应以磷钾肥为主，并配合种植作物进行；腐殖酸培肥应直接施用；工业有机物副产品应根据产品说明施用。肥料施用要求符合 NY/T 496—2002 的相关要求。

14 农艺措施

秋季深耕翻；播种前旋耕 1 次；建议采用播种机播种，可减缓田间土壤水分蒸发；做到及时查苗、补苗；按时中耕除草，防治病虫害；适时追肥，合理灌水。机械作业要求符合 GB 16151—2008 的相关要求。农药使用要求符合 GB 4285—1989 和 GB/T 8321 的相关规定。除草剂使用要求符合 GB 4285—1989、GB/T 8321.1～9、NY/T 1853—2010 和 NY/T 1997—2011 的相关规定。

新垦盐碱荒地快速脱盐与培肥配套技术规程

1 范围

本规程规定了黄灌区新垦盐碱地快速脱盐与培肥配套技术的技术术语、技术参数、操作规程和实施规范。

2 规范性引用文件

下列文件对于本文件的应用是必不可少的。凡是注日期的引用文件，仅所注日期的版本适用于本文件。凡是不注日期的引用文件，其最新版本（包括所有的修改单）适用于本文件。

GB 4404.1—2008 粮食作物种子 禾谷类

GB 4407.2—2008 经济作物种子 油料类

GB 4455—1994 农业用聚乙烯吹塑薄膜

GB 13735—1992 聚乙烯吹塑农用地面覆盖薄膜

GB 16151—2008 农业机械运行安全技术条件

NY/T 496—2002 肥料合理使用准则

NY/T 500 秸秆还田机作业质量

3 产地环境

黄灌区，区域范围明确，排灌方便，春季播前 0~20 厘米土层全盐含量为 0.4%~0.8%，土壤 pH 值为 8.00~9.50 的新垦盐碱荒地。

4 埋设秸秆隔层

采用上膜下秸技术。秋季作物收获后，立刻进行地表秸秆铺设，每公顷用量 6 000 千克左右。秸秆来源可为本田栽培作物秸秆或外运其他田块作物秸秆，具体处理方式如下：①本田栽培作物秸秆可根据作物种类采用不同的粉碎处理方式。小麦等矮秆作物可使用收割粉碎机，收获的同时，将秸秆打碎，铺撒于地表。向日葵、玉米等高秆作物收获后，可将其秸秆用缺口圆盘耙切至5~15厘米长，铺设在地表；或用拖拉机牵引粉碎抛撒机，将秸秆粉碎至5~15厘米长，均匀散布于地表；②利用外运其他田块作物秸秆，是先将不同种类作物秸秆进行初步切割粉碎至5~15厘米长，再将切碎的秸秆运输到待铺设的农田中，均匀铺设到地表。

以专用“秸秆深埋机”进行秸秆翻埋。机械作业要求符合GB 16151—2008和NY/T 500的相关要求。翻埋深度为30~40厘米，可根据需要调节犁具限深轮，变更耕作深度。耕作时，位于机械前方的犁刀切断作物残茬，切出整齐的沟墙，沟深为30~40厘米（可调）；位于犁刀与主犁之间的小前犁，将土壤表面的秸秆及作物残茬进行翻扣，排入主犁前一次耕作翻起的犁沟中；主犁将沟墙进行翻耕，将耕起的土垡覆盖在上一次翻起的犁沟上。来回作业，在地下30~40厘米处铺设一层3~5厘米厚的秸秆层。秸秆翻埋作业后，表土立垡、晒垡，越冬。

5 施用专用改良剂

5.1 主要成分

改良剂可选用多种组合改良剂，包括糠醛渣、脱硫石膏、粪肥、腐殖酸等，利用各成分pH值低和有机质含量高的特性，通过与腐熟的牛羊粪和氮磷钾及中微量营养元素的配合施用，可快速脱盐培肥、改善土壤结构。

5.2 施用量

可根据不同盐碱程度和类型确定施用量。一般来说，轻度新垦盐碱荒地每年用量1 500千克/公顷，中度新垦盐碱荒地每年用量2 000千克/公顷，重度新垦盐碱荒地每年用量3 000千克/公顷，连续施用2年以上。

5.3 施用方法

基施，每年冬灌前，结合深耕整地，均匀撒施。春季可在犁地时，与农家肥、磷肥同时施入。

6 选种耐盐作物品种

可种植玉米、油葵等作物，选用通过各省市、自治区品种审定委员会审（认）定的品种。种子质量符合国家二级以上良种要求。玉米品种可选用长城706号、敦玉2号、先锋32天22和沈单16号；油葵品种可选用S-31、MKS、西域朝阳（NX19012）和矮大头（567DW）。玉米种子质量与检验方法应符合 GB 4404.1—2008 的相关要求。向日葵种子质量与检验方法应符合 GB 4407.2—2008 的相关要求。

7 地面覆盖抑盐技术

可选用全膜、条膜、细沙 5 厘米、秸秆 3 000 千克/公顷四种方式。地膜要求符合 GB 4455—1994 和 GB 13735—1992 的相关要求。

8 节水灌溉控盐技术

玉米灌溉总额以 6 000 立方米/公顷为宜，全生育期灌水 5 次，苗期、拔节期、大喇叭口期、抽雄期、乳熟期的灌水比例以 13%、22%、25%、20%、20% 为宜；油葵灌溉总额以 4 800 立方米/公顷为宜，全生育期灌水 4 次，苗期、现蕾期、盛花期、成熟期的灌水比例分别为 22%、25%、28%、25%。

9 优化施肥技术

种植玉米每年的施氮量不超过 450 千克/公顷，种植油葵不超过 225 千克/公顷，基肥和追肥的比例以 4∶6 为宜，磷肥（P_2O_5）以每年 150 千克/公顷为宜。肥料施用要求符合 NY/T 496—2002 的相关要求。

西北黄灌区成片盐碱地改良及培肥技术规程

1 范围

本规程规定了西北黄灌区成片盐碱地改良及培肥技术的技术术语、技术参数、操作规程和实施规范。

2 规范性引用文件

下列文件对于本文件的应用是必不可少的。凡是注日期的引用文件，仅所注日期的版本适用于本文件。凡是不注日期的引用文件，其最新版本（包括所有的修改单）适用于本文件。

GB 8080	绿肥种子
GB 4455—1994	农业用聚乙烯吹塑薄膜
GB 13735—1992	聚乙烯吹塑农用地面覆盖薄膜
GB 16151—2008	农业机械运行安全技术条件
NY/T 496—2002	肥料合理使用准则
NY/T 500	秸秆还田机作业质量
NY/T 740	田间开沟机械作业质量

3 产地环境

西北黄灌区，区域范围明确，排灌方便，春季播前0~20厘米土层全盐含量为0.4%~0.8%，土壤pH值为8.00~9.50的成片分布的盐碱农田。

4 洗盐

4.1 洗盐前准备

根据“盐随水来，盐随水去”的规律，灌溉水在地面形成一定深度的水层，可使土壤中的盐分充分溶解，再从排水沟把溶解的盐分排走，从而降低土壤的含盐量。对地势低洼、排水不畅、地下水位较高的盐碱地，在灌水前须修建排水系统。具体是在与地下水流向垂直的方向上布设排水沟，一般以明沟排水为主。地下水临界深度为1.4~1.6米时，排水沟深度为1.6~1.8米；地下水临界深度为1.6~1.8米时，则排水沟深度为1.8~2.0米。农田毛渠过水断面流量为0.08~0.15立方米/秒，渠道底部纵坡坡降不得小于0.8%。修筑渠道用土应采用盐土表层30厘米以下的土壤。洗盐排碱以格田为单元，每格田面积不得大于0.133公顷，地块内高度差控制在5厘米左右。平整土地时，不能直接起高垫低，应先将表层土推出，回填不含或少含盐分的好土。一般田埂高度不得小于50厘米，上顶宽不得小于40厘米。筑埂时用土应采用盐土表层30厘米以下土壤，忌用地表盐土筑埂。开沟机械作业要求符合GB 16151—2008和NY/T 740的规定。

4.2 冲洗方法及脱盐标准

一般采用间歇式冲洗法。土壤质地较轻、地下水回落较快的地区间歇期为1天；地下水位高，回落速度较慢时，冲洗前期间歇期为1~2天，后期为2~3天；土质黏重，透水性差的地区保持15~20厘米水层连续冲洗。当含盐量在30克/千克以下时，冲洗用水总定额为8 100~12 450立方米/公顷，分定额为1 500~1 800立方米/公顷，连续冲洗5~7次；当含盐量为30~60克/千克时，冲洗用水总定额为12 450~15 300立方米/公顷，分定额1 500~1 800立方米/公顷，连续冲洗7~9次；当含盐量在60克/千克以上时，冲洗用水总定额为15 300立方米/公顷以上，分定额 1 800~2 100立方米/公顷。当0~30厘米土层土壤含盐量低于12克/千克，0~100厘米土层土壤含盐量低于110克/千克时可停止冲洗。

4.3 洗盐后管理

洗盐结束后，对一些顽固性盐斑，可直接挖除并回填不含或少含盐分的好土，或在盐碱斑上挖除70~120厘米后，填装沙、秸秆、土等，平整后可消除盐碱斑。同时要及时削除地埂的浮盐并运出，严禁在耕翻地块时将浮盐土翻入地内。地埂太小，需要再加固时，用土应用地表层30厘米以下的土壤，切忌用地表盐土筑埂。整地时，深耕要在30厘米以上，以切断土壤毛细管，防止盐分上移。秋季犁地深翻后，不耙不耱，暴晒至立冬。立冬后，及时灌冬水1 500~2 250立方米/公顷，初春破垡碎土进行播种。

5 深耕松土

深耕前，先削高垫低、平整土地，以减轻盐碱危害，然后深耕晒垡，切断毛细管，提高土壤活性和通透性。深耕、冲洗后的盐碱地，要每年进行平整，以加速淋盐，防止返盐，增强保墒抗旱能力，改良土壤的养分状况，消除局部高地出现积盐现象。机械作业要求符合 GB 16151—2008 的相关要求。

6 选用耐盐碱作物

盐碱地洗盐排碱后，应选用耐盐碱性较强的油葵、甘草、甜菜、枸杞等作物种植，促进土壤进一步脱盐。选用通过各省市、自治区品种审定委员会审（认）定的品种。种子质量符合国家二级以上良种要求。

7 播种方式

盐碱地播种通常采用冲沟播种和覆盖播种。冲沟播种时先把含盐较多的表土翻在两侧，沟深约 10 厘米，然后在沟底施肥、播种并覆盖一层薄土。

一般采用深播浅盖、深耕密植、轮作倒茬等措施，为作物生长创造较好的环境条件。覆盖播种时，密植作物可采用铺沙播种，播种前在地表覆盖细沙 225 立方米/公顷，大棵作物和垄作栽培作物可覆膜播种。地膜要求符合 GB 4455—1994 和 GB 13735—1992 的相关要求。

8 种植绿肥

种植绿肥具有改良土壤、培肥地力、防治水土流失、提高农作物增产率和综合效益等作用。一般适宜种植的绿肥种类有苜蓿、毛苕子、草木樨、饲用油菜等。选用通过各省市、自治区品种审定委员会审（认）定的品种。种子质量符合国家二级以上良种要求。绿肥种子的检验方法应按照 GB 3543 的相关规定进行。

9 水肥管理

盐碱地施肥应前轻后重，增施有机肥，合理施用化肥。有机肥能增加土壤的腐殖质，有利于团粒结构的形成，改良盐碱土的通气、透水和养分状况。有机肥分解后产生的有机酸还能中和土壤的碱性，降低土壤中的含碱量。浇水要适量，一般苗水要推迟，二水要紧跟。肥料施用要求符合 NY/T 496—2002 的相关要求。

10 秸秆还田

作物收获后的秸秆深翻入土。秸秆还田改良盐碱地的方法有 4 种，一是在作物收割时留高茬，一般留茬高度为20~25厘米，深耕前用镇压器压1次，深耕时翻压深埋，一般还田量为1 500~2 250千克/公顷。二是作物收割后，伏翻前将秸秆均匀撒施地表，然后翻压深埋，还田量为3 750~4 500千克/公顷。三是6月中旬至7月底，将秸秆均匀撒铺在地表或作物行间，撒铺量为2 250~3 000千克/公顷，以充分利用作物生长期间的日晒、雨浸及人工灌溉条件，使作物秸秆在未翻入土壤前就已经软化破碎，待作物收获后深埋入土。四是将秸秆耙碎后均匀撒入地表，结合秋深耕直接还田，或用秸秆喂牲畜过腹还田。机械作业要求符合GB 16151—2008和NY/T 500的相关要求。

11 造林固沙

大面积的林带和林网可降低风速，防风固沙，保持生态平衡，改善田间小气候，减缓地面蒸发积盐速度。

12 化学改良

结合深耕整地，以苏打盐分为主的盐碱地，可施入黑矾750~1 125千克/公顷；以氯化物、硫酸盐为主的盐碱地，可施糠醛渣22 500千克/公顷；镁质弱碱化土可施入普通过磷酸钙750~1 500千克/公顷。

盐碱地磷石膏与有机肥配施改良种植向日葵技术规程

1 范围

本规程规定了盐碱地磷石膏与有机肥配施改良种植向日葵技术的技术术语、技术参数、操作规程和实施规范。主要内容规定了磷石膏与有机肥配施改良不同盐分程度（土壤含盐量为2~6克/千克）盐碱地时的施用方法，包括品种选用、耕地耙地、播种、施肥、灌溉、施用时间、施用方法、施用量、施用后田间管理、病虫草害防治、收获等技术规范。

2 规范性引用文件

下列文件对于本文件的应用是必不可少的。凡是注日期的引用文件，仅所注日期的版本适用于本文件。凡是不注日期的引用文件，其最新版本（包括所有的修改单）适用于本文件。

GB 4407.2—2008　经济作物种子　油料类
GB 4285—1989　农药安全使用标准
GB/T 8321.1~9　农药合理使用准则（1~9）
GB 16151—2008　农业机械运行安全技术条件
GB 4455—1994　农业用聚乙烯吹塑薄膜
GB 13735—1992　聚乙烯吹塑农用地面覆盖薄膜
NY/T 496—2002　肥料合理使用准则
NY/T 1853—2010　除草剂对后茬作物影响试验方法
NY/T 1997—2011　除草剂安全使用技术规范　通则

3 术语和定义

下列术语和定义适用于本文件。

3.1 磷石膏

磷石膏是湿法磷酸生产时排出的固体废物，主要成分是二水硫酸钙。目前，我国的磷石膏年排放量约1 000万吨，并以每年15%的速率增长。磷石膏主要成分为硫酸钙，同时含有磷、铁等作物所必需的营养元素及一定量的游离酸，呈酸性，pH值为3~4，其主要化学成分为：$CaSO_4$ 82.00%，Al_2O_3 0.48%，Fe_2O_3 0.46%，MgO 0.12%，SiO_2 4.56%，F（氟）-0.57%，P_2O_5 3.52%，有机物1.57%，结晶水6.35%。既可以作为肥料加以利用，也可作为土壤改良剂改良盐碱土。将磷石膏施入盐碱地中，利用磷石膏的酸性中和土壤，可促进土壤耕层脱盐，降低土壤碱化度，增加土壤通透性。

4 选地

西北沿黄灌区，区域范围明确，排灌条件良好，春季播前0~20厘米土层全盐含量为0.2%~0.8%，土壤pH值为8.00~9.50。

5 土地整理

要求秋深耕20厘米以上。耕翻深度一般20厘米左右，三年深耕或深松一次，深度为25~30厘米。一般要求四年轮作一次，减少病虫草害，恢复地力。春天要将地整平，实现地平、土碎。机械作业要求符合GB 16151—2008的相关要求

6 磷石膏施用

6.1 磷石膏要求

所施用磷石膏含水率须小于3%，然后用2毫米筛过筛。

6.2 磷石膏施用量

轻度盐分的土壤施用9 000~15 000千克/公顷，中重度盐分土壤施用15 000~22 500千克/公顷。

6.3 磷石膏施用方法

将过筛后的磷石膏均匀的撒施于整平后的土地上，同时配合施入750千克/公顷的磷酸二铵作为底肥，然后将土地再翻一次，深度为5~10厘米，使得磷石膏与底肥到达土壤5~10厘米处，然后覆膜。在5月15日左右灌溉第一水，灌

溉方式为大水漫灌，以淋洗土壤耕层的盐分及溶解磷石膏和底肥。5 月 25 日至 6 月 5 日，土壤墒情合适时播种。肥料施用要求符合 NY/T 496—2002 的相关要求。地膜要求符合 GB 4455—1994 和 GB 13735—1992 的相关要求。机械作业要求符合 GB 16151—2008 的相关要求。

7 施用有机肥料

施 30 000 千克/公顷有机肥料，可以有效促进耕作层的有机质富积，降低盐碱程度、容重与紧实度，提高成苗率，从而实现高产的目的。肥料施用要求符合 NY/T 496—2002 的相关要求。

8 选用品种

选用通过各省市、自治区品种审定委员会审（认）定的品种。在轻度盐分条件下，食葵选择 LD5009 和巴葵 138，油葵选择康地 T562；在中重度盐分条件下，食葵品种选择 LD5009 和 909，油葵品种选择康地 T562。向日葵均选择专用种衣剂进行包衣后的种子。种子质量符合国家二级以上良种要求，纯度不低于 96%、净度不低于 95%、发芽率不低于 85%、水分不高于 10%。向日葵种子质量与检验方法应符合 GB 4407. 2—2008 的相关要求。

9 播种

9.1 播种时期

要求 5 厘米地温稳定超过 8℃时，即可播种。春播一般在 5 月 25 日至 6 月 10 日播种为宜。

9.2 种植密度

LD5009 种植密度为 45 000~ 48 000 株/ 公顷。美葵 909 种植密度为 37 500 株/公顷左右。巴葵 138 种植密度为 45 000 株/公顷左右。油葵康地 T562，覆膜种植，大行 80 厘米、小行 40 厘米、株距 25 厘米，每公顷株数在 63 000 株左右。地膜要求符合 GB 4455—1994 和 GB 13735—1992 的相关要求。

9.3 播种方式

机械播种和人工播种均可，如果用机械播种，播种前首先根据种植密度要求，调整好播种机的行距和株距。一般播种深度 3 厘米，播种后最好用沙土覆盖，防止下雨土壤板结，影响出苗。机械作业要求符合 GB 16151—2008 的相关要求。

10 灌溉追肥

10.1 灌溉

向日葵现蕾期进行一次灌溉，轻度盐碱地每公顷灌溉 900 立方米，中重度盐碱地每公顷灌溉 540 立方米，特殊年份应按实际降雨情况自行调节。

10.2 追肥

现蕾期结合灌水，施入尿素 112～115 千克/公顷，肥料施用要求符合 NY/T 496—2002 的相关要求。

11 田间管理

向日葵出苗后，要及时查看苗情，移苗补栽。向日葵头水前后，要进行中耕除草，未覆膜的地块，苗高约 0.67 米时，进行培土。

12 病虫草害综合防治

用 50%速克灵可湿性粉剂或菌核净可湿性粉剂，对水成 800 倍液，喷施发病部位，可防治菌核病，隔 10 天喷药一次；用粉锈宁可湿性粉剂或 15%三唑酮可湿性粉剂 800～1 200 倍液喷施，可防治锈病。用杀虫灯、性诱剂等物理及生物措施防治向日葵螟。禁用高毒、高残留农药。故除草剂要在出苗前喷洒。

农药使用要求符合 GB 4285—1989 和 GB/T 8321 的相关规定。除草剂使用要求符合 GB 4285—1989、GB/T 8321.1～9、NY/T 1853—2010 和 NY/T 1997—2011 的相关规定。

13 适时收获

葵花茎秆变黄，中上部叶片为淡黄色，花盘背面为黄褐色，舌状花干枯脱落，果皮坚硬时，即可收获。收获时应做到单收、单晒、单贮、单销。收获后应选择无污染的晒场，晒干扬净，颗粒归仓。防雨和其他生物危害。

盐碱地水稻旱育稀植高产技术规程

1 范围

本规程规定了盐碱地水稻旱育稀植高产技术的技术术语、技术参数、操作规程和实施规范。

2 规范性引用文件

下列文件对于本文件的应用是必不可少的。凡是注日期的引用文件，仅所注日期的版本适用于本文件。凡是不注日期的引用文件，其最新版本（包括所有的修改单）适用于本文件。

GB 4285—1989　农药安全使用标准
GB/T 8321.1~9　农药合理使用准则（1~9）
GB 4404.1—2008　粮食作物种子　禾谷类
GB 4455—1994　农业用聚乙烯吹塑薄膜
GB 13735—1992　聚乙烯吹塑农用地面覆盖薄膜
GB 16151—2008　农业机械运行安全技术条件
NY/T 496—2002　肥料合理使用准则
NY/T 1853—2010　除草剂对后茬作物影响试验方法
NY/T 1997—2011　除草剂安全使用技术规范 通则

3 产地环境

西北沿黄灌区，区域范围明确，排灌方便，春季播前0~20厘米土层全盐含量为0.4%~0.8%，土壤pH值为8.00~9.50的盐碱荒地。

4 旱育秧

4.1 品种选择

选择通过国家、省品种审定委员会审（认）定的品种，可选择中晚熟品种宁粳16。种子质量符合国家二级以上良种要求，纯度不低于96%、净度不低于95%、发芽率不低于85%、水分不高于10%。水稻种子质量与检验方法应符合GB 4404.1—2008的相关要求。

4.2 播种期

4月中旬，根据本地条件可采用小拱棚、阳畦或育秧秧盘播种。

4.3 种子处理及催芽

用泥水选种后，用400倍恶苗灵药液浸泡48小时，再用清水浸种24小时，捞出，催芽2~3天，露白即可播种。农药使用要求符合GB 4285—1989和GB/T 8321的相关规定。

4.4 床土配制及播种方法

床土用无盐碱腐熟土壤（含盐碱土可用盐碱丰调至pH值为4.5~5），按1∶0.5比例加腐熟有机肥，再加磷酸二铵30克/平方米，尿素75克/平方米，混合均匀，铺在打孔膜上，覆土厚2.2厘米左右，刮平，充分灌水，水渗下后，用45克移栽灵对水50千克，进行床面消毒，然后按0.3~0.4千克/平方米的播种量，均匀播种，播后稍加压种，覆土盖膜。肥料施用要求符合NY/T 496—2002的相关要求。地膜要求符合GB 4455—1994和GB 13735—1992的相关要求。

4.5 秧田管理

进行温度管理，播种至齐苗，床内温度不超过35℃；齐苗至二叶期，温度控制在25~28℃；二叶至移栽期，床内温度保持在20~25℃，不能超过30℃；移栽前4~5天，要逐渐揭膜炼苗，结合炼苗，视苗情，适量追肥浇水及除草。

5 插秧

5.1 整地施肥

要做到土地平整，田块成方，结合耕翻土地，施入腐熟农家肥30 000千克/公顷，磷酸二铵225千克/公顷。机械作业要求符合GB 16151—2008的相关要求。肥料施用要求符合NY/T 496—2002的相关要求。

5.2 泡田洗盐

在插秧前3~5天灌大水洗盐。

5.3 插秧期

5月中旬，苗龄30天左右，叶片数2.5~3.0片，根数8条左右，叶色浓绿，苗高10~15厘米时，进行插秧。

5.4 插秧密度

根据品种及生产条件确定密度，要求拉线插秧，力求插匀插直，坚持稀植少插，可采用23厘米：10~26厘米：10厘米的行距，每穴插4~5株，37.5万~42万穴/公顷。

6 水层管理

插秧后，及时灌水护苗，水层为苗高的2/3，扎根后，落干通气1次后，可浅水管理。分蘖期保持浅水层，促进秧苗早生快发，争取有效分蘖。当苗数达到预定穗数时，注意勤换水，轻度晒田；植株生长过于繁茂，高度超过50厘米时，要撤水烤田5~6天，控制生长，预防后期倒伏和病害发生。孕穗至抽穗期，灌深水。齐穗后，要保持浅水层，干干湿湿，黄熟时停水。

7 追肥

应掌握“前重、中控、后促”的原则。早施分蘖肥，每公顷追尿素120千克。当苗情出现高低不齐，青黄不一时，追施匀苗肥45~60千克/公顷，促使全田生长整齐一致。根据田间长势及地力，施穗粒肥75千克/公顷。肥料施用要求符合NY/T 496—2002的相关要求。

8 除草、防治病害

插秧后7天左右，用农得时20克或草克星10克，分别与禾大壮150克混用，防治各种杂草。防治稻瘟病，每公顷用40%富士一号或20%三环唑1 500克，对水450千克，喷雾。农药使用要求符合GB 4285—1989和GB/T 8321的相关规定。

除草剂使用要求符合GB 4285—1989、GB/T 8321.1~9、NY/T 1853—2010和NY/T 1997—2011的相关规定。

9 及时收获归仓

9月底水稻完熟期，排水落干收获。

盐碱地沟鱼垄稻改良技术规程

1　范围

本规程规定了盐碱地沟鱼垄稻改良技术的技术术语、技术参数、操作规程和实施规范。

2　规范性引用文件

下列文件对于本文件的应用是必不可少的。凡是注日期的引用文件，仅所注日期的版本适用于本文件。凡是不注日期的引用文件，其最新版本（包括所有的修改单）适用于本文件。

GB 16151—2008　农业机械运行安全技术条件

NY/T 496—2002　肥料合理使用准则

NY/T 740　田间开沟机械作业质量

3　术语和定义

下列术语和定义适用于本文件。

3.1　沟鱼垄稻

指在低洼盐碱荒地上，开沟起垄，沟内养鱼，垄上种稻的一种技术模式。

4　产地环境

西北沿黄灌区，区域范围明确，有水源条件，排灌方便，春季播前 0~20 厘米土层全盐含量为 0.4%~0.8%，土壤 pH 值为 8.00~9.50 的低洼盐碱荒地。

5　沟垄建设

按沟垄比例，画线挖沟，沟垄比例要根据地形低洼程度而定。低洼度大的可采用 1∶1 或 1∶2，低洼度小的一般可采用 1∶3 或 1∶4。例如沟垄比设计为 1∶

2，即沟宽1米，垄宽2米。挖沟深度为40厘米，挖出的土堆在垄上，整平垄面后，沟底至垄面的相对深度为60厘米。田埂以高出垄面20厘米为宜。沿田块对角线挖进、出水口，并埋压直径20厘米瓷管，管口加拦鱼铁丝网，以防跑鱼。开沟机械作业要求符合GB 16151—2008和NY/T 740的规定。

6 泡田洗盐

5月上旬，放水泡田洗盐1~2次。

7 水稻种植

5月中旬，进行水稻水（旱）直播，或于6月上旬进行插秧。

8 放鱼

5月中旬放鱼，每公顷放二龄鱼3 000尾，达到一方水一条鱼，其中鲤鱼占1/2，草鱼和鲢鱼各占1/4。早晚各喂饵料1次，到8月，每天中午再增喂饵料1次。

9 施肥

每公顷基施尿素150千克、磷肥600千克，追尿素150~300千克。追肥要分次施入且少施，以防鱼苗中毒死亡。肥料施用要求符合NY/T 496—2002的相关要求。

10 捕鱼收稻

9月下旬，排水捕鱼，收割水稻。

盐碱荒滩芦苇种植技术规程

1 范围

本规程规定了盐碱荒滩芦苇种植技术的技术术语、技术参数、操作规程和实施规范。

2 规范性引用文件

下列文件对于本文件的应用是必不可少的。凡是注日期的引用文件，仅所注日期的版本适用于本文件。凡是不注日期的引用文件，其最新版本（包括所有的修改单）适用于本文件。

GB 4285—1989　农药安全使用标准
GB/T 8321.1~9　农药合理使用准则（1~9）
GB 16151—2008　农业机械运行安全技术条件
NY/T 496—2002　肥料合理使用准则
NY/T 740　田间开沟机械作业质量
NY/T 1853—2010　除草剂对后茬作物影响试验方法
NY/T 1997—2011　除草剂安全使用技术规范 通则

3 术语和定义

下列术语和定义适用于本文件。

3.1 芦苇

别称苇、芦、芦笋、蒹葭，被子植物门，单子叶植物纲，禾本目，禾本科，芦苇属。世界各地均有生长，分布在灌溉沟渠旁、河堤沼泽地等低湿地或浅水中。多年生，根状茎十分发达。秆直立，高 1~3 米，直径 1~4 厘米，具 20 多节，基部和上部的节间较短，最长节间位于下部第 4~6 节，长 20~25 厘米，节下被蜡粉。叶鞘下部者短于上部者，长于其节间；叶舌边缘密生一圈长约 1 毫米的短纤毛，两侧缘毛长 3~5 毫米，易脱落；叶片披针状线形，长 30 厘米，宽 2

厘米，无毛，顶端长渐尖成丝形。圆锥花序大型，长20~40厘米，宽约10厘米，分枝多数，长5~20厘米，着生稠密下垂的小穗；小穗柄长2~4毫米，无毛；小穗长约12毫米，含4花；颖具3脉，第一颖长4毫米；第二颖长约7毫米；第一不孕外稃雄性，长约12毫米，第二外稃长11毫米，具3脉，顶端长渐尖，基盘延长，两侧密生等长于外稃的丝状柔毛，与无毛的小穗轴相连接处具明显关节，成熟后易自关节上脱落；内稃长约3毫米，两脊粗糙；雄蕊3，花药长1.5~2毫米，黄色；颖果长约1.5毫米。

4 选地整地

选择西北沿黄灌区土壤含盐量为0.4%~1.0%，灌溉条件较好的轻、中、重度盐碱地。育苗地应选择在地势平坦、灌水和排水方便、交通方便、土壤含盐量低、无杂草、无病菌的地块，深翻，整地作床，床与床之间修成布道沟，便于灌水和管理。施有机肥15吨/公顷，与土壤充分混合耙平。肥料施用要求符合NY/T 496—2002的相关要求。

5 水利工程建设

根据芦苇生育特性，在田间修建配套的水利工程设施，其中包括提水站、灌水、排水、桥、涵等配套系统，根据田间地势、地貌等情况，工程控制面积为33.3~66.7公顷，做到快速灌水和排水。机械作业要求符合GB 16151—2008和NY/T 740的相关要求。

6 芦苇种植

6.1 选择合理种植密度

在轻盐碱土苇田中，可保留公顷有效茎55万株，目标单产可达16 950~17 000千克/公顷。在中盐碱土苇田中，可保留公顷有效茎62万株，目标单产8 100~8 200千克/公顷。在沼泽化重度盐碱苇田中，可保留公顷有效茎200万株，目标单产5 600~5 700千克/公顷。比较普遍的种植密度是把有效茎数控制在75万株/公顷左右，目标产量15吨/公顷。

6.2 芦苇有性繁殖

6.2.1 播种

将上一年采摘的芦苇穗晒干，切碎，在5月上中旬，当气温达到10℃以上时，开始播种，播种量为 75 千克/公顷。播种前，育苗田灌水泡田，2 天后排干，使土壤处于湿润状态后，进行均匀播种，并将种子拍入土中。

6.2.2 苗田管理与移栽

当芦苇出苗后，加强灌水管理，灌水深度不能淹没芦苇幼苗，当幼苗高度达到 5 厘米时，进行间苗，苗间距 2 厘米，随幼苗的生长，及时间苗和除草，并加强灌水和施肥，到苗高 20 厘米时，苗间距达 6 厘米。当地气候条件比较好时，在 7—8 月，芦苇出现分蘖后，即可进行大田移栽，也可在第二年春季，气温达到 5℃以上时，进行移栽。移栽时，将移栽田灌水，保持土壤湿润状态，将芦苇苗（发芽前）从育苗田中起出，按株行距 1 米×1 米进行栽植，每穴 3~5 株，当苗高达到 30 厘米后，加强灌水，水层保持 5 厘米，随生长加深水层，最深不超过 50 厘米，当年高度可达到 1.5~2.0 米。

6.3 芦苇的无性繁殖

当气温达到 5℃以上时，即在 4 月下旬至 5 月上旬，从田间挖取芦苇根状茎，截取 30 厘米为一段，运往田间，进行栽植，每平方米栽植 1 根，也可随着产量目标而加密栽植，当苗高达到 30 厘米以上时，可进行浅水灌溉，并根据芦苇需水规律和生长速度，逐渐加深水层，最深不超过 50 厘米。有条件的可进行施肥，肥料品种以氮肥为主，施肥量控制在 300 千克/公顷，一般情况下，3 年后芦苇产量就可达到 4 500 千克/公顷以上。也可在芦苇生长季节，采取青苇移栽的办法，即在芦苇生长季节，挖取 30 厘米×30 厘米×30 厘米的土坨，单位面积株数控制在 10~30 株，然后在遮阴的条件下，运往栽植地点，带水进行栽植。

7 提高芦苇对光能的利用率

芦苇对光能利用率的高低，直接影响到干物质的积累和产量的高低。生产上采取的措施主要有：增大光合面积、增加光合强度、延长光合时间、提高光能利用率、减少光合产物的消耗以获高产。

（1）在栽培管理上，促进芦苇茎秆早发多发，增大光合面积。

（2）防治病虫害，增加叶片数，延长叶片寿命，延长叶片光合功能期。

（3）施用微量元素和稀土元素，提高叶绿素含量，增加光合强度。

（4）施亚硫酸氢钠（200~300 毫克/千克）能有效抑制芦苇的光呼吸（异化）作用，提高芦苇的产量和质量。肥料施用要求符合 NY/T 496—2002 的相关要求。

8 调控灌水，促进芦苇的高产

芦苇生长期，生理需水量在700立方米左右。在芦苇灌溉中可实行“春浅、夏深、秋落干”的灌溉制度，即在春季芦苇发芽前灌浅水，加速土壤解冻，提高地温，促进芦苇发芽，当土壤解冻后排水，保持土壤湿润，当芦苇发芽和生长后，灌浅水5厘米。5月中旬以后，芦苇进入生长盛期，生长速度加快，需水量增加，所以应采取深水灌溉，水层保持在30~50厘米。8月中旬以后，芦苇进入生殖生长期，需水量降低，进行土壤排水，保持土壤湿润，促进芦苇成熟和秋芽发育。

在能调控水位的芦苇田中，其灌水原则是“浅水灌溉，勤灌勤排，合理晒田，通气增温”。在正常灌水的情况下，芦苇地下根状茎每年只进行2次分枝，第二年长出的芦苇产量高、质量好。如果长期积水，影响芦苇产量与质量。芦苇地下根状茎会萌发3~5次分枝，造成地下根状茎又细又密又弱。芦苇从开花到种子成熟前，应降低苇田的水层，并安排排水晒田，以控制养分向穗部输送，减少种子产量，使养分向地下根状茎输送贮存。

9 合理施肥

芦苇是以生产茎秆为主的经济植物，施肥品种应以氮肥为主，配合磷钾肥，施肥量一般在300~375千克/公顷。在施肥时应注意：一是施肥重点应是中低产苇田，增产潜力大；二是苇田配备良好的工程设施和灌溉，使水肥融合后被芦苇吸收；三是对土壤盐碱重、草害多的地块，应首先降低土壤含盐量和防除草害，避免肥料损失；四是在施肥前，应对施肥地块土壤进行分析，保持土壤营养平衡，以减少肥料的浪费。

芦苇是一种需要高氮、高钾的作物，对氮、磷、钾的吸收比例平均为4.6∶1.0∶5.3。具体施肥范围是，氮∶磷∶钾为4.4~4.8∶1.0∶4.8~6.0。根据芦苇的收获物与生长规律，应着重施用秆肥和根状茎肥，秆肥在5月中下旬，芦苇进入旺长期时进行，应施重肥，占总施肥量的80%以上。根状茎肥应晚施少施，占总施肥量的10%~20%，在8月中旬施用。通过施肥达到叶、节早发多发，植株高大，防止贪青倒伏，而根状茎又健壮发育的目的，为第二年高产打下良好的基础。肥料施用要求符合NY/T 496—2002的相关要求。

10 病虫草害防治

芦苇虫害主要是蚜虫，一般严重发生季节为6—7月，在严重发生年份用含

40%氧化乐果 800~1 500 倍的药液喷杀。但在防治中，首先要进行预测预报，确定防治时期，其次是采取点片防治和重点防治的原则，避免大面积防治造成人工和药物的浪费。近年来，东亚飞蝗也有发展趋势，应注意预测预报和加强防治。草害主要有达氏蒲草、狭叶蒲草、苔草等，应根据不同草类品种及其生物学特性进行科学防除：首先是可采取生物防除和化学防除相结合的方法，其中对蒲草可利用 2,4-D 丁酯在春季进行喷洒，并配合灌溉以达到消灭的效果；其次是对草害发生情况进行调查，对重点发生地块要进行点片防治。

农药使用要求符合 GB 4285—1989 和 GB/T 8321 的相关规定。除草剂使用要求符合 GB 4285—1989、GB/T 8321. 1 ~ 9、NY/T 1853—2010 和 NY/T 1997—2011 的相关规定。

11 芦苇收割

当芦苇成熟的 12 月，土壤冻结后，及时进行收割。在收割中，不论是人工收割或是机械收割，应保留 5 厘米割茬和部分落叶，确保秋芽不受损害和枯枝落叶腐烂后归还土壤。

12 冬季管理

芦苇收割结束后，对当年病虫害发生严重的地块，可在冬季烧塘，或在第二年春季灌水时，将漂浮的腐烂草集中销毁。

盐荒地脱水甜椒栽培技术规程

1 范围

本规程规定了盐荒地脱水甜椒栽培技术的技术术语、技术参数、操作规程和实施规范。

2 规范性引用文件

下列文件对于本文件的应用是必不可少的。凡是注日期的引用文件，仅所注日期的版本适用于本文件。凡是不注日期的引用文件，其最新版本（包括所有的修改单）适用于本文件。

GB 4285—1989	农药安全使用标准
GB/T 8321.1~9	农药合理使用准则（1~9）
GB 16715.3—1999	瓜菜作物种子茄果类
GB 4455—1994	农业用聚乙烯吹塑薄膜
GB 13735—1992	聚乙烯吹塑农用地面覆盖薄膜
GB 16151—2008	农业机械运行安全技术条件
NY/T 496—2002	肥料合理使用准则
NY/T 740	田间开沟机械作业质量

3 术语和定义

下列术语和定义适用于本文件。

3.1 甜椒

别名灯笼椒，被子植物门，木兰纲，菊亚纲，茄目，茄科，辣椒属。有紫色、白色、黄色、橙色、红色、绿色等多种颜色，与普通大椒相比，味道不辣或微辣，含有较高的糖和维生素C。主要用于生食，属菜椒的变种，植物体粗壮而高大。叶矩圆形或卵形，长10~13厘米。果梗直立或俯垂，果实大，近球状、圆柱状或扁球状，多纵沟，顶端截形或稍内陷，基部截形且常稍向内凹入。长势中等，结果性强，果大小为 9 厘米×9 厘米，平均单果重 100~150 克，每公顷定植 30 000 株左右，生长期 10~12 个月。

4　产地环境

西北沿黄灌区，区域范围明确，排灌方便，春季播前 0~20 厘米土层全盐含量在 0.4%~0.8%，土壤 pH 值为 8.00~9.50 的盐碱荒地。

5　改良土壤，整地起垄

将沿山地带自然堆积形成的沙丘风沙运到田间，铺垫厚度 20 厘米，随即整平。为保墒和压盐，在起垄前灌透水 1 次，待地表土层发白时，撒施脱硫废弃物（脱硫石膏）7 500 千克/公顷、土壤改良剂 750 千克/公顷、腐熟有机肥 34.50 立方米/公顷。采用机械起垄，垄距 135 厘米，垄宽 60 厘米，垄高 25 厘米，要求垄面整齐，垄长不超过 25 米。机械作业要求符合 GB 16151—2008 的相关要求。肥料施用要求符合 NY/T 496—2002 的相关要求。

6　配备灌溉设施

将机井水通过主管道输入田间，每隔 30 米留一出水口，主管接通机井出水口并连接田间支管，田间每 10 垄为 1 组，用三通和阀门控制，水压大时可同时开 2 组或 3 组，水压小时开 1 组。各垄在铺设软管前，先在垄中央开一深 8~10 厘米、宽 12~15 厘米的小沟，然后把软管铺在小沟中，喷水孔向上，并通水检查出水孔是否都能正常喷水，然后覆盖地膜。开沟机械作业要求符合 GB 16151—2008 和 NY/T 740 的规定。地膜要求符合 GB 4455—1994 和 GB 13735—1992 的相关要求。

7　品种选择

选用生长势强、结果性能好、品质优良、抗病丰产、适合脱水加工的甜椒新品种宁椒 1 号。种子质量符合国家二级以上良种要求，纯度不低于 96%、净度不低于 95%、发芽率不低于 85%、水分不高于 10%。甜椒种子质量与检验方法应符合 GB 16715.3—1999 的相关要求。

8　育苗

用 72 孔穴盘育苗，苗龄 55~60 天。幼苗要求根系发达、洁白，子叶肥大完整，株高 15~20 厘米，茎粗 4~6 毫米，具 7~8 片真叶，叶片发育正常，节短、无病虫害。

9 定植

5月10日后，及早定植，每垄栽2行，按行距为35厘米、穴距为30~32厘米的标准，拉线移栽于垄肩，每穴2株，三角形错位栽植。栽苗高度要一致，定植密度为46 500~49 500穴/公顷。

10 套种玉米

垄上可套种鲜食玉米。套种种植对玉米品种的要求不严，但对播种时间要求较高。播种过早，因玉米长势快于甜椒，影响甜椒采光性；播种过晚，高温来临季节，玉米不能进入大喇叭口期，起不到为甜椒遮阴的作用，也会影响上市时间。一般鲜食玉米在5月上中旬播种，最迟不能超过5月20日，也可在甜椒定植时播种。其方法是用玉米点播器，在垄面中间，间隔1.5米点种1穴（点种时要避开滴灌带），各垄应错位点种，播种深度3~4厘米，出苗后，每穴留苗2株，密度为4 950穴/公顷，以后的田间管理随甜椒。

11 灌溉管理

甜椒定植后，当天要及时灌水，以灌透垄内土壤为宜。5月中旬到6月上旬，甜椒开花前，视土壤墒情适当控制灌水次数，保持每6天灌水1次。随着气温不断升高，甜椒开花至结果期，需水量逐渐增大，灌水间隔期相应缩短到3~4天，灌水时间应在5:00~8:00时，气温升高前结束灌水，高温时切忌灌水。

12 施肥管理

一般不施底肥，甜椒缓苗后，进行第1次追肥，采用施肥器在每穴甜椒两侧10~12厘米，施入磷酸二铵300千克/公顷、硫酸钾复合肥150千克/公顷、尿素150千克/公顷；第2次施肥在开花坐果期，方法和用量同上，有条件时可在田间放2.0~2.5立方米塑料水罐，将化肥配成液肥，开花坐果前按2~3克/千克、中后期按4~5克/千克的浓度追施。追施时，将水泵安装在塑料罐出水口，经水泵加压输送到支管上，流入垄内，渗透到甜椒根部。施肥前，应先将化肥溶化，再经纱网过滤加入塑料灌内，以防堵塞毛管。整个生育期施肥次数依甜椒长势而定，一般施8~10次。肥料施用要求符合NY/T 496—2002的相关要求。

13 病虫害防治

大雨过后，要及时排出田间积水，并用64%杀毒矾可湿性粉剂400倍液，喷甜椒茎秆及叶面，预防疫病发生；蚜虫和白粉虱发生时，可用10%吡虫啉可湿性粉剂2 000倍液，或3%啶虫脒乳油1 000~2 000倍液，喷雾防治。农药使用要求符合GB 4285—1989和GB/T 8321的相关规定。

盐碱地牧草栽培技术规程

1 范围

本规程规定了西北沿黄灌区盐碱地牧草栽培技术的技术术语、技术参数、操作规程和实施规范，适用于西北沿黄灌区及其他相同类型区域盐碱地耐盐牧草的生产。

2 规范性引用文件

下列文件对于本文件的应用是必不可少的。凡是注日期的引用文件，仅所注日期的版本适用于本文件。凡是不注日期的引用文件，其最新版本（包括所有的修改单）适用于本文件。

GB 4285—1989　农药安全使用标准

GB/T 8321.1~9　农药合理使用准则（1~9）

GB 16151—2008　农业机械运行安全技术条件

NY/T 496—2002　肥料合理使用准则

NY/T 1853—2010　除草剂对后茬作物影响试验方法

NY/T 1997—2011　除草剂安全使用技术规范 通则

3 产地选择

西北沿黄灌区土壤含盐较重或多年弃耕地，区域范围明确，排灌方便，春季播前 0~20 厘米土层全盐含量低于 5%，土壤 pH 值低于 11.00。

4 选择适宜栽培草种

选种符合当地的生产条件、高产优质、耐盐性及抗病性强的品种。西北沿黄灌区盐碱地适宜栽培草种为苜蓿、星星草、朝鲜碱茅、黑麦草等。种子质量符合国家二级以上良种要求，纯度不低于 96%、净度不低于 95%、发芽率不低于 85%、水分不高于 10%。

5 播种前准备

选地后，种植前一年，进行秋季深翻、熟化土地、冬灌压盐的措施，即秋季深翻，平整，晒垡，翻后进行冬灌。春季播前要求细致整地，以防止盐碱地质地黏重，通风透气性差与牧草种子小、萌发顶土能力弱带来的出苗不匀等问题。机械作业要求符合 GB 16151—2008 的相关要求。

星星草、朝鲜碱茅等在灌溉条件下，可在土壤含盐量 1.0%~5.4%的重度盐碱地上种植，除冬季深翻、熟化、冬灌外，第二年春季耕翻，撒种。

6 播种

6.1 播量

盐碱地种植牧草的播种量以 11.25~15 千克/公顷为宜。如建立牧草种子田，播量每公顷以 11.25 千克为佳。

6.2 播深

牧草种子小，萌发后顶土能力较弱，以覆土 1 厘米为宜，一般 8~10 天即可出苗。

6.3 播期

牧草对播种时间一般要求不严格，可以根据当地的具体条件确定。灌溉条件较好的地区，春播当年可有一定的收益。夏季播种也可，夏季耕翻能灭除杂草，减少杂草危害，有利保苗。

6.4 播种方法

播种方法有人工撒播与机器播种两种。大面积种植牧草可采取撒播，春季播前土地耕翻后，人工撒播，后用耙或树枝等轻轻覆土。机械播种可用播种机条播，行距 15~20 厘米，覆土厚不能超过 1 厘米，播种后马上进行灌溉。

7 灌水催芽

为了保证出苗，可采取播后灌水催芽，满足种子萌发的水分条件，同时也起到压盐作用，降低种子萌发时表层土壤含盐量，为种子萌发、出苗创造较适宜的生境条件。重度盐碱地种植牧草，第一次灌水后，间隔 8 天紧接着灌第二次水，这样既保证种子出苗时的水分条件，又可避免土壤形成板结层卡死幼苗。

西北小麦种植区种植星星草、朝鲜碱茅的播种期，可选择在小麦浇第二次水前7~8天，既可避免与小麦争头水，躲过用水高峰期，又可在小麦浇第二次水的同时，浇牧草播后的第二次水。也可在收获小麦后的灌区用水低峰时期播种，缓解供水紧张。

8 不同生育期灌溉

牧草幼苗期耐盐性也很强，但大面积种植时，应注意适时灌水，一般间隔半个多月就应灌溉一次，以防因土壤表层含盐量过高而引起幼苗失水，或因地表形成板结而死苗。此后，在分蘖期、拔节期各灌水一次。如有条件，可同时追施氮肥，增加产草量，其效果会非常显著。牧草种籽田需在乳熟初期再灌溉一次。

9 施肥

播种前，施有机肥每公顷22 500千克作基肥。如有条件，在拔节期每公顷追施氮肥150~225千克，也可施用适量的磷、钾肥，追施氮、磷、钾的比例为4：1：2。施用肥料要求符合NY/T 496—2002的相关要求。

10 中耕松土

种植三年后的牧草地，因牧草分蘖和每年落籽长出新苗，造成株体过密而影响牧草生长发育及产草量。同时，由于利用年限长，表层土壤中根系量增多，土壤硬实度加大，造成透水、通风条件差而影响牧草生长。因此，有必要进行中耕松土（间隔20~25厘米间距，耕翻深度10~15厘米），灭除部分株体以减少密度，改善土壤通风透水条件，加速土壤有机物分解，增加养分，改善土壤结构，促进牧草地下部分生长发育，提高地上部分产量。结合中耕最好追施有机肥。

11 田间保护与除草

播种当年，地上地下部分生长缓慢，根系入土不深。因此，播种当年严禁牲畜采食和践踏。

田间杂草严重时，人工喷洒除草剂2,4-D丁酯乳油，每公顷用药1 125~1 200克，加水80千克充分搅匀，晴天无风时，用喷雾器均匀喷洒在杂草上，除草效率达90%以上。除草剂使用符合GB 4285—1989、GB/T 8321.1~9、NY/T 1853—2010和NY/T 1997—2011的相关规定。

12 收割

以收获青干草为主时，在开花盛期收割为宜，这时牧草产量达最高峰期，一般每公顷超过 16 500 千克，粗纤维含量较低（20%），而粗蛋白质含量较高（16%）。以收获牧草种子为主时，最佳收割时间在牧草种子成熟率达 60%以上时，收得太晚，成熟的种子开始大量脱落，影响种子产量和质量。

盐碱地牧草间作栽培技术规程

1 范围

本规程规定了西北沿黄灌区盐碱地牧草间作栽培技术的技术术语、技术参数、操作规程和实施规范。

2 规范性引用文件

下列文件对于本文件的应用是必不可少的。凡是注日期的引用文件，仅所注日期的版本适用于本文件。凡是不注日期的引用文件，其最新版本（包括所有的修改单）适用于本文件。

GB 16151—2008 农业机械运行安全技术条件

NY/T 496—2002 肥料合理使用准则

NY/T 1853—2010 除草剂对后茬作物影响试验方法

NY/T 1997—2011 除草剂安全使用技术规范 通则

3 术语和定义

下列术语和定义适用于本文件。

3.1 间作

指在同一田地上于同一生长期内，分行或分带相间种植两种或两种以上作物的种植方式，通用符号“‖”。

4 产地环境

西北沿黄灌区土壤含盐较重或多年弃耕地，区域范围明确，排灌方便，春季播前0~20厘米土层全盐含量低于5%，土壤pH值低于11.00。

5 选择适宜间作栽培草种

选种符合当地的生产条件、高产优质、耐盐性及抗病性强的品种。西北沿黄灌区盐碱地适宜栽培草种为苜蓿、星星草、朝鲜碱茅、黑麦草等，间作禾本科草种包括鹅头稗、碱谷、御谷、澳大利亚高冰草、草木樨等。种子质量符合国家二级以上良种要求，纯度不低于 96%、净度不低于 95%、发芽率不低于 85%、水分不高于 10%。

6 播种前准备

选地后，种植前头一年，进行秋季深翻、熟化土地、冬灌压盐的措施，即秋季深翻，晒垡，熟翻后，应进行冬灌压盐碱。春季播前要求细致整地。机械作业要求符合 GB 16151—2008 的相关要求。

星星草、朝鲜碱茅等在灌溉条件下，可在土壤含盐量 1.0%~5.4%的重度盐碱地上种植，除冬季深翻、熟化、冬灌外，第二年春季耕翻，撒种。

7 开深沟躲盐

要采取深开沟（15~20 厘米）间作。

8 间作播种

8.1 播量

盐碱地种植牧草的播种量以 11.25~15 千克/公顷为宜。如建立牧草种子田，其播量每公顷以 11.25 千克为佳。

8.2 播深

牧草种子小，萌发后顶土能力较弱，以覆土 1 厘米为宜，一般 8~10 天即可出苗。

8.3 播期

牧草对播种时间一般要求不严格，可以根据当地的具体条件确定。灌溉条件较好的地区，春播当年可有一定的收益。夏季播种也可，夏季耕翻能灭除杂草，减少杂草危害，有利保苗。

8.4 播种方法

播种方法有人工撒播与机器播种两种。不同牧草进行间作播种，其中大面积种植可采取按间作带进行撒播，春季播前土地耕翻后，人工撒播，后用耙或树枝等轻轻覆土。机械播种可用播种机按间作带进行条播，行距 15~20 厘米。机械作业要求符合 GB 16151—2008 的相关要求。

8.5 浅覆土

覆土厚不能超过 1 厘米，播种后马上进行灌溉。

9 灌溉管理

为了保证间作牧草田出苗，可采取播后灌水催芽，满足种子萌发的水分条件，同时也起到压盐作用，种子萌发时，降低表层土壤含盐量，为种子萌发、出苗创造较适宜的生境条件。牧草幼苗期耐盐性也很强，但大面积种植时，应注意适时灌水，第一次灌水后，间隔 8 天紧接着灌第二次水，这样既保证种子出苗时的水分条件，又可避免因土壤表层含盐量过高而引起幼苗失水，或因地表形成板结而死苗。此后，在分蘖期、拔节期各灌水一次。如有条件，可同时追施氮肥，增加产草量。并可根据不同品种牧草的需水特性和田间长势增加灌溉次数。牧草种籽田需在乳熟初期再灌溉一次。

10 施肥管理

在播种前，每公顷施有机肥 22 500~30 000 千克作基肥。如有条件，在拔节期，根据不同品种牧草需肥特性和长势，每公顷追施氮肥 150~300 千克，也可施用适量的磷、钾肥，追施氮、磷、钾的比例为 4：1：2，这样会显著提高产草量及种子产量。施用肥料要求符合 NY/T 496—2002 的相关要求。

11 田间管理

间作牧草地如植株生长过密，需进行中耕松土（间隔 20~25 厘米间距，耕翻深度 10~15 厘米），灭除部分株体以减少密度，改善土壤通风透水条件，促进牧草地下部分生长发育，提高地上部分产量。结合中耕，根据不同间作品种需肥特性和生长状况，最好追施有机肥。

12 牧草地保护与除草

不同品种间作牧草在种植当年均根系入土不深，因此，需要严格的保护措施，严禁牲畜采食和践踏。田间杂草严重时，人工喷洒除草剂 2,4-D 丁酯乳油，每公顷用药 1 125~1 200 克，加水 1 200 千克充分搅匀，晴天无风时，用喷雾器均匀喷洒在杂草上，除草效率达 90% 以上。除草剂使用要求符合 GB 4285—

1989、GB/T 8321.1~9、NY/T 1853—2010和NY/T 1997—2011的相关规定。

13 收割

按照不同间作品种牧草成熟时间进行适时收获。以收获青干草为主时，在开花盛期收割为宜。以收获牧草种子为主时，最佳收割时间在牧草种子成熟率达60%以上时。

盐碱地马蔺草种植技术规程

1 范围

本规程规定了盐碱地马蔺草种植技术的技术术语、技术参数、操作规程和实施规范。

2 规范性引用文件

下列文件对于本文件的应用是必不可少的。凡是注日期的引用文件，仅所注日期的版本适用于本文件。凡是不注日期的引用文件，其最新版本（包括所有的修改单）适用于本文件。

GB 16151—2008 农业机械运行安全技术条件

NY/T 496—2002 肥料合理使用准则

3 术语和定义

下列术语和定义适用于本文件。

3.1 马蔺

原产于我国，又名马莲、马兰，是鸢尾科多年生宿根草本植物，丛密，茎秆粗壮，须根细长而坚韧；叶基生，狭线形，长 50~60 厘米，宽 4~6 厘米，无明显中脉；基部具纤维状老叶鞘，质地较硬；花莛光滑，与叶近等高；苞片 3~5 枚，革质，内含花 2~4 朵；花浅蓝色，直径 3~4 厘米；重瓣倒披针形，长 4~7 厘米，宽 0. 8~1. 5 厘米；蒴果长椭圆柱状，有 6 条明显的肋，顶端有短喙，花期 6 月，果期 10 月，但随气候不同花期有所变化。种子千粒重 23~25 克，种皮坚硬且有一层蜡质。

马蔺喜温、耐寒、抗热，不怕霜冻，幼苗能抵抗-10℃的低温，抗旱性强，在年降水量为 400~800 毫米的地方无需灌水也可正常生长，极度干旱时会假眠度危，但不耐涝，水淹时会烂根死亡。喜光较耐阴，在稀树下良好生长，对土壤要求不严，耐瘠薄、耐盐碱，岗地、沙地等处都能生长，并能在 pH 值 8.0 以上，含盐量2%，钠离子含量0.05%的重盐渍化土壤上顺利生长，但以碱性沙质土及黑钙土最为适宜。马蔺生命顽强，再生性好，抗病虫害，耐刈、耐磨、耐践踏，一次种植可利用10年以上。过去是一种野生草本植物，生长于荒地、路旁、山坡草丛、盐碱草甸中，近年才被人工栽培，用于水土保持、盐碱地和沙化地的改造。

4 选地

西北沿黄灌区，区域范围明确，排灌方便，春季播前0~20厘米土层全盐含量在1%以下的盐碱地、沙化地、公路两侧绿化用地。

5 马蔺的繁殖

5.1 种子繁殖

利用马蔺种子进行小苗繁殖，有直播和育苗两种方式，播前，将新采收的种子放在30℃左右温水中浸泡24小时，然后按湿沙与种子比为2：1的比例，放在2~7℃条件下，沙积100~120天，沙的湿度以手握成团，手松开能散开为宜，打破种子休眠，直播有条播、穴播两种方式。条播：行距20厘米，每平方米用量20克左右；穴播：行距15厘米，株距15厘米，每穴10~15粒，每平方米用种量20克左右。育苗有床播育苗、营养钵育苗两种方式。床播育苗：每平方米用种子3 000粒左右（用种量70克左右）；营养钵育苗：采用10厘米×10厘米的营养钵育苗，每钵播种子10~15粒。上述播种方式播深均在3~5厘米，覆土厚3~5厘米，从播种到齐苗50~60天。马蔺苗不带土移栽成活率较低，建议最好用营养钵育苗移栽进行生产。

5.2 根苗繁殖

选取生长3年以上健壮马蔺根（粗0.5厘米以上），于5月中旬，根植于圃地，此成苗以1：3递增方式分蘖增长，依此特性进行分株繁殖，培育种苗。

6 整地施基肥

结合整地施足底肥，每公顷施农家肥37 500千克，磷酸二铵150千克，硫酸钾75千克。机械作业要求符合GB 16151—2008的相关要求。肥料施用要求符合NY/T 496—2002的相关要求。

7 定植

7.1 定植时间

在5月15日前后可进行直播（分条播和穴播），或者进行小苗移栽。

7.2 定植密度

采用垄距67厘米，株距40厘米，每公顷保苗37 500穴左右，每穴3株苗。

7.3 定植方法

选取二年生马蔺苗，刨坑坐水移栽，即先将坑浇足水，不等水渗下，用手捏住苗的根部插入泥中，拔出手后，随即将根部埋入泥中，等水渗下后，将坑填平，上面再覆一层细土，7天左右即可缓苗，1～2年后开花结实，花果逐年递增，成固定墩。

8 田间管理

马蔺适应性极强，可以粗放管理。定植后，每年可进行3次除草，第一次在5月下旬进行，第二次在6—7月进行；最后一次在9月进行。如果是采叶，则在7月下旬刈割第一次，割后3天进行追肥灌水，每公顷施尿素150千克或硫酸铵300千克，30天以后刈割第二次，每年可割2～3茬，霜前30天停止收割。肥料施用要求符合NY/T 496—2002的相关要求。

9 病虫害防治

马蔺抗病虫性极强，基本不发生病虫害。

10 采收加工

7月下旬至9月上旬是马蔺采叶的最佳时期。选择晴天上午，距地面3厘米处收割，自然晒干，防止雨水浇淋，用作绑扎和草编材料；8—9月马蔺果实成熟，割下果穗，晒干打取种子，用作繁殖材料或作为药材出售。

盐碱地柽柳栽培技术规程

1 范围

本规程规定了盐碱地柽柳栽培技术的技术术语、技术参数、操作规程和实施规范。

2 规范性引用文件

下列文件对于本文件的应用是必不可少的。凡是注日期的引用文件，仅所注日期的版本适用于本文件。凡是不注日期的引用文件，其最新版本（包括所有的修改单）适用于本文件。

GB 4285—1989　农药安全使用标准

GB/T 8321.1~9　农药合理使用准则（1~9）

3 术语和定义

下列术语和定义适用于本文件。

3.1 柽柳

又名垂丝柳、西河柳，为双子叶植物，柽柳科，柽柳属，落叶灌木或小乔木，可在黄河流域盐碱地进行栽培。其高达6~7米，小枝细长，枝条红褐色，老枝红紫色或淡棕色；叶互生，披针形，鳞片状，长0.5~3毫米，小而密生，呈浅蓝绿色；在绿色的嫩枝顶部生出圆锥形的花序，花期为5—9月；蒴果10月成熟，种子细小。柽柳枝叶是传统中药，其味干、咸、性平，可解毒、祛风、透疹、利尿。植株根系发达，萌生力强，容易繁殖和栽培，耐旱、耐盐碱、耐贫瘠和沙埋，适应性极强。

4 产地环境

西北沿黄灌区，区域范围明确，排灌方便，土质疏松，春季播前0~20厘米土层全盐含量为0.5%~1.5%，土壤pH值为8.00~9.50。柽柳适应性很强，栽培极易成活，对土壤要求不严，山区、平原、丘陵、平地、坡地、荒山等均可生长，疏松的沙壤土、碱性土、中性土均可作为栽培地。

5　种子繁殖

5.1　采种

柽柳种子细小，待花序上多数果实变黄色时采收，阴干后筛除小枝等粗物，干燥通风保存。

5.2　播种

可夏播或翌年春播，一般夏播较好。由于种子细小，采用床播，水面落种，床宽为 100~150 厘米，长为 10~20 米，灌满水后，按 1 克/平方米种子量，均匀撒在水面，用铁锨轻轻拍打，使种子浸入水中，待水面降落后，再在上面撒上薄薄 1 层细土或粉沙，保持土壤湿润，播后 3 天内即可出苗。适当追肥、浇水、锄草松土。

6　扦插育苗

6.1　扦插材料

选择生长健壮的 1 年生萌芽条或苗干做插条，粗 1~1.5 厘米，剪成长 10~20 厘米插穗，下剪口呈大斜口。

6.2　插穗处理

用 0.1%多菌灵药液浸泡 1~2 分钟，抖落水滴后再用 1 000 毫克/升 NAA 或 100 毫克/升生根粉水溶液（或 ABT1 号生根粉）浸渍基部 20~30 秒备插。

6.3　扦插方法

秋插或春插皆可。春插在 2—3 月进行，选用一年生以上健壮枝条，长 15~20 厘米，行距 40 厘米，株距 10 厘米，直插于苗床，插穗露过土面 3~5 厘米。插后每隔 10 天灌水 1 次，到 4—5 月即可生根生长，成活率达 80%~90%以上。平时稍加管理，适当浇水施肥，一年生苗木可高达 1 米以上。秋插于 9—10 月进行，以当年生枝条为插穗，方法同春插，成活率也很高。此外，还可用播种、压条、分根法繁殖。

7 定植技术

定植苗以大苗为好，要求壮苗高 1 米，粗 0.7~1 厘米，秋冬早春均可定植，植株行距 2 米，株距 50 厘米，栽前在水中浸泡 1~2 小时，根系较长者剪留 15~20 厘米。挖直径 30~40 厘米，深 30 厘米的定植穴，把苗木放在穴内，边填土边踩实，随即浇透水，20 天浇 1 次水，成活率可达 90%以上。

8 田间管理

栽后适当加以浇水、追肥。柽柳极耐修剪，在春夏生长期，可适当进行疏剪整形，剪去过密枝条，以利通风透光，秋季落叶后，可再进行一次修剪。

9 虫害防治

柽柳树主要害虫有梨剑纹夜蛾，可在幼虫期以敌百虫 800~1 000 倍液喷洒防治。蚜虫可用 40%乐果 2 000 倍液喷杀。农药使用要求符合 GB 4285—1989 和 GB/T 8321 的相关规定。

盐碱地肉苁蓉栽培技术规程

1 范围

本规程规定了盐碱地肉苁蓉栽培技术的技术术语、技术参数、操作规程和实施规范。

2 规范性引用文件

下列文件对于本文件的应用是必不可少的。凡是注日期的引用文件，仅所注日期的版本适用于本文件。凡是不注日期的引用文件，其最新版本（包括所有的修改单）适用于本文件。

GB 4285—1989　农药安全使用标准

GB/T 8321.1~9　农药合理使用准则（1~9）

3 术语和定义

下列术语和定义适用于本文件。

3.1 肉苁蓉

肉苁蓉是一种列当科，肉苁蓉属，多年寄生草本植物，植株高 60~100 厘米，地上部分高 30~35 厘米。茎不分枝，基部直径 3~4 厘米。叶呈乳白色，干后变褐色，三角形，长 2~3 厘米，宽约 5 毫米，生于茎上部的渐狭为三角状披针形或披针形。穗状花序，长 12~18 厘米，直径 5~6 厘米，花萼筒状，长 15~18 毫米，花冠筒状漏斗形，长 4 厘米。雄蕊 4 枚，花丝着生于距筒基部 7~8 毫米处，长 15~17 毫米，基部膨大并密被黄白色长柔毛，花药卵形，长 4~6 毫米，密被黄白色长柔毛，药室基部钝圆，不具小尖头。子房长卵形，花柱长 22~25 毫米，柱头扁圆球形，2 浅裂。蒴果长圆形，长 10~12 毫米，直径 7 毫米。种子多数，近圆形，干后变黑色，外面网状。花期 5—6 月，果期 7—8 月。肉苁蓉可做药用，干燥带鳞叶的肉质茎性甘、咸而温，是著名的补肾阳药物，还具有益精血、润肠通便和延缓衰老等功效，大量用于中医临床处方、中成药和保健品。

4 产地环境

西北沿黄灌区，区域范围明确，气候干旱少雨，昼夜温差大，排灌方便，春季播前 0~20 厘米土层全盐含量为 0.4%~2%，土壤 pH 值为 7.50~9.00 的沙土地和半流沙荒漠地。肉苁蓉抗逆性强，耐干旱，常常寄生于沙漠中的梭梭、红柳及蒿类植物根部。

5 选地与选择寄生林

宜选砂土或半流沙荒漠地带，以土壤呈中性或偏碱性、阳光充足、雨量少、排水良好、昼夜温差大为佳。可利用天然梭梭林较集中的沙漠地，进行圈拦，防止牛羊和骆驼啃食，浇水施肥，保护寄主。也可培育人工梭梭林，秋后采收梭梭种子，春天作畦播种育苗。种子播种后 1~3 天出苗，1~2 年后定植，行株距 1~1.5 米，定植 2~3 年以后，生长健壮，可以接种肉苁蓉。梭梭也可直播，但应注意防风、保水、保苗。

6 选种

选用特制贴附在纸上的肉苁蓉种子纸（每纸片保证 200 粒种子）及优质肉苁蓉种子。种子质量符合国家二级以上良种要求。

7 接种

7.1 接种时间

最适接种季节为春、秋两季。一般选择在春季 3—4 月进行接种。

7.2 接种方法

7.2.1 造林接种

造林行沟宽 30 厘米，深 40~60 厘米，株行距为 1.5 米×3 米。将种子纸横放在行沟内栽植苗木的根部，吸水面向上，然后回填适量细土，回填表土踩实后，及时灌溉。

7.2.2 在寄主上接种

梭梭林根部接种方法：选择在梭梭（野生梭梭三年生以上，人工梭梭一年以上）东侧或东南侧方向，距寄主 50~80 厘米处，挖深 70~100 厘米的种植坑，找到梭梭根系分布后，灌水或施入抗旱保水剂，可施入腐熟好的农家肥（也可不施)，待水完全渗入后，将种子纸播种面贴附于梭梭根系区坑壁，后用挖出的沙土回填种植坑，填至2/3处时，适当踩实，填至坑满即可。人造梭梭林生长整齐、成行，可在植株两侧开沟作苗床。播种后，保持苗床湿润，诱导寄主根延伸到苗床上。

红柳根部接种方法：首先人工种植红柳，培育出红柳寄主苗木，红柳栽植密度一般为株行距1米×2米，流沙地中定植深度为0.6~0.7米。红柳苗木生长一年后，在两行红柳寄主苗木中间开沟，沟宽40~60厘米，深度70~100厘米为宜，将肉苁蓉种子与过筛细沙按1：100的比例拌匀（即肉苁蓉种子1克拌100克细沙)，撒入沟内红柳须根系周围，填土压实后灌水即可，肉苁蓉种子撒种施种量90克/公顷。也可与梭梭接种类同，在红柳（一年生以上）寄主一侧开挖种植坑，挖至露出红柳根系为宜，将种片播种面贴附于根系区坑壁，覆土踩实后灌水。

8 田间管理

接种成功的植株，第2年有少数肉苁蓉出土生长，大部分在第3至第4年内出土、开花、结实。接种后，要加强对寄主的管理，寄主造林初期，可适量进行灌水，但不宜多，能保证寄主的成活及生长即可。以后每年根据降水量，适量灌水1~2次或不灌水，平时观察植株下70厘米处无湿沙时及时浇水。施肥以农家肥为主，禁施化肥，以保证肉苁蓉野生品质。荒漠地带风沙大，寄主根系经常被风吹露，要注意培土或用树枝围在寄主根周围防风，人工拔除其他植物。越冬前要及时对接种寄主培土，以起到防冻、防旱作用，使其安全越冬。肉苁蓉5月开花时，要进行人工授粉，提高结实率。

9 病虫害防治

9.1 梭梭白粉病

7—8月发生，为害嫩枝。防治方法：用BO-10生物制剂300倍液或25%粉锈宁4 000倍液喷雾防治。农药使用要求符合GB 4285—1989和GB/T 8321的相关规定。

9.2 梭梭根腐病

多发生在苗期，为害根部。防治方法：选排水良好的沙土种植，加强松土；发生期用50%多菌灵1 000倍液灌根。农药使用要求符合GB 4285—1989和GB/

T 8321 的相关规定。

9.3 种蝇

发生在肉苁蓉出土开花季节，幼虫为害嫩茎，蛀入地下茎基部。防治方法：可用90%敌百虫 800 倍液或 40%乐果乳油 1 000 倍液，地上部喷雾或浇灌根部。农药使用要求符合 GB 4285—1989 和 GB/T 8321 的相关规定。

9.4 大沙鼠

啃食寄主枝条、根系及植入坑内的肉苁蓉种子。防治方法：用磷化锌或大隆毒饵于洞口外诱杀。农药使用要求符合 GB 4285—1989 和 GB/T 8321 的相关规定。

10 采收

春秋两季均可采收，以 4—5 月采收为佳。初春，肉苁蓉吸收融化的冰雪水迅速生长。当肉苁蓉露出地面，可及时进行采挖，采挖时尽量保证单株肉苁蓉的完整。为减少对寄主植物的破坏，在采挖时，应选择肉苁蓉与寄主相连的外围挖坑，挖至肉苁蓉的底部，在不断开苁蓉与寄主的连接点的前提下，从连接点向上留 5~8 厘米截取上部，然后回填土，填土时要防止碰断寄生根和连接点，回填土平整后，稍加踩实。正确的采挖方法，可以使肉苁蓉接种 1 次，第 3 年开始进入丰产期，稳产期可达 5~10 年。稳定产量后，鲜蓉产量可达 4 800 千克/公顷以上，干蓉产量 1 200 千克/公顷以上。

11 加工

11.1 晾晒法

将顶头已变色的肉苁蓉，用开水烫头或切除变色头，然后将肉苁蓉放在清扫干净的水泥地面上，或其他非金属器具上晾晒，每天翻动 2~3 次，防止霉变，晒至完全干，即可包装出售。白天也可在沙地上摊晒，晚上收集成堆，遮盖起来，防止昼夜温差大，冻坏肉苁蓉，晒干后颜色好，质量高。

11.2 盐渍法

将个大者投入盐湖中淹 1~3 年；或在地上挖 50 厘米×50 厘米×120 厘米的坑，用等大不漏水的塑料袋放入，在气温降到 0℃时，把肉苁蓉放入袋内，用当地未加工的土盐，配制成40%的盐水腌制，第二年3月，取出晾干。

11.3 窖藏法

在冻土层的临界线以下挖一坑，将新鲜肉苁蓉在天气冷凉之时埋入土中，第二年取出晒干。

12 留种

应同时留梭梭种子及肉苁蓉种子。宜选粒大、饱满、无病虫害的种子留种。

盐碱地苦豆子栽培技术规程

1　范围

本规程规定了盐碱地苦豆子栽培技术的技术术语、技术参数、操作规程和实施规范。

2　规范性引用文件

下列文件对于本文件的应用是必不可少的。凡是注日期的引用文件，仅所注日期的版本适用于本文件。凡是不注日期的引用文件，其最新版本（包括所有的修改单）适用于本文件。

GB 4285—1989　农药安全使用标准
GB/T 8321. 1~9　农药合理使用准则（1~9）
GB 16151—2008　农业机械运行安全技术条件
NY/T 496—2002　肥料合理使用准则
NY/T 1853—2010　除草剂对后茬作物影响试验方法
NY/T 1997—2011　除草剂安全使用技术规范 通则

3　术语和定义

下列术语和定义适用于本文件。

3.1　苦豆子

为多年生豆科草本植物，株高 20~50 厘米，全株有灰白色伏生绢状柔毛，根茎发达，根幅长达 2~3 米，垂直根向下延深 2.0~2.5 米，不定根无分层性，均匀扩散蔓延很广，茎直立，上部多分枝。奇数羽状复叶互生，总状花序顶生，花密生，呈黄色或黄白色。荚果为念珠状，灰褐色或灰黑色，种子呈卵圆形，每年 4 月中旬萌发，6—7 月中旬开花，7 月下旬至 8 月中旬果实成熟，生育期 125~142 天。

苦豆子是重要的药用植物资源和饲用植物资源，用途广泛，开发利用价值极高。其籽实中含有的苦参总碱具有清热解毒、抗菌消炎等作用。其中分离出的槐定碱、槐安碱等，具有抗癌效果。苦豆子的根又称苦甘草，具有清热解毒的功效，可治痢疾、湿疹、牙痛、咳嗽等。

4 产地环境

西北沿黄灌区，区域范围明确，排灌方便，春季播前0~20厘米土层全盐含量为0.2%~0.6%，土壤pH值为8.00~9.50的沙质土壤。

5 选地整地与播前准备

选择地下水位高，土壤呈中性或碱性的沙壤土种植。选好符合产地环境的种植地后，施入基肥：氮肥80千克/公顷，磷肥110~115千克/公顷，钾肥35~40千克/公顷，肥料选用磷酸二氢钠、尿素、硫酸钾等。磷肥一次施入，氮、钾肥一次基肥，一次追肥。配合施肥进行整地，翻耕，深度为25厘米，耕后平整土地。播种前灌水洗盐，灌水量为2 400立方米/公顷。机械作业要求符合GB 16151—2008的相关要求。肥料施用要求符合NY/T 496—2002的相关要求。

6 播种

6.1 种子处理

用硫酸处理苦豆子种子，用量为50毫升硫酸溶液/100克种子，处理时间为25分钟。然后，用水冲洗6~7次，洗净硫酸；或用氨水中和硫酸，晾干备播。

6.2 播种期

苦豆子种子萌发适宜温度为25~30℃，5厘米地温稳定在12℃时为适宜播种期。

6.3 播种方式

条播，行距45~50厘米。

6.4 播种技术

播种沟宽1~2厘米，沟深1.0~1.5厘米，播种后覆土1厘米，播种量为67.5~75千克/公顷。

7 播后管理

7.1 定苗

苗高10厘米时，按照株距10厘米进行定苗，间苗应保壮除弱，并在缺苗处适当补苗。

7.2 灌溉

6月、7月中旬灌水两次，每次灌水量1 500立方米/公顷，10月上旬秋灌压盐，灌水量为3 000立方米/公顷。全生育期灌水量为8 400立方米/公顷。

7.3 追肥

7月中旬追肥，氮、钾肥料追肥量为氮肥80千克/公顷，钾肥35~40千克/公顷。肥料施用要求符合NY/T 496—2002的相关要求。

7.4 中耕除草

该地区主要杂草为稗子草，在6月、7月中旬分别进行人工除草，或用除草剂（50%二氯喹啉酸可湿性粉剂）。除草剂使用要求符合GB 4285—1989、GB/T 8321.1~9、NY/T 1853—2010和NY/T 1997—2011的相关规定。

8 病虫害防治

7月中下旬有蚜虫虫害，侵害部位有叶片、茎部，症状是叶片发白、卷曲，用40%氧化乐果1 500~2 000倍液喷雾防治。农药使用要求符合GB 4285—1989和GB/T 8321的相关规定。

9 留种技术

9.1 采种植株选择

选择生长良好无病虫害的苦豆子作为采种植株。

9.2 采种期

11月上旬，苦豆子荚果变为黄褐色时及时采收。

9.3 采收后处理

种子采收后需及时摊开晾晒，除去杂质，风选除屑后，装入透气袋中，放在阴凉通风处储藏。

10 苦豆子药材采收

10.1 采收期

药用全草在 9 月下旬采收。种子在 11 月上旬荚果变为黄褐色时采收。

10.2 采收方式

人工或机械采收苦豆子全草、荚果，采收后及时摊开晾晒，脱粒。

11 苦豆子包装、运输与贮藏

11.1 包装

包装前检查，挑出杂质、异物和非药用部位，以保证药材纯度。包装容器要无污染、无破损，采用麻袋包装，每袋装 40 千克。包装上印有品名、规格、重量、质检批号、产地、生产日期及生产单位名称等。

11.2 运输

药材运输，不能与有毒害、易污染物品的车辆混装同运，运输车辆要清洁卫生，并具有防雨、防潮和无异味、无污染的设备，以免污染影响苦豆子品质。

11.3 贮藏

贮藏苦豆子的仓库应通风、干燥、避光，最好有空调和除湿设备，以保证药材安全存放，不发生霉变和虫害。药材码放要离开墙壁和地面 40 厘米以上，防止药材吸潮而变质。经常检查防止药材霉变、生虫、泛油等现象发生。

盐碱地色素菊花栽培技术规程

1 范围

本规程规定了盐碱地色素菊花栽培技术的技术术语、技术参数、操作规程和实施规范。

2 规范性引用文件

下列文件对于本文件的应用是必不可少的。凡是注日期的引用文件，仅所注日期的版本适用于本文件。凡是不注日期的引用文件，其最新版本（包括所有的修改单）适用于本文件。

GB 4285—1989　农药安全使用标准
GB/T 8321.1~9　农药合理使用准则（1~9）
GB 4455—1994　农业用聚乙烯吹塑薄膜
GB 13735—1992　聚乙烯吹塑农用地面覆盖薄膜
GB 16151—2008　农业机械运行安全技术条件
NY/T 496—2002　肥料合理使用准则

3 术语和定义

下列术语和定义适用于本文件。

3.1 色素菊花

是近年来盐碱地新兴起的经济作物，即万寿菊，为菊科，万寿菊属，一年生草本植物，茎直立，粗壮，具纵细条棱，分枝向上平展。叶羽状分裂；沿叶缘有少数腺体。头状花序单生；总苞杯状，顶端具齿尖；舌状呈花黄色或暗橙色；管状花花冠黄色。瘦果线形，基部缩小，黑色或褐色，被短微毛；冠毛有1~2个长芒和2~3个短而钝的鳞片。花期7—9月。一年生草本，高50~150厘米。茎直立，粗壮，具纵细条棱，分枝向上平展。叶羽状分裂，长5~10厘米，宽4~8厘米，裂片长椭圆形或披针形，边缘具锐锯齿，上部叶裂片的齿端有长细芒；沿叶缘有少数腺体。头状花序单生，径 5~8 厘米，花序梗顶端棍棒状膨大；总苞长 1.8~2 厘米，宽 1~1.5 厘米，杯状，顶端具齿尖；舌状花黄色或暗橙色；长 2.9 厘米，舌片倒卵形，长 1.4 厘米，宽 1.2 厘米，基部收缩成长爪，顶端微弯缺；管状花花冠黄色，长约 9 毫米，顶端具 5 齿裂。瘦果线形，基部缩小，黑色或褐色，长 8~11 毫米，被短微毛；冠毛有 1~2 个长芒和 2~3 个短而钝的鳞片。花期 7—9 月。

万寿菊生长适宜温度为 15~25℃，花期适宜温度为 18~20℃，要求生长环境的空气相对湿度为 60%~70%，冬季温度不低于 5℃。夏季高温 30℃以上，植株徒长，茎叶松散，开花少。10℃以下，生长减慢。万寿菊为喜光性植物，充足阳光对万寿菊生长十分有利。

4 产地环境

西北沿黄灌区，区域范围明确，排灌条件良好，熟化土层深厚，土壤肥沃，春季播前 0~20 厘米土层全盐含量为 0.2%~0.6%，土壤 pH 值为 8.00~9.50 的沙质土壤。色素菊花对茬口要求不严格，菜地、瓜地、小麦、玉米、豆类、马铃薯等茬口均可种植，但不宜连作。

5 播前整地施肥

前作收获后要及时深耕犁地，灌足冬水，次年春季土壤化冻后，要耙耱保墒、平整地面。结合整地施基肥，基肥以肥效较长、养分完全的有机肥为主，再加入适量的化肥。每公顷可施入商品有机肥 75 000 千克以上，磷酸二铵 375 千克，尿素、氯化钾肥各 150 千克。有机肥可在冬灌前结合犁地一次性施入，磷酸二铵、尿素、氯化钾肥可在起垄前施入。机械作业要求符合 GB 16151—2008 的相关要求。肥料施用要求符合 NY/T 496—2002 的相关要求。

6 起垄

起垄种植的规格是：140 厘米垄宽，垄面宽 80 厘米，垄沟 60 厘米，垄高 20~23 厘米，每垄种 2 行，垄起好后垄面用石条磙镇压 1 遍，垄边用锹整理平整，便于打穴和覆盖地膜。为防治地下害虫和苗期病害，起垄前，每公顷撒施 1.5%乐果粉 22.5~30 千克，或敌百虫粉 30 千克，50%代森锰锌 15 千克，然后交叉耙耱后起垄。地膜要求符合 GB 4455—1994 和 GB 13735—1992 的相关要求。

7 播种

7.1 选种

播种前精选种子，除去秕粒、杂草籽，种子要求外观饱满，色泽光亮，发芽率在 90%以上，每公顷地需种量 600~750 克。

7.2 播种期

色素菊花的幼苗不耐霜冻，种子发芽要求 20~25℃的土壤温度，因此，春季地膜覆盖栽培播种时间不能太早，否则种子出苗时间长，易腐烂。播种适期的温度指标是：外界日平均气温稳定在 15℃以上，10 厘米地温稳定在 10℃以上，黄河上中游地区宜在 4 月中旬播种。

7.3 播种方法

采用直径 10 厘米左右的薄壁钢管制造的打孔器，在垄面距垄边 15 厘米处，两边各打穴 1 行，穴距 30~33 厘米，穴深 6~7 厘米，将打穴带出的泥土放在垄沟中，穴孔打好后，每穴浇水 0.3 千克左右，待水下渗后，每穴播种 4~5 粒，种子播入后，覆厚度 0.5~0.7 厘米的土，覆土要均匀。

7.4 覆盖地膜

播种后，及时覆盖幅宽 120 厘米的地膜，在垄边开沟，将地膜绷紧压入沟内用土埋住，为防垄面地膜被大风刮坏，可每隔 2 米挖一锹土压住地膜。

8 苗期管理

8.1 放风

色素菊花一般播种后 5~6 天即可出苗。当苗高 4~5 厘米时，种植穴内温度在晴天中午可达 30℃以上，易使幼苗灼伤或徒长而形成弱苗，因此应及时把穴上的地膜戳“十”字形小洞进行通风练苗。

8.2 放苗

幼苗放出膜外不能太早，一般应在晚霜结束后，当苗顶膜时，将地膜破开，把苗放出生长，并注意用土将幼苗四周地膜洞口封严。

8.3 间苗、定苗、补苗

当色素菊花苗有2~3片真叶时，进行第一次间苗，间去弱苗、小苗，每穴留2~3株，间苗时，将附近杂草拔除。4~5片真叶时进行定苗，选留一株无病虫害，生长健壮的幼苗，将其余剪除。如遇穴内缺苗，应及时进行补苗。

9 成株期管理

9.1 根部培土

当苗高25~30厘米，从垄沟中取土培于色素菊花植株根基部，促发不定根，稳固植株，防止植株倒向垄沟。

9.2 灌水追肥

色素菊花的根系发达，耐旱能力较强，不宜多灌水，一般在5月下旬，顺垄沟灌第一水，水量以垄沟灌满为宜；第二水在6月中旬，结合追肥，每公顷顺垄沟撒施尿素150~225千克；第三水在7月上旬，田间已开始采收花朵时进行，并结合追施第二次肥料，每公顷顺垄沟再追施尿素150~225千克；“白露”后再灌水1次，水量不易过大。肥料施用要求符合NY/T 496—2002的相关要求。

10 病虫害防治

色素菊花苗期病害主要有根腐病和枯萎病，防治方法除了进行土壤消毒外，发病后，可用50%多菌灵可湿性粉剂800倍液，或70%代森锰锌500倍液，或50%甲基托布津可湿性粉剂500倍液灌根，每株灌药液0.3千克。苗期虫害主要有地老虎、蛴螬、蝼蛄等，除在播种前土壤施用杀虫剂防治外，可用乐果1 000倍液灌根灭除。

色素菊花在成株期虫害主要是红蜘蛛，一般在7月下旬至8月开始发生，受害叶片正面出现淡黄色小点，小点逐渐扩大，变黄至黄褐色，严重时叶片枯黄脱落，可用1.8%农克螨乳油，或20%灭扫利乳油，或20%螨克乳油2 000倍液喷雾防治。病害主要有枯萎病和晚疫病，在发生时可用25%可湿性瑞毒霉粉剂800倍液或58%可湿性甲霜灵锰锌500倍液进行防治。

农药使用要求符合GB 4285—1989和GB/T 8321的相关规定。

11　采收

色素菊花以采收充分开放的鲜花为主。花朵一般由里向外逐渐开放，待花瓣全部开放后，即可连同花托一起，用手摘下交售。气温高，花朵开得大，开得快，需要的时间短；气温低，花朵开得慢，花朵直径变小，当小于4厘米时应停止采收。

中度盐碱地篇

内蒙古河套灌区盐碱地前茬覆膜种植留膜抑盐技术规程

1 范围

本规程规定了内蒙古河套灌区盐碱地前茬覆膜种植留膜抑盐种植技术的选地、留膜免耕操作、护膜措施、旧膜利用、除草等主要生产技术措施。

2 规范性引用文件

下列文件对于本文件的应用是必不可少的。凡是注日期的引用文件，仅所注日期的版本适用于本文件。凡是不注日期的引用文件，其最新版本（包括所有的修改单）适用于本文件。

GB 4285—1989	农药安全使用标准
GB 4404.1—2008	粮食作物种子　禾谷类
GB 4407.2—2008	经济作物种子　油料类
GB 4455—1994	农业用聚乙烯吹塑薄膜
GB 13735—1992	聚乙烯吹塑农用地面覆盖薄膜
GB/T 8321.1~9	农药合理使用准则（1~9）
NY/T 496—2010	肥料合理使用准则
NY/T 1853—2010	除草剂对后茬作物影响试验方法
NY/T 1997—2011	除草剂安全使用技术规范 通则

3 术语和定义

下列术语和定义适用于本文件。

3.1 留膜种植技术

一次覆膜后，不进行田间土壤翻动耕作，全年保护、保留土壤表面所覆盖的地膜，实现原膜多年、多茬种植的耕作方式。

4 产地环境

内蒙古河套灌区，前茬覆膜种植收获后，地膜基本无破损的地块，春季播前0~20厘米土层土壤全盐含量为0.1%~0.4%，土壤pH值为8.00~8.80。

5 技术要点

5.1 选地

选择中轻度盐碱地，产地环境符合要求，具有一定灌排条件的地块。前茬为覆膜种植，收获后，地膜保存较好。地膜要求符合GB 4455—1994和GB 13735—1992的相关要求。

5.2 秋收护膜、保膜措施

前茬覆膜种植模式收获后，用镰刀收割秸秆，秸秆全部或留一半铺在地膜上起到保护作用，收割时尽量避免划破薄膜，拉运时尽可能防止车轮碾压和牲畜践踏。

不要用小刨锄清除秸秆和根茬，也不要清除薄膜和耕翻土地，不进行耕、翻、耙、磨等作业，以免破坏地膜。

5.3 留膜秋浇

10月中旬浇秋水，洗盐保墒，降低耕作层含盐量。灌溉量1 200立方米/公顷以上。因覆膜免耕土地有薄膜阻隔，针对其“过水快，吸水少”的特点，要适当慢浇、深浇，浇足、浇透秋水，确保秋浇质量、洗盐效果和翌年土壤墒情。

5.4 冬季护膜、保膜措施

在第一年作物收获后至翌年春季播种前，做好农田薄膜保护工作，主要是防止牲畜特别是羊群在整个冬春季节对薄膜的践踏和损坏。

5.5 春灌

根据田间墒情、返盐量和黄河来水情况，每年4—5月选择是否进行春灌。如进行春灌，因地表有薄膜，可降低灌溉量，适当慢浇，洗盐保墒，保证春播期间种子发芽及幼苗成长对水分的需要。

5.6 播前灭草，清理膜上杂物

春季，播种前 7~10 天需要进行第一次除草，一般在浇水后 3~4 天进行化学药剂除草，喷洒封闭式除草剂。除草剂使用符合 GB 4285—1989、GB/T 8321.1~9、NY/T 1853—2010 和 NY/T 1997—2011 的相关规定。

播前一周左右将秸秆运出。清理膜上杂物，扫净地表残留茎叶，用细土封住地膜破损处。

5.7 翌年作物管理措施

第二年，轻度盐碱地可选择种植玉米、向日葵、小麦套作向日葵、小麦套作玉米等作物；中度盐碱地可选择种植向日葵、玉米等作物；重度盐碱地可选择种植向日葵等作物。需根据第一年种植作物尽量避免重茬。

5.7.1 选用耐盐高产品种

选用通过内蒙古自治区品种审定委员会审（认）定的品种。选种符合当地的生产条件、高产优质、耐盐性及抗病性强的品种，玉米品种可选用 KS3564、内单 314 等；食用向日葵品种可选用 LD5009、SH909 等；油用向日葵品种可选用 G101、S31 等。玉米种子质量与检验方法应符合 GB 4404.1—2008 的相关要求。向日葵种子质量与检验方法应符合 GB 4407.2—2008 的相关要求。

5.7.2 播种

按照种植密度要求的距离，用点播器在前茬作物的株间、膜上进行人工点播，播种深度 3~5 厘米，播后覆土。出苗后，放苗封口。

5.7.3 田间追肥

为了充分利用前茬剩余肥力，不施种肥，要适时追肥。向日葵在蕾期随灌水追肥一次，每公顷施磷酸二铵 150 千克，尿素 450 千克。灌浆期视情况可适当追施尿素 45~75 千克/公顷。玉米在拔节期和大喇叭口期进行追肥，每公顷追施尿素 450~750 千克，磷酸二铵 600 千克，硫酸钾 375 千克。磷、钾肥在拔节期一次性施入，氮肥在拔节期施总肥量的 2/3，大喇叭口期追施剩余的 1/3。玉米灌浆期若发现植株发黄，再追 1 次攻粒肥，一般每公顷追施尿素 75 千克。追肥时，将肥料溶化后用追肥枪追施，或以点播器在两株间打孔，施入肥料，施肥深度 10~15 厘米。施用肥料要求符合 NY/T 496—2002 的规定。

5.8 收后清膜，带肥深翻

旧膜第二年收获后需清除。

随后，深翻土地，耕深 30 厘米以上，做到无漏耕、无坷垃。结合翻地，施足肥料，特别是有机肥，用量按 22 500~37 500 千克/公顷施用，一般选用商品有机肥，农家肥需要沤制腐熟后才能施用，也可选用含有机质的肥料或松土肥，施后深翻入土。

结合翻地，可配施脱硫石膏、腐植酸、矿物质、微生物菌剂等盐碱土壤调理剂或抗盐碱专用肥。用量与用法严格按产品说明进行。以培肥土壤，改良盐碱地。

5.9 旧膜完好，建议再利用

第二年收获后，若地膜保存完好，破损率 20%以下，建议利用三年。

盐碱地覆沙培肥改良技术规程

1 范围

本规程规定了盐碱地覆沙培肥改良技术的技术术语、技术参数、操作规程和实施规范。

2 规范性引用文件

下列文件对于本文件的应用是必不可少的。凡是注日期的引用文件，仅所注日期的版本适用于本文件。凡是不注日期的引用文件，其最新版本（包括所有的修改单）适用于本文件。

GB 16151—2008　农业机械运行安全技术条件
NY/T 500　秸秆还田机作业质量
NY/T 740　田间开沟机械作业质量

3 产地环境

西北沿黄灌区，区域范围明确，灌排方便，地力水平中等，春季播前0~20厘米土层土壤全盐含量在0.5%以下，土壤pH值为7.80~9.00。

4 选地整地

选择产地环境、盐碱程度符合要求，具有一定灌排条件的地块。农田大小适中，田面宽度一般要达到3米以上，田埂稳定牢固。

选地后，采用旋耕机、耙耱机或激光平地仪等机械，进行土地平整，要求农田中不能有起伏低洼存在，同一地块高度差控制在5厘米以内。机械作业要求符合GB 16151—2008的相关要求。

5 盐碱农田配套灌排系统建设

农田要进行灌排系统规划与建设，要求有灌有排，尤其修建好排水排盐沟。

大田一般要开田边沟或中心沟，要求符合当地机耕作业、农作物对地下水位的要求，深 30 厘米左右，雨季要及时清理，以排盐抑盐。开沟机械作业要求符合 GB 16151—2008 和 NY/T 740 的规定。

6 翻耕土壤

翻耕深度为 25～35 厘米，耕后及时耙平、耱碎并用镇压器镇压，实行耕、耙、耱、压连续作业。

7 深层施用秸秆

要求在土表下 15～25 厘米处铺设作物秸秆，用量为 1.0～2.5 千克/平方米。具体可采用以下步骤进行田间操作：①秋季作物收获后，立刻进行地表秸秆铺设：可将作物秸秆粉碎至 5～15 厘米长，均匀撒布于地表；②可以人工在土表下 15～25 厘米处铺设作物秸秆层。也可以专用“秸秆深埋机”进行秸秆翻埋。耕作时，位于机械前方的犁刀切断作物残茬，切出整齐的沟墙，沟深 15～25 厘米（可调）；位于犁刀与主犁之间的小前犁，将土壤表面的秸秆及作物残茬进行翻扣，排入主犁前一次耕作翻起的犁沟中；主犁将沟墙进行翻耕，将耕起的土垡覆盖在上一次翻起的犁沟上。机械作业要求符合 GB 16151—2008 和 NY/T 500 的相关要求。

8 表层覆沙

平整土地后，在盐碱地表层覆沙，要求厚度为 3～10 厘米。

西北沿黄灌区垄膜沟灌技术规程

1 范围

本规程规定了西北沿黄灌区垄膜沟灌技术的技术术语、技术参数、操作规程和实施规范。

2 规范性引用文件

下列文件对于本文件的应用是必不可少的。凡是注日期的引用文件，仅所注日期的版本适用于本文件。凡是不注日期的引用文件，其最新版本（包括所有的修改单）适用于本文件。

GB 4285—1989	农药安全使用标准
GB/T 8321.1~9	农药合理使用准则（1~9）
GB 4455—1994	农业用聚乙烯吹塑薄膜
GB 13735—1992	聚乙烯吹塑农用地面覆盖薄膜
GB 16151—2008	农业机械运行安全技术条件
NY/T 496—2002	肥料合理使用准则
NY/T 740	田间开沟机械作业质量

3 术语和定义

下列术语和定义适用于本文件。

3.1 垄膜沟灌

是通过起垄，增加土壤表面积，改变土壤光、热、水条件和微生物的活动环境，协调作物赖以生存的小气候，通过改变田间的微地形、种植方式与灌水方式，克服传统平作栽培的不利灌溉方式。作物种植可在垄上或沟里，灌水在两垄之间的沟里，沟为“V”形或“U”形，在垄上覆膜或全地面覆膜的一种农艺集成技术。

4 产地环境

西北沿黄灌区，区域范围明确，灌排方便，地力水平中等，土壤团粒结构好，蓄水能力强，土层较厚，春季播前0~20厘米土层土壤全盐含量在0.5%以下，土壤pH值为7.80~9.00的地块。

5 选地整地

选用符合产地环境要求，前茬以豆类、麦类、瓜类为宜，避免重茬的地块。前茬收获后及时进行灭茬、深耕、晒垡、蓄水，灌足冬水，封冻前和解冻后及时进行耙耱、镇压、保墒。起垄前应顶凌耙耱，做到地面平整。机械作业要求符合GB 16151—2008的相关要求。

6 深耕蓄墒

前茬作物收获后，及时深耕晒垡，接纳降水，熟化土壤。机械作业要求符合GB 16151—2008和NY/T 740的规定。

7 精细整地

深耕25厘米以上，耕后打耱整地，要求达到地面平整、土壤细绵、无根茬、无杂草及地膜残留物等。机械作业要求符合GB 16151—2008的相关要求。

8 平衡施肥

根据测土结果进行配方施肥。每公顷施优质农肥60~75吨，尿素225~300千克，过磷酸钙525千克，磷酸二胺375千克，结合整地施入土壤。肥料施用要求符合NY/T 496—2002的相关要求。

9 土壤处理

地下害虫为害严重的地块，在整地起垄时用50%辛硫磷乳油7.50千克/公顷，加细沙土450千克，制成毒土撒施。杂草为害严重的地块，在整地起垄后，覆膜前，用50%乙草胺乳油1 500~1 800毫升/公顷对水450千克喷洒垄沟。农药使用要求符合GB 4285—1989和GB/T 8321的相关规定。

10 起垄

根据不同作物种类行距起垄和种植密度。机械作业要求符合 GB 16151—2008 的相关要求。

10.1 起垄时间

在冬灌条件下，一般于 3 月中上旬，土壤耕层解冻 10~15 厘米时，及时起垄，以利保墒。在春灌安种水的条件下，一般于 4 月上旬，播种前 10 天左右，起垄。

10.2 起垄方法

先按宽 100~110 厘米画线，撒施基肥，然后用专用起垄机械沿线起垄，也可用人工犁铧来回沿划线深犁开沟，将犁臂落土刮至垄面整平。垄沟、垄面宽窄均匀，垄脊高低一致。在免冬灌、春灌安种水的条件下，起垄时可用起垄开沟施肥器一次完成起垄施肥工作，起垄后先灌足座塘水，适墒时覆膜。

11 覆膜

选用厚度 0.008 毫米，宽 120 厘米的地膜。冬灌地块起垄后，立即将垄沟全地面覆膜，春灌安种水的地块，灌足座塘水后，适时覆膜，防止跑墒。覆膜时，两膜在沟内搭接，膜间不留空隙，地膜与垄面贴紧拉平，每隔 3~4 米横压土腰带，防止大风掀膜。地膜要求符合 GB 4455—1994 和 GB 13735—1992 的相关要求。

12 沟灌

采用沟内灌水，以不淹垄面为度。黄灌区灌水定额每次为 1 050~1 125 立方米/公顷。

中度盐碱地上膜下秸滴灌技术规程

1 范围

本规程规定了中度盐碱地上膜下秸滴灌系统的术语和定义、设备组成、组织管理、设备操作与运行管理、维护与保养等实施规范。

2 规范性引用文件

下列文件对于本文件的应用是必不可少的。凡是注日期的引用文件，仅所注日期的版本适用于本文件。凡是不注日期的引用文件，其最新版本（包括所有的修改单）适用于本文件。

GB/T 50485—2009	微灌工程技术规范
GB 5084—2005	农田灌溉水质标准
GB 4455—1994	农业用聚乙烯吹塑薄膜
GB 4285—1989	农药安全使用标准
GB/T 8321.1~9	农药合理使用准则（1~9）
GB 13735—1992	聚乙烯吹塑农用地面覆盖薄膜
GB 16151—2008	农业机械运行安全技术条件
NY/T 496—2002	肥料合理使用准则
NY/T 500	秸秆还田机作业质量
NY/T 740	田间开沟机械作业质量
NY/T 1853—2010	除草剂对后茬作物影响试验方法
NY/T 1997—2011	除草剂安全使用技术规范 通则
SL 255—2000	泵站技术管理规程
SL 236—1999	喷灌与微灌工程技术管理规程
SDJ 231	泵站、机井、喷灌和滴灌工程术语

3 术语和定义

下列术语及定义适用于本文件。

3.1 膜下滴灌

膜下滴灌是将覆膜种植与滴灌相结合的一种灌水方式。即在滴灌带或滴灌毛管上覆盖一层地膜。这种技术是通过可控管道系统供水，将加压的水经过过滤设施滤“清”后，和水溶性肥料充分融合，形成肥水溶液，进入输水干管—支管—毛管（铺设在地膜下方的灌溉带），再由毛管上的滴水器一滴一滴地均匀、定时、定量浸润作物根系发育区，供根系吸收。

3.2 首部枢纽

微灌系统中集中布置的加压设备、过滤器、施肥（药）装置、量测和控制装备的总称。

3.3 施肥（药）装置

用于向灌溉水内加入肥料（药）的装置。

3.4 滴灌施肥

把需要施用的肥料溶于水中通过滴灌施于作物根系的灌溉施肥方式。

3.5 过滤器

对灌溉水进行过滤的设备。

3.6 滴灌管（带）

微灌系统中输水和滴水功能的末级管（带）。

4 总则

本规程目标为使膜下滴灌系统达到最优安全运行，提高管理水平，节约用水，降低能耗，充分发挥工程效益，促进节水灌溉事业全面发展。

建立健全膜下滴灌系统管理体制，明确责任管护主体和责任。每一项建成并通过验收的膜下滴灌工程均应建立管理组织，负责系统的运行管理和维护保养。

膜下滴灌系统操作人员和管理人员应接受专业培训合格后上岗，科学管理。

膜下滴灌系统管理机构应充分发挥作用，实现作物生产的“六个统一”，组织引导农民统一播种时间、统一品种、统一灌溉、统一施肥、统一病虫害防治、统一收获，为机械化生产创造条件。

5 设备组成

膜下滴灌系统由水源工程、首部枢纽、管网、灌水器及控制、量测和保护装置等组成。

6 产地环境

西北沿黄灌区，区域范围明确，灌排方便，地力水平中等，春季播前 0~20 厘米土层土壤全盐含量在 0.5%以下，土壤 pH 值为 7.80~9.00。

7 上膜下秸改良技术

秋季作物收获后，立刻进行地表秸秆铺设，每公顷用量 6 000 千克左右。秸秆来源可为本田栽培作物秸秆或外运其他田块作物秸秆，具体处理方式如下：

(1) 本田栽培作物秸秆可根据作物种类采用不同的粉碎处理方式。小麦等矮秆作物可使用收割粉碎机，收获的同时，将秸秆打碎，铺撒于地表。向日葵、玉米等高秆作物收获后，可将其秸秆用缺口圆盘耙切至 5~15 厘米长，铺设在地表；或用拖拉机牵引粉碎抛撒机，将秸秆粉碎至 5~15 厘米长，均匀散布于地表；

(2) 利用外运其他田块作物秸秆，是先将不同种类作物秸秆进行初步切割粉碎至 5~15 厘米长，再将切碎的秸秆运输到待铺设的农田中，均匀铺设到地表。

以专用“秸秆深埋机”进行秸秆翻埋。机械作业要求符合 GB 16151—2008 和 NY/T 500 的相关要求。翻埋深度 30~40 厘米，可根据需要调节犁具限深轮，变更耕作深度。耕作时，位于机械前方的犁刀切断作物残茬，切出整齐的沟墙，沟深 30~40 厘米（可调）；位于犁刀与主犁之间的小前犁，将土壤表面的秸秆及作物残茬进行翻扣，排入主犁前一次耕作翻起的犁沟中；主犁将沟墙进行翻耕，将耕起的土垡覆盖在上一次翻起的犁沟上。来回作业，在地下 30~40 厘米处铺设一层 3~5 厘米厚的秸秆层。秸秆翻埋作业后，表土立垡、晒垡，越冬。

播种前旋耕土壤，打碎根茬、坷垃，要求地平土细，土壤上虚下实。结合整地施有机肥，及时镇压，达到待播状态，为覆膜创造良好条件。地膜要求符合 GB 4455—1994 和 GB 13735—1992 的相关要求。

8 膜下滴灌系统水源与地面设备配置

8.1 水源

滴灌水源水质应符合 GB 5084—2005 的规定。为防止滴灌灌水器堵塞，宜对水质评价指标进行分析，如不满足，应做相应的水质处理。水质符合滴灌要求的河流、湖泊、塘堰、沟渠、井泉等均可作为滴灌水源。

8.1.1　地下水

当水源为地下水时，开采地下水量应通过充分分析论证，以保证供水安全，不出现地下水超采和地下水水位严重下降情况。

8.1.2　表水

当水源为河流、湖泊、塘堰、沟渠等地表水时，滴灌可用水量应通过地表水来水过程的频率分析计算，推求符合设计频率下的来水量和可用水量。

8.2　地面管道选择与铺设

8.2.1　首部控制枢纽的配置

首部控制枢纽主要包括过滤器、施肥装置、水泵、控制阀、量测设施及保护设备。过滤器是膜下滴灌系统首部枢纽的重要组成部分，对于用地下水灌溉情况，一般在系统首部安装旋流水沙分离器与网式或叠片式组合过滤器。施肥装置一般为压差式施肥罐，其容量大小与轮灌组控制灌溉面积、施肥罐中肥料溶液的浓度、单位面积的施肥量有关。施肥罐应安装在旋流水砂分离器下游、网式或叠片式过滤器上游，既防止肥料浪费又防止过滤器堵塞。施肥罐的进出水管用软管连接时，应严禁软管扭曲打折。施肥宜在每次灌水的中间进行。系统启动前先关闭施肥罐进水管阀门，在系统启动并运行稳定后，将肥料倒入施肥罐，关紧罐盖，打开施肥罐出水及进水管阀门，关小施肥调压阀门，形成一定压差（根据施肥量要求调整该阀），使罐中肥料通过供肥液管进入输水管道，施肥完毕后再将施肥罐及灌溉系统冲洗干净，以免造成肥料腐蚀罐体及肥料积存到滴灌带堵塞滴头。

8.2.2　水泵及动力机

水泵及动力机是从水源抽水有压输入滴灌输水管网的设备。对工作压力或流量变幅较大的滴灌系统，宜选配变频调速设备。

8.2.3　过滤器

过滤器应能滤掉大于灌水器流道尺寸 1/10~1/7 粒径的杂质。进出水处的压力差不宜超过 5~10 米，超过时，应及时冲洗。过滤器类型、组合方式及运行方式应符合 GB/T 50485—2009 的规定。

8.2.4　控制及量测设备

控制阀、进排气阀和冲洗排污阀应止水性好、耐腐蚀、操作灵活。水表应阻力损失小、灵敏度高、量程适宜。压力表的精度不应低于 1.5 级，量程应为系统设计压力的 1.3~1.5 倍。

8.2.5 分支管的配置

分支管常采用薄壁 PE 管材，地面铺设。根据地形、地块及水源井出水量大小不同，分支管有双向和单向两种布置方法，因地制宜选择。

按照轮灌组的划分，分支管上需安装阀门，一般采用塑料球阀，管径与分支管相同。

8.2.6 毛管的配置

膜下滴灌滴头流量要根据土壤类型不同进行选择，土壤沙性越大，选择滴头流量越小，反之，土壤黏性越大，选择滴头流量越大。毛管的配置应符合 GB/T 50363—2006 和 GB/T 50485—2009 的有关规定。

8.2.7 灌水器选择

灌水器（滴头）应根据地形、土壤、种植模式、气象和灌水器水力学特性综合选择。选择的灌水器（滴头）流量不应形成地表径流，制造偏差系数不应大于 0.07。

黏性土壤宜选用小流量灌水器，沙质土壤宜选用较大流量灌水器。

8.2.8 滴灌带连接

滴灌带应与配套旁通牢固连接。当滴灌带长度不够，应用配套直通连接两条滴灌带。

当毛管与灌水器（滴头）分离，需要把灌水器（滴头）与毛管连接形成滴灌带时，应选用与灌水器插口端外径相匹配的打孔器在毛管上打孔，用专用工具把灌水器插入毛管。灌水器与毛管连接应紧密，防止连接处漏水。

8.2.9 滴灌带铺设

滴灌带可铺设在地表，也可辅设在地下，出水口应朝下。铺设在地表时，滴灌带与地膜之间应覆土 2~3 厘米，以避免阳光灼伤滴灌带。

9 灌溉管理

滴灌系统必须在设计工况和设计轮灌方式下运行。同一水源的滴灌工程，应实行统一的用水管理；同一轮灌组应实行同一灌水管理。

操作管理人员必须经过技术培训，全面了解滴灌系统设计文件，系统掌握滴灌系统的操作、运行及维护方法和要求，方可上岗。

滴灌系统在运行过程中，严禁出现跑水、漏水现象。如果出现，应及时维修或更换。

灌溉制度应综合考虑气象、土壤类型、作物品种和种植模式、作物生理特性和需水规律、作物产量、降水量及时空分布等因素确定。

每次灌水作业，应做好有操作管理人员签名的记录，包括灌水日期、灌水起止时间、灌水量、肥料种类、施肥量及滴灌系统各设备的运行情况等。

10 施肥管理

10.1 一般规定

应坚持有机肥和无机肥并重，氮、磷、钾及微肥配合的原则，应采用测土推荐施肥技术。追肥应与滴灌灌水运行方式相协调，在整个滴灌田或一个滴灌轮灌组控制的同种作物农田内实行统一追肥管理。施肥（药）必须保证水源和人身安全。按照正确的肥料品种、适宜的施肥量、正确的施肥时间和正确的施肥位置的原则进行施肥管理。

10.2 肥料品种

常见的化学肥料品种有：尿素、碳铵、磷酸二铵、重过磷酸钙、硫酸钾、硝酸钾及各种复合肥（或专用肥），应根据各种肥料的特点进行施肥。

10.2.1 氮肥

常见的氮肥品种有尿素、碳铵，易溶于水，在土壤溶液中移动性强，容易转化为铵态氮和硝态氮。主要做追肥施用，也可作种肥，但用量不能超过45千克/公顷。

10.2.2 磷肥

常见的磷肥品种有过磷酸钙和重过磷酸钙（三料磷肥），磷元素在土壤溶液中移动性小，易被土壤固定，宜作为种肥集中施用。

10.2.3 钾肥

常见的钾肥品种有硫酸钾，易溶于水，在土壤溶液中移动性比磷元素大，宜作为种肥和追肥施用。

10.2.4 复合肥

常见的复合肥有磷酸二铵、硝酸钾、磷酸二氢钾及各种复合（混）肥。磷酸二铵和各种复合（混）肥宜作为种肥施用，硝酸钾和磷酸二氢钾宜作为追肥施用。

10.3 施肥量

各种植区域可采用多年多点试验分析缺素区养分吸收量（土壤养分供应量），也可通过测定确定土壤养分供应量。

11 设备操作与运行管理

11.1 沉淀池管理

开启水泵前认真检查沉淀池中拦污网是否干净，有无杂物或泥沙堵塞筛网网眼的现象，以及筛网是否有破损现象，及时更换。

检查过滤筛网边框与沉淀池边壁是否结合紧密，如有缝隙较大现象，应采取措施填堵。

系统运行前先清除池中脏物，当水质较混浊时，应关闭进水口，待水清后再进入沉淀池，以免沉淀池过滤负担过重。

系统运行时，对于积在过滤筛网前的漂浮物、杂物、应及时捞除，以免影响筛网过水能力，对于较密如30~80目筛网被泥颗粒糊住，导致筛网两侧水位差达到10~15厘米，应换洗筛网。

筛网换洗方法：将脏网提起，将干净网沿槽放下，脏网需用刷子和清水刷洗干净。停泵后应用清水冲洗各级筛网。

要经常清洗沉淀池。清洗前先将池中的水排出，打扫池底的沙石和沉淀池四周的藻类植物。

11.2 首部枢纽操作与运行管理

11.2.1 水泵

潜水泵的操作要点：①检查三相电源电压是否符合规定，保护设备及接线正确无误后方可开闸启动。②电动机启动后，慢慢打开阀门将水泵调整到额定流量，观察电流、电压，应在铭牌规定的范围内，听其运动声有无异常及振动现象，若存有不正常现象应立即停机。③电动机停机后，第二次启动要隔5分钟以上，防止电动机升温过高和管内发生水锤现象。④水泵开机前，必须先打开灌溉系统正常灌溉时2~3倍的阀门，让系统处于低压运行状态，消除水流不稳定所产生的局部压力。待系统运转正常后，逐渐关闭非灌溉辅管的阀门，达到正常运行。⑤水泵关机前，要先慢慢关闭水泵首部的闸阀，然后关闭水泵。

11.2.2 过滤器

各级过滤器的操作要点：①离心过滤器集沙罐设有排沙口，工作时要经常检查集沙罐，定时排沙，以免罐中沙量太多，使离心过滤器不能正常工作。滴灌系统不工作时，水泵停机，清洗集沙罐。进入冬季，为防止整个系统冻裂，要打开所有阀门，把水排干净。②当网式过滤器进出口压差超过0.02兆帕时，要立刻对网芯进行清洗。先将网芯抽出清洗，两端保护密封圈用清水冲洗，也可用软毛刷刷净，但不可用硬物。当网芯内外都清干净后，再将过滤器金属壳内的污物用清水冲净，由排污口排出。按要求装配好，重新装入过滤器。

11.2.3 施肥装置

肥料要先溶解后（液态肥可以直接施用）再倒入施肥桶里，根据每次用量确定倒入施肥桶的肥料量，边溶边倒。

在土壤较干时，施肥时间在一至两小时内完成。先滴灌 10 分钟清水，使管道充满水后开始施肥，施肥完毕继续滴水 20 分钟，将管道内肥液全部排出，否则的话可能在滴头处长青苔，堵塞滴头。

当土壤不缺水或连续下雨时，施肥照样进行。先滴 10 分钟清水，开始施肥，施肥时间要控制在 20~30 分钟内完成，施肥完成后不用滴清水。

施肥装置操作方法：打开施肥装置，将所需滴施的肥（药）倒入施肥装置中。打开进水球阀，进水至罐容量的 1/2 后停止进水，并将施肥装置上盖拧紧。滴施肥（药）时，先开施肥装置出水球阀，再打开进水球阀，稍后缓慢调整两球阀间主管道上的闸阀，增加施肥装置进、出水口的压力差，通过增加的压力差将罐中肥料带入系统管网之中。滴肥（药）的速度根据灌水小区灌水时间以及罐体容积大小和肥（药）量的多少，通过调整两球阀间主管道上的闸阀控制。滴施完一个轮罐组后，将两侧球阀关闭，先关进水阀后关出水阀，将罐底球阀打开，把水放尽，残留的肥（药）也排除干净（以免造成肥料腐蚀罐体及肥料积存到滴灌带堵塞滴头），再进行下一轮灌组肥（药）的滴施。

11.2.4 首部枢纽运行管理

灌溉季节开始前，将首部设备重新安装连接，并检查水泵、动力设备、过滤器、施肥装置及其相应部件的连接是否正确，对首部各设备进行清洗。水泵应严格按照其操作手册的规定进行操作。水泵的运行管理应符合 SL 255—2000，3.2 的规定；首部设备应严格按设计流量与压力进行操作，不得超压、超流量运行。施肥罐中注入的水肥混合物不得超过施肥罐容积的 2/3。施肥罐的运行管理还应符合 SL 236—1999，3.5 的规定；每次施肥完毕后，应对过滤器进行冲洗。过滤器的运行管理还应符合 SL 236—1999，3.6 的规定；系统运行过程中，应认真做好记录。在系统运行期间，定期组织有关单位和人员协调检查，确保安全运行。

11.3 管网操作与运行管理

在每个灌溉季节开始前，将管网中的每个设备与部件重新安装连接，检查所有的地埋管、出地竖管、地面管、各级阀门、连接管件是否有缺损，及时更换或修理。

每个灌溉季节工作前应对管网进行彻底冲洗，在运行过程中，要检查系统水质情况，视水质情况对系统进行冲洗。冲洗时，首先打开一定数量的轮灌组阀门（一般少于灌溉时正常轮灌组的阀门），开启水泵，依次打开干管、支管和毛管的末端，采用高压轮流冲洗每个轮灌组，将管道内的污物冲洗出去。

每次运行前必须将干管、支管冲洗干净，方可使用。

灌水时，必须先根据设计轮灌方式，打开相应分支管阀门，然后启动水泵灌溉。每次开启一个轮灌组进行灌溉，当一个轮灌组灌溉结束后，先开启下一个轮灌组阀门，再关闭当前轮灌组阀门，做到“先开后关”，严禁“先关后开”。

启动水泵，待系统总控制闸阀前的压力表读数达到设计压力后，开启闸阀使水流进入管网，并使闸阀后的压力表达到设计压力。

检查支管和毛管运行情况。如毛管辅管漏水先开启邻近一个球阀，再关闭对应球阀处理，支管漏水需关闭其控制球阀进行处理。

系统应严格按照设计压力要求运行，以保证系统安全有效的运行。

每年灌溉季节结束后，应对地埋管进行全面检查，对损坏处进行维修，冲净泥沙，打开各级管道的末端及水泵取水口处的底阀，排净积水，以免冬季管道冻裂损坏。

将地面管材管件及易损、易盗设施回收清洗，晾干后存入库房妥善保管，以备下一个灌溉季节正常使用。球阀保存时，应使其处于开启状态，以便排出球体内的存水，以免冬季被冻裂。

11.4 灌水量确定

滴灌主要使根系层湿润，因此要经常检查根系周围水分状况。挖开根系周围的土用手抓捏土壤，能捏成团块表明水分够，如果捏不成团表明不够水，要开始滴灌。一般滴灌时间 1.5~2.0 小时，以少量多次为好，直到根系层湿润为止。每个滴头 1 小时出水 1.4 千克。

11.5 自动化设备管理

建立、健全本灌区自动化设备的管理台账。

自动化设备应建立完整的技术档案，包括：设备的技术说明书、使用说明书、合格证明和出厂试验报告、自动化设备现场运行规程以及自动化设备运行管理规定等。

建立自动化设备的定期巡检、定期检验和缺陷管理制度，建立巡检记录簿、检验记录簿、缺陷处理记录簿，各项工作均应详细记录在相应的记录簿上。

定期巡检每季度一次，定期检验周期一般为一年，最多不超过三年。

工作人员应定时维护检查。重点参数、重点设备运行状态、异常情况和遗留问题应留下记录。检查记录本应内容齐全、数据真实可靠。

自动化专业人员要求有较高的业务能力和专业水平。

12 维护与保养

12.1 水源工程维护与保养

需定期对蓄水池内泥沙等沉积物进行清洗排除，由于开敞式蓄水池中藻类易于繁殖，在灌溉季节应定期向池中投入硫酸铜（绿矾），使水中的绿矾浓度为0.1~1.0毫克/升，防止藻类滋生。当灌溉季节结束后，在寒冷地区应放掉蓄水池内存水，否则易冻坏蓄水池。

12.2 首部枢纽维护与保养

12.2.1 水泵

在水泵每次停止工作后，应擦净表面水迹，防止生锈。

新水泵运行1 000小时后，应及时清洗轴承及轴承体内腔，更换润滑油；用黄油（钙酸脂）润滑的，每年运行前应将轴承及轴承体清洗干净，运行期内定期（一般为四个月左右）给电动机轴承加黄油。机械密封润滑剂应无固体颗粒，严禁机械密封在干磨情况下工作。

离心式水泵运行超过2 000小时后，所有部件应进行拆卸检查，清洗，除锈去垢，修复或更换各种损坏零件，必要时可更换轴承，机组大修期一般为一年。

经常起动设备会造成接触“动/静”触头烧损，应不定期检查并用砂纸打磨，触头接触面严重烧损的，触头应该及时更换。

在灌溉季节结束或冬季使用时，停车后应打开泵壳下的放水塞把水放净，防止锈坏或冻坏水泵。

12.2.2 过滤器

无论哪种形式的过滤器，都需要经常进行检查，网式过滤器的滤网相对而言容易损坏，发现损坏应及时修复或更换。各种过滤器都需要按期清理，保持通畅。几种过滤器的清理方法：①离心式过滤器。离心过滤器集沙罐设有排沙口，工作时要经常检查集沙罐，定时排沙。②网式过滤器。清理时，打开封盖，将网芯抽出清洗，两端保护密封圈用清水冲洗，也可用软毛刷刷净，但不可用硬物。当网芯内外都清干净后，应将过滤器金属壳内的污物用清水冲净，由排污口排出。按要求装配好，重新装入过滤器。③叠片过滤器。手动冲洗时，将滤芯拆下并松开压紧螺母，用水冲洗。在自动冲洗时叠片式必须能自行松散，有些叠片式往往被粘在一起，不易彻底冲洗干净，需多次冲洗。④砂石过滤器。视水质情况应对介质每年进行1~6次彻底清洗。对于因有机物和藻类产生的堵塞，应按一定比例在水中加入氯或酸，浸泡过滤器24小时然后反复冲洗直到放出清水，排空备用。同时检查过滤器内石英砂的多少，是否有沙的结块或有其他问题，结块和粘着的污物应予清除，若由于冲洗使沙减少，则需补充相应粒径的沙子，必要时可取出全部砂石式过滤层，彻底冲洗后再重新逐层放入滤罐内。

12.2.3 施肥装置

每年灌溉季节结束时，对铁制化肥罐（桶）的内壁进行检查，看是否有防腐蚀层局部脱落的现象，如果发现脱落，要及时进行处理，以杜绝因肥液腐蚀产生铁的化合物堵塞毛管滴头。

在进行维护时，关闭水泵，开启与主管道相连的注肥口和驱动注肥系统的进水口，排去空气。

注肥泵。用清水冲净注肥泵，按照说明拆开注肥泵，取出注肥泵驱动活塞，用润滑油进行正常的润滑保养，然后拭干各部件后重新组装好。

注肥罐。仔细清洗罐内残液并晾干，清洗软管并置于罐体内保存。每年在施肥装置的顶盖及手柄螺纹处涂上防锈油，若罐体表面的金属镀层有损坏，则清锈后重新喷涂。

12.3 管网维护与保养

应对管道进行定期冲洗，支管应根据供水质量情况进行冲洗。灌溉水质较差的情况下，毛管要经常进行冲洗，一般至少每月打开尾端的堵头，在正常工作压力下彻底冲洗一次，以减少灌水器的堵塞。

入冬前，需对整个系统进行清洗，打开若干轮灌组阀门（少于正常轮灌阀门数），开启水泵，依次打开主管和支管的末端堵头，将管道内积攒的污物冲洗出去，然后把堵头装回，将毛管弯折封闭。在冬季来临前，为防止冬季严寒将管道冻坏，及时进行以下处理：①田间阀门。把田间位于主支管道上的排水底阀（小球阀）打开，将管道内的水尽量排净，将各级阀门的手动开关置于开的位置，冬季不必关闭。②滴灌管。在田间将各条滴灌管线拉直，勿使其扭折，若冬季回收也注意勿使其扭曲放置。③回收阀。应将所有球阀拆下晾干后放入库房或置于半开位置（包括过滤器上的球阀），防止阀门被冻裂。

12.4 自动化设备的维护与保养

严格按操作及维护规程使用与维护自动化设备。确保自动化设备的运行环境，监视运行状况，发现问题应及时处理。自动化设备的任何部位故障应由自动化专业人员进行确认处置，其他人不得私自处理。每年灌溉季节结束后，对膜下滴灌系统安装的量测仪表（压力表、水表等）应进行检查、保养和调试（如每年应对电磁阀的绝缘和密封状况进行一次检查维护）。冬季应对膜下滴灌系统的室外自动化设备采取必要的保温措施。

13 其他农艺配套措施

13.1 品种选择

应选择高产、优质、抗性强、适应当地种植，且应比露地栽培生育期长7~10天，有效积温多150~200℃的耐密型优良品种。选用二级以上包衣种子，要求种子纯度98%以上，净度99%以上，发芽率95%以上，含水量不高于14%。

13.2 播种

应采用机械化精量播种，一次完成施肥、播种、喷洒除草剂、铺地管带、覆膜各项作业。播种后至覆膜前在床面上均匀喷洒除草剂，有效控制田间杂草。根据气候、土壤和轮作条件选用合适的除草剂和施用剂量，避免发生药害，并注意对后茬作物的影响。农药使用要求符合GB 4285—1989和GB/T 8321的相关规定。除草剂使用要求符合GB 4285—1989、GB/T 8321.1~9、NY/T 1853—2010和NY/T 1997—2011的相关规定。

13.3 苗期管理

重点促进根系发育、培育壮根，实现苗早、苗全、苗齐、苗壮。播种后，及时检查出苗情况，及时放苗、定苗，放出壮苗、没病虫害的苗，防止捂苗、烤苗。放苗后，用湿土压严放苗口，并及时压严地膜两侧，防止大风揭膜。出现个别缺苗现象时，可采用临近留双株措施加以弥补，严重缺苗应及时补种或补栽。

13.4 中、后期与收获管理

应及时追肥浇水，重点应防早衰。及时收获，应采用根茬还田型、秸秆回收型自走式联合收割机收获。收获后人工清理残膜，降低农田环境污染，也可采用机械捡拾残膜。机械作业要求符合GB 16151—2008的相关要求。

内蒙古河套灌区盐碱地套作小麦后茬复种绿肥抑盐改良技术规程

1 范围

本规程适用于内蒙古河套灌区轻、中度盐碱地小麦套作玉米、小麦套作向日葵模式中小麦后茬复种绿肥（毛叶苕子、箭筈豌豆）及压青还田改良盐碱地技术。

本规程规定了该技术的术语定义、技术措施和技术指标，包括小麦后茬绿肥（毛叶苕子、箭筈豌豆）种植的产地环境要求、田间控盐措施、选种、播种、田间管理、压青翻埋等内容。

2 规范性引用文件

下列文件对于本文件的应用是必不可少的。凡是注日期的引用文件，仅所注日期的版本适用于本文件。凡是不注日期的引用文件，其最新版本（包括所有的修改单）适用于本文件。

GB 3543　农作物种子检验规程

GB 8080　绿肥种子

NY/T 496—2002　肥料合理使用准则

3 术语和定义

下列术语和定义适用于本文件。

3.1 套种

在前季作物生长后期的株、行或畦间播种或栽植后季作物的种植方式。套作的两种或两种以上作物的共生期只占生育期的少部分时间，是一种解决前后季作物间季节矛盾的种植方式。

3.2 复种

一年内于同一田地上连续种植两季或两季以上作物的种植方式。如麦—棉一年二熟，麦—稻—稻一年三熟；此外，还有二年三熟、三年五熟等。上茬作物收获后，除了采用直接播种下茬作物于前作物茬地上以外，还可以利用再生、移栽、套作等方法达到复种目的。

3.3 毛叶苕子

豆科，野豌豆属，一年生或越年生草本植物。别名冬苕子、毛野豌豆、长柔毛野豌豆。全株密被长柔毛，根系发达，茎细长，偶数羽状复叶，小叶长圆或披针形，荚果长圆形，淡黄色，含种子2~8粒。广泛栽培于我国华北、西北、西南等地区。

3.4 箭筈豌豆

豆科，一年生或越年生叶卷须半攀援性草本植物。别名大巢菜、荒野豌豆等。植株被微柔毛，主根肥大，入土浅，根瘤多，呈粉红色。茎斜升或攀缘，单一或多分枝，偶数羽状复叶，小叶长椭圆形或近心形，荚果线长圆形，表皮土黄色，种间缢缩，含种子4~8粒。全国各地均有栽培。

4 产地环境

内蒙古河套灌区，排灌方便，春季播前0~20厘米土层土壤全盐含量在0.3%以下，土壤pH值为7.50~8.60。

5 技术要点

5.1 选地

选择前茬作物为套作小麦（小麦套作玉米、小麦套作向日葵）的茬田，要求产地环境和盐碱程度符合要求。

5.2 精选良种

选用通过内蒙古自治区品种审定委员会审（认）定的品种。毛叶苕子可选用蒙苕一号等；箭筈豌豆可选择333/A等。

种子质量符合国家二级以上良种要求，符合GB 8080的规定，纯度不低于

96%、净度不低于95%、发芽率不低于85%、水分不高于10%。绿肥种子的检验方法应按照 GB 3543 的相关规定进行。

5.3 种子处理

5.3.1 选种

播种前进行选种，去除土块、石子等杂质、秕粒、破碎种子和病菌，选用新鲜、成熟度一致、饱满的籽粒作为种子。

5.3.2 晒种

选种后进行晒种，将种子在阳光下晾晒1~3天，晒时要摊匀、勤翻，做到晒种程度一致。

5.3.3 擦种

按每10千克种子掺1.5~2千克细沙，装入编织袋内揉擦，擦破种皮上的蜡质，可提高种子吸水程度，有利于播后发芽。

5.3.4 浸种

播前用清水浸种18~20小时，有利于种子吸足水分，提高发芽势。

5.3.5 拌种

每千克种子可用0.2~0.3千克磷肥拌种。

5.4 播种

小麦收获前，最后一次灌水时（6月底至7月初，小麦浇落黄水），及时抢种。每公顷播种量60~75千克，根据农田盐碱程度、种子发芽率及土壤墒情增减，易成苗的地可少一些，成苗困难的地要适当多一些，播后立即灌水。

5.5 补水追肥

小麦收获后，结合共生的玉米或向日葵等作物的田间管理，进行补充灌溉。灌溉量为600~750立方米/公顷。结合灌水，每公顷追施尿素75~90千克，硫酸钾45~60千克，磷肥不必另施。施用肥料要求符合 NY/T 496—2002 的相关要求。

5.6 灌水排涝

有灌溉条件的地区，可在毛叶苕子开花前和开花期灌水1~2次。灌溉量为600~750立方米/公顷。

雨季要及时清理排水沟，注意排水，杜绝田间积水，防止绿肥受渍害。

5.7 田间防护

加强田间管理，主要是防止人畜践踏、啃食。

5.8 压青肥田，改良盐碱地

5.8.1 适时翻压

毛叶苕子的适宜翻埋时间为初花期至盛花期，为播种后100~110天；箭筈豌豆的适宜翻压时期为盛花期。应掌握在鲜草产量最高和肥分总含量最高的时期进行。

翻压时可选用专用绿肥翻青机具或秸秆旋埋机械。箭筈豌豆翻压前最好用刀铡短，并稍加暴晒，既便于翻埋，还能促进其分解。

5.8.2 翻压深度

翻压深度一般为10~15厘米，此层土壤微生物活动旺盛，有利于绿肥分解。

5.8.3 翻压质量

植株不外露、土壤细碎沉实，以利于分解。

5.9 其他

绿肥翻压时，可适当施用磷肥，每公顷施7.5~15千克，一同翻压，有利于氮磷养分的平衡供应。

内蒙古河套灌区盐碱地向日葵抗盐保苗及种植技术规程

1 范围

本规程规定了内蒙古河套灌区盐碱地向日葵抗盐种植的选地整地、控抑盐措施、耐盐良种选择、种子抗盐处理、抗盐保苗、配套抗盐肥水管理措施和病虫害防治等主要生产技术措施。

2 规范性引用文件

下列文件对于本文件的应用是必不可少的。凡是注日期的引用文件，仅所注日期的版本适用于本文件。凡是不注日期的引用文件，其最新版本（包括所有的修改单）适用于本文件。

GB 4285—1989　农药安全使用标准
GB 4407.2—2008　经济作物种子　油料类
GB/T 8321　农药合理使用准则
NY/T 496—2002　肥料合理使用准则
NY/T 601—2002　油葵籽
NY/T 1581—2007　食用向日葵籽

3 术语和定义

3.1 出苗率

指田间出苗率，即苗出齐后，单位面积种子破土出苗株数与播种的有效种子数的百分比。

3.2 保苗率

指田间保苗率，即单位面积保苗株数与出苗株数的百分比。

3.3 壮苗

向日葵幼苗，无盐碱和病虫为害，株型紧凑、矮健，叶片厚实、叶色翠绿、根系发达的苗。

3.4 向日葵苗期

从向日葵出苗到现蕾，称为苗期。一般 28~35 天。

3.5 向日葵现蕾期

向日葵顶部出现直径 1 厘米的星状体，俗称现蕾。从现蕾到开花，称为现蕾期，一般需 20 天左右。

3.6 向日葵开花期

田间有 75%向日葵植株的舌状花开放，即进入开花期。一个花盘从舌状花开放至管状花开放完毕，一般需要 6~9 天。从第二天至第五天是该花序的盛花期。

3.7 向日葵成熟期

从向日葵开花到成熟，称成熟期，25~50 天，不同品种有差异。

4 产地环境

具备一定灌排条件的中轻度盐碱地，春季播前 0~20 厘米土层土壤全盐含量在 0.5%以下，非盐碱地可参照。

5 耕作措施

5.1 深耕深松

选择在秋季收获后或春季灌水前，采用大中型拖拉机配合深耕与深松犁进行深耕、深松，耕作深度一般应在 25 厘米以上，每年 1 次，每 2~3 年深松 1 次，深度一般应在 30 厘米以上。

5.2 土地平整

选择在秋季收获后或春季灌水前，采用旋耕机、耙耱机或激光平地仪等机械，进行土地平整，铲高垫低，地块不能有起伏，同一地块高度差控制在5厘米以内。

5.3 增施基肥

选择在秋季收获后或春季灌水前，配合深耕或土地平整进行秸秆还田和有机肥、化肥施用。秸秆还田在秋季收获后进行，采用秸秆还田机械并配合深耕机械，将秸秆粉碎后全部深翻到耕层土壤，地表不能留有秸秆残茬。

厩肥施用可以在秋季收获后或春季灌水前进行，用量按22.5~37.5吨/公顷施用，一般应选用商品有机肥，农家肥需要沤制腐熟后才能施用。

化肥施用在春季灌水后播种期进行，应配合旋耕或播种施用，施用量按测土推荐施肥量进行，一般施用磷酸二铵150~225千克/公顷、硫酸钾45~75千克/公顷，在土壤耕层严重缺少硼、锌、锰、铁、钼等微量元素的耕地，应增施硼砂、硫酸锌等肥料，施用量一般应控制在7.5~22.5千克/公顷作基肥。肥料施用要求符合NY/T 496—2002的相关要求。

把肥料混合后均匀撒施在地表，随后进行翻耕，翻耕深度20~25厘米，土壤调理剂、抗盐碱专用肥、土壤消毒剂等可以视产品说明和肥料一起施入。中度、重度盐碱地可酌情增加基肥量，改土抑盐。

5.4 耙耱保墒

早春时节要进行春耕、耙耱、保墒等工作，在春旱严重的地方，采用压、耙、耱连续作业，在表土形成减少蒸发和抑制返盐的松土层。

5.5 灌水洗盐

在平整土地的基础上，进行田间打埂，土埂高度一般在30~50厘米。根据黄河来水情况选择“秋浇”“春灌”洗盐方式，洗盐灌溉定额为每次1 200立方米/公顷以上，不应盲目加大灌溉水量。秋灌时间一般在每年的10月中旬至11月上旬进行，春灌时间一般在每年4—5月。

5.6 施用盐碱土改良剂

结合深耕、耙耱和施用基肥等措施，合理施用脱硫石膏、腐殖酸、微生物菌剂产品、矿物质等盐碱土壤改良剂，一般轻度盐碱地可将土壤调理剂与无机肥配合施用；中度盐碱地可将平衡土壤养分供给产品与改善作物耐盐生长能力的制剂结合使用，如丹路菌肥配合那氏778；重度盐碱地可将改善土壤盐害产品与提高作物耐盐性的制剂结合使用，如康地宝配合丹路菌剂，或将长效产品与短效产品结合施用，如盐碱地调理剂配合那氏 778 等。用量与用法严格按产品说明进行。

5.7 覆膜

盐碱地种植向日葵需进行地膜覆盖，一般在平地后、灌水前，覆膜。采用机械覆膜方式，覆膜时地膜要紧贴地面，拉紧铺平，压严压实，地膜一般采用 70~80 厘米宽的地膜覆盖，膜间距 80~100 厘米，适宜采用一膜两行，膜上打孔播种方式。

6 播种保苗措施

6.1 耐盐品种选择

选用通过内蒙古自治区品种审定委员会审（认）定的品种。种子质量符合 GB 4404.1 的规定。选用符合当地的生产条件、高产优质，耐盐性强的品种，食葵可选用 LD5009、SH909 等；油葵可选用 G101、S31 等。向日葵种子质量与检验方法应符合 GB 4407.2—2008 的相关要求。

如果条件允许，农民也有意愿的地区，种植时可根据地力、盐碱程度、种子快速发芽试验结果等进行选择。播前一周左右，铲取土壤表皮，用 1∶1 的水土比浸提出盐溶液，将盐溶液加入培养皿，铺设干净纱布或滤纸，然后定量加入供选种子。加盖纱布或者滤纸以减少水分散失，在室温下培养，观测记录发芽数和发芽率。通过此方法可快速判断盐碱地适宜种植品种。

6.2 种子抗盐处理

选择耐盐品种后，播种前 3~5 天，晒种 1~2 天，有利于种子发芽和出苗，并有杀菌作用。也可在播前以抗盐植物制剂产品浸种，增强种子抗盐性。

6.3 播种

6.3.1 播期

一般在 10 厘米土层温度连续 5~8 天达到 8~10℃时即可播种。内蒙古河套灌区适宜播种期为 5 月下旬至 6 月上旬，最迟不能超过 6 月下旬。

6.3.2 播量

一般每公顷播种 7.5~15 千克，根据不同的农田盐碱程度、播种方式、种子发芽率及土壤墒情增减。中度、重度盐碱地播量要高于轻度盐碱地。

6.3.3 播种

膜上开穴，人工点籽，株距均匀，深浅一致，播种深度控制在 3~4 厘米，播后及时用细沙覆穴，覆盖厚度3~4厘米，要求连续作业。

7 田间抗盐管理

7.1 查田补苗

盐碱胁迫影响向日葵出苗，因此，出苗后要及时查田，进行补种，以提高盐碱地向日葵出苗率。一般向日葵播种后10天左右出苗，查田后，缺苗、断苗的地块及时催芽补种。补苗时须用原种。后期可根据苗情选择育苗补种，一般带土坐水移栽，补苗成活率在80%以上。出苗后10~15天要及时除掉小苗、弱苗、病苗、畸形苗。

7.2 中耕除草

苗期应及时中耕提温，松土保墒，减轻返盐。第一次中耕在向日葵3~4对真叶时，消灭杂草、破除板结。定苗7天后再次中耕，耕深8~10厘米。在株高30厘米左右时除草，严禁施用除草剂。现蕾前15天左右再次进行中耕，要深一些，以疏松土壤，蓄水保墒，促进幼苗发育。

7.3 适时追肥

苗期可喷施1次叶面肥，可每公顷用磷酸二氢钾1 500~2 250克或每公顷用磷酸二氢钾1 500克，尿素750克，对水450千克进行喷施。现蕾期可追肥1次，结合浇水追施尿素150千克/公顷，膜侧开沟撒施，深度10~15厘米，追肥后及时铲趟。中度、重度盐碱地可酌情少施、多追。现蕾期、花期等生长后期可酌情喷施叶面肥。中度、重度盐碱地可酌情多喷施1~2次叶面肥。可喷施高美施600倍稀释液或喷施宝2 000~3 000倍稀释液。

7.4 节水灌溉

视田间情况适时灌水，一般在6月中下旬至7月上旬灌溉，灌溉量为900~1 200立方米/公顷。如果有严重干旱现象发生，应当适时增加灌水次数。每次灌溉要做到灌足、灌透、灌匀、灌到。有条件也有意愿的农户地区可减小田块，采用畦灌、滴灌、喷灌、渗灌等节水灌溉技术。

盐碱农田大量降水后要及时排水防涝。尤其中度、重度盐碱地，要及时清理排水排盐沟。

7.5 人工辅助授粉

向日葵盛花期，每亩至少放置一箱蜜蜂。也可以采用人工辅助授粉，方法是盛花期开始，每天上午 9 时至 11 时将两个相邻的花盘对拍或用海绵沾花盘，每隔 2~3 天进行 1 次，共 3 次。另外，也可用圣农素 10 克、硫酸铜 25 克、硼肥 100 克，对水 15 千克，在开花期喷花盘，可以有效提高结实率，一般可达 85%以上。

7.6 病虫害防治

7.6.1 虫害防治

向日葵的主要虫害有向日葵螟、地老虎、潜叶蝇等，可用杀虫灯、性诱杀剂、赤眼蜂等防治向日葵螟；用 50%辛硫磷拌沙土防治地老虎等；利用黑光灯、糖醋液等诱杀潜叶蝇成虫；用捕快、虫螨克防治跳甲、红蜘蛛。

7.6.2 病害防治

向日葵的主要病害有菌核病、黄萎病、霜霉病、锈病等，可采用以下防治方法：茎基部用 70%代森锰锌 500 倍液涂抹；发病前喷施 43%好力克 4 000 倍液，7~10 天喷 1 次防治菌核病；苗高 10~20 厘米时，可全田喷洒 2%菌克毒克 250 倍液，10~15 天喷洒 1 次；用 40%多菌灵悬浮剂 500 倍液对水灌根，每株灌药液 250 毫升，也可用 70%代森锰锌可湿性粉剂 600 倍液、75%多菌灵可湿性粉剂 600 倍液，或 75%百菌清可湿性粉剂 600 倍液喷雾，防治黄萎病；用 96%恶霉灵拌种，1 千克种子用药 2 克；用 75%百菌清可湿性粉剂 500 倍液或 25%瑞毒霉 600 倍液防治霜霉病，5~7 天喷 1 次，连续喷 2~3 次；用 75%粉锈宁 500 倍液防治锈病，5~7 天喷 1 次，连续喷 2~3 次。农药使用要求符合 GB 4285—1989 和 GB/T 8321 的相关规定。

在向日葵生长期，要及时查田，打掉病叶，拔除田间病株，清除病残体。收获后将病株、残枝败叶、病花盘、籽粒彻底清除出田间，深埋或烧掉，以减少病原。

8 收获贮藏

8.1 适时收获

向日葵籽粒成熟后要及时收获。当茎秆变黄，上部叶片变成黄绿色，下部叶片枯黄下垂，花盘背面变黄，部分变褐色，舌状花干枯脱落，筒状花枯萎并脱落，苞叶黄枯，种皮变硬，种仁没有过多的水分时，应及时收获。

8.2 晾晒贮藏

向日葵要及时脱粒并精选。收获时随收、随脱粒、随晾晒；脱粒后的向日葵籽粒要及时精选，按品种分级包装，分级销售。籽粒在低温、干燥、通风环境下贮藏，防潮隔湿，通风防漏，避免变质，提高经济效益。食用向日葵籽的检验方法、检验规则及包装、运输、储存要求符合 NY/T 1581—2007 的相关规定。油葵籽的检验方法、检验规则及包装、运输、储存要求符合 NY/T 601—2002 的相关规定。

内蒙古河套灌区盐碱地食用向日葵抗盐施肥技术规程

1 范围

本标准适用于内蒙古河套灌区盐碱地食用向日葵种植。规定了内蒙古河套灌区盐碱地食用向日葵生产的产地环境要求、肥料施用要求、施肥量、施肥配比、施肥时间和主要施肥技术等内容。

2 规范性引用文件

下列文件对于本文件的应用是必不可少的。凡是注日期的引用文件，仅所注日期的版本适用于本文件。凡是不注日期的引用文件，其最新版本（包括所有的修改单）适用于本文件。

GB/T 6274	肥料和土壤调理剂　术语
GB 15063	复混肥料（复合肥料）
GB 18877	有机—无机复混肥料
NY/T 496—2002	肥料合理使用准则
NY 525	有机肥料
NY/T 798	复合微生物肥料
NY 884	生物有机肥
NY/T 1118	测土配方施肥技术规范

3 术语和定义

下列术语和定义适用于本文件。

3.1 地力

是指在当前管理水平下，由土壤本身特性、自然背景条件和农田基础设施等要素综合构成的耕地生产能力。

3.2 肥料

以提供植物养分为其主要功效的物料。

3.3 施肥

施用肥料和土壤调理剂。

3.4 施肥量

施于单位面积耕地或单位质量生长介质中的肥料或土壤调理剂，或养分的质量或体积。

3.5 肥料效应

肥料效应是肥料对作物产量或品质的作用效果，通常以肥料单位养分的施用量所能获得的作物增产量和效益表示。

3.6 配方肥料

以土壤测试、肥料田间试验为基础，根据作物需肥规律、土壤供肥性能和肥料效应，用各种单质肥料和（或）复混肥料为原料，配制成的适合于特定区域、特定作物品种的肥料。

3.7 叶面肥

将营养元素施用于农作物叶片表面，通过叶片的吸收而发挥基本功能的肥料。

4 产地环境

河套灌区，地力水平中等，春季播前 0~20 厘米土层土壤全盐含量在 0.4% 以下，土壤 pH 值为 7.80~8.60。

5 施肥要求

5.1 施肥原则

盐碱地一般地力较差，养分供应不均衡，且土壤有害离子含量较多。杂交食用向日葵生育期短，增产潜力大，对氮磷肥的需求中等，对钾肥消耗较大，对锌肥较敏感。应按照盐碱地改土培肥与作物高产施肥相结合的原则，进行抗盐针对性施肥，施用配方肥料。符合 NY/T 496 的要求，按照有机肥与无机肥相结合，基肥与追肥相结合，大量元素为主、合理补充中微量元素的原则实行平衡施肥。可根据食用向日葵需肥特性、盐碱地土壤养分状况和肥料效应，参照 NY/T 1118 的规定，通过盐碱地土壤测试和田间肥效试验，确定相应的施肥量和施肥方法。主要肥料类型定义参照 GB/T 6274 的规定。

提倡无机肥与有机肥配合施用，使用符合 GB 15063 规定的要求且在当地经过田间肥效试验并经中间扩大试验证实显著有效的食用向日葵专用配方肥料；符合 NY 525 规定要求的有机肥料；符合 GB 18877 规定要求的有机无机复混肥；符合 NY 884 规定要求的生物有机肥；符合 NY/T 798 规定要求的复合微生物肥料。

5.2　主要肥料种类

5.2.1　有机肥

精制有机肥料应符合 NY 525 规定的要求。农家肥（包括禽畜粪肥、堆肥、沤肥、厩肥、沼气肥、动物皮毛、麸肥等）要沤制腐熟后才能施用。一般有机肥要自然堆沤 2 个月以上或加发酵菌经 70℃ 堆积发酵 7 天以上，人畜粪尿需经 50℃ 以上发酵 7 天以上才可以施用。

5.2.2　单质肥料

氮肥、磷肥、钾肥三种单质肥料，如尿素、过磷酸钙、硫酸钾等应与复合肥料配合，作为调整养分比例施用，也可以部分作基肥、部分作追肥施用。钙肥、镁肥等中微量元素肥料，可根据土壤丰缺情况酌情施用。

5.2.3　复混肥料和有机无机复混肥料

包括氮、磷、钾三种养分中至少有两种养分的无机肥料和有机无机复混肥料，应针对具体食用向日葵品种的营养需求特性与单质肥料配合施用。

5.2.4　复合微生物肥料

包括特定微生物与营养物质复合而成，能提供、保持或改善植物营养，提高农产品产量或改善农产品品质的活体微生物制品。执行 NY/T 798 标准。应针对土壤状况、食用向日葵植株营养状况与需求特性，酌情与其他肥料配合施用。

5.2.5　土壤调理剂和抗盐碱专用肥

包括适用于不同程度盐碱土，可起到改良土壤、抑制盐害、疏松土壤、提高土壤透气性、保水抗旱、增强土壤肥水渗透力、增强农作物抗病能力、提高农作物产量、改善农产品品质、恢复农作物原生态等一项或多项作用的功能性产品。应针对土壤盐碱程度、肥力状况、产品特性与食用向日葵需求，酌情与其他肥料配合施用。

6 技术要点

6.1 选地整地

选择产地环境、盐碱程度、肥力水平符合要求，具有一定灌排条件的地块。田面宽度一般要达到3米以上，田（地）埂稳定牢固。

选好田块后，采用旋耕机、耙耱机或激光平地仪等机械，进行土地平整，要求农田中不能有起伏低洼存在，同一地块高度差控制在5厘米以内。

6.2 有机无机肥结合，施好基肥

可在春季播前翻地时施用有机肥做底肥，深施。平整土地后，磷肥、锌肥全部作为基肥施用，氮肥和钾肥的70%用作基肥。施肥后覆膜。

6.3 选施土壤调理剂和抗盐碱专用肥

可适当选施腐殖酸肥、微生物菌剂、康地宝、脱硫石膏等土壤调理剂和抗盐碱专用肥，100%用作基肥。用量与用法严格按产品说明进行。以中度盐碱地为例，腐殖酸肥用量为1 500千克/公顷以上，可根据盐碱程度酌情增加；丹路生物有机肥用量为7 500～15 000千克/公顷；丹路菌剂用量为150～225千克/公顷；康地宝用量为30千克/公顷。

6.4 重视追肥，增产增效

苗期可视田间苗情喷施一次叶面肥，每公顷可用磷酸二氢钾1 500克，尿素750克，对水450千克进行喷施，以调节植株生长。

在现蕾初期，花蕾直径1厘米时，可将氮肥与钾肥的30%，或者留作追肥的无机肥等进行追施。肥料可配成水肥淋施于根际，也可将干肥在膜侧开沟撒施，追施深度达到10厘米以上，追肥后立即覆土。

现蕾期和花期均可根据食用向日葵生长发育需求，喷施广谱或专用叶面肥，可每公顷用磷酸二氢钾1 500～2 250克或多元微肥3 000克，对水450千克进行喷施，也可喷施高美施600倍稀释液或喷施宝2 000～3 000倍稀释液。硼肥不足的地块，现蕾初期可叶面喷施0.1%～0.2%硼砂或速效硼水溶液。

6.5 收后带肥秋翻，改土培肥

食用向日葵收获后，结冻前要进行秋季翻地，翻地前把有机肥或复合肥人工均匀撒施，每公顷施有机肥 22.5 吨，向日葵专用复合肥（N_{15}-P_{17}-K_8）225～300 千克，然后用拖拉机进行秋翻地。

带肥秋翻时要注意粉碎茎秆根茬、全层均匀施肥、土地平整，在茎秆粉碎上要突出“短”，全层施肥上突出“匀”，犁地上突出“深”，平地上突出“平”和“碎”，达到“深、平、齐、净、碎、墒”标准。

6.6 施肥量

6.6.1 化肥

根据测土配方结果合理施用配方肥。按食用向日葵产量为 2 700～3 300 千克/公顷计，无机肥施用量为：纯氮施用量 270～300 千克/公顷，折合尿素（含 N 量 46%）587～652 千克/公顷；磷肥（P_2O_5）施用量 30～75 千克/公顷，折合磷酸二铵（P_2O_5 含量 46%）65～98 千克/公顷；钾肥（K_2O）施用量 67.5～105 千克/公顷，折合硫酸钾（K_2O 含量 50%）135～210 千克/公顷；增施锌肥（$ZnSO_4$）9～12 千克/公顷。可根据土壤质地和土壤养分测定值，进行适当调整；还可根据土壤微量元素的丰缺状况，酌情施用硼、锰、铜、钼等微量元素肥料。

6.6.2 有机肥与化肥的配施比例

有机肥施用量，以有机氮与无机氮之比为 0.25∶1 至 0.5∶1 较佳。即有机肥与无机肥配施时，禽畜粪肥用量应约为 3 000 千克/公顷。

7 注意事项

7.1 肥料选择

选用有农业部肥料登记证号的正规厂家出产产品。盐碱土壤含氯较多，因此含氯肥料不宜使用。

7.2 其他

追肥要注意施用深度与追后覆土。喷施叶面肥时，应选择在晴天上午 9 时前或下午 16 时以后进行；喷雾时力求均匀，以叶片湿润不滴水为宜；植株正反面喷施，效果更好。

内蒙古河套灌区盐碱地食用向日葵病虫害防治技术规程

1 范围

本规程规定了内蒙古河套灌区盐碱地食用向日葵主要病虫害防治的相关术语、技术指标和技术措施，包括农业防治措施、生物防治措施、物理机械防治措施、化学防治措施等方法与技术要求。

2 规范性引用文件

下列文件对于本文件的应用是必不可少的。凡是注日期的引用文件，仅所注日期的版本适用于本文件。凡是不注日期的引用文件，其最新版本（包括所有的修改单）适用于本文件。

GB 4285—1989　农药安全使用标准

GB 4407.2—2008　经济作物种子　油料类

GB/T 8321　农药合理使用准则

NY/T 496—2002　肥料合理使用准则

3 术语和定义

下列术语和定义适用于本文件。

3.1 农业防治

指利用农业技术措施防治病虫害的方法，是病虫害综合防治的基础。

3.2 生物防治

指利用生物及其产物控制病虫害的方法，包括传统的天敌利用和近年出现的昆虫不育、昆虫激素及信息素的利用等。

3.3 微生物防治

利用病虫害的病原微生物或其代谢产物防治病虫害的方法。

3.4 物理机械防治

利用各种物理因子、人工或器械防治病虫害的方法。包括最简单的人工挖除病株、人工直接或间接的诱杀或捕杀害虫，或破坏害虫的正常生理活动，或使环境条件变成不能为害虫接受和容忍的程度。

3.5 化学防治

利用化学药剂（含杀虫剂和杀菌剂）直接或间接防治病虫害的方法。

4 产地环境

区域范围明确，排灌方便，春季播前 0~20 厘米土层土壤全盐含量在 0.5%以下，土壤 pH 值为 8.00~8.90。连作向日葵超过 2 年以上的地块。

5 肥料施用原则

应符合 NY/T 496—2002 的规定。

6 农药使用准则

应符合 GB 4285—1989、GB/T 8321 的规定。

7 技术原则

预防为主，防治结合。坚持以农业防治、物理防治、生物防治、微生物防治等为主，化学防治为辅的无公害防治原则。

8 技术要点

8.1 盐碱地食用向日葵防病虫害农艺措施

8.1.1 轮作倒茬

杜绝向日葵连作，提倡与玉米、小麦等禾本科作物进行三年以上轮作。不能进行区域轮作的地区提倡麦葵间作，进行丈带轮作。

8.1.2 化学除草

播前7天用50%乙草胺1 200~1 500克/公顷处理，能有效防治1年生杂草。

8.1.3 清洁田块，深翻

秋季收获后，将病株、残枝败叶、病花盘、籽粒彻底清除出田间，采取碾压、粉碎、深埋、焚烧等措施，秸秆、花盘、碎杂物要集中存放，以减少病原体，同时也可杀死其中的越冬幼虫，清理虫源。

深翻土地。翻地选用大型机械，耕翻深度30厘米以上。

病虫害连发，造成绝产的田块，春季可结合翻地进行土壤消毒处理，用二甲酰亚胺类杀菌剂可湿性粉剂每公顷15千克拌适量沙土，均匀撒入播种带内，也可按10~20千克细土拌入0.5千克腐霉利粉剂穴施，播前用其垫底，播入种子后再覆盖菌土。

8.2 盐碱地食用向日葵提高抗性栽培措施

8.2.1 选种抗性好的品种，适当晚播

选用通过内蒙古自治区品种审定委员会审（认）定的品种。选种符合当地的生产条件、高产优质、抗性好、耐盐性强的早熟晚播品种。向日葵种子质量与检验方法应符合GB 4407.2—2008的相关要求。适当晚播。包衣种子可与药饵同时播种。

8.2.2 生长中后期喷施叶面肥，壮株防病

在向日葵生长中、后期需肥关键时期，视田间苗情喷施叶面肥，用量与用法严格按产品说明进行，以壮株防病。可每公顷用磷酸二氢钾1 500~2 250克或多元微肥3 000克，对水450千克进行喷施；或喷施高美施600倍稀释液或喷施宝2 000~3 000倍稀释液；或喷施0.1%~0.2%硼砂水溶液；也可喷施EM菌肥300倍稀释液。

8.2.3 规范田间管理，及时清除病株

生长后期，打掉植株下部的黄叶、老叶，保持田间通风透光，增强植株的抗病能力。如发现病株，及时拔除。

8.3 盐碱地食用向日葵主要病害防治办法

8.3.1 菌核病

8.3.1.1 农业防治

菌核病不侵染禾本科作物，因此可与禾本科作物轮作倒茬进行防治，重病田需轮作5~10年。种植时进行地膜覆盖。

选用抗病性强、短日期杂交向日葵品种，如RH118、RH3148、H658、DK119等。合理选择播期，适时晚播。

合理施肥，培育壮苗。秋翻每公顷施农家肥30 000~45 000千克；带种肥磷二铵 150 千克/公顷；硫酸钾 120 千克/公顷；氮、磷、钾三元复合肥 525 千克/公顷。忌偏施氮肥，忌施生肥。

向日葵生育期内，要及时清除病株，烧毁深埋，减少菌源。收后进行田块清洁，并进行深翻。

8.3.1.2　种子处理

向日葵种子内外均可带菌，以种皮带菌最多，可人工捡除种子中的菌核，也可用温水清除。把种子浸入 40~45℃水中，每 100 千克种子用 200 千克水，搅拌 10~15 分钟，菌核吸水下沉，种子浮在上面，捞出晾干留做种用。温水清除菌核时，容器底部最好呈圆锥形，使膨大后的菌核不易漂浮。

药剂拌种可取得较好的防治效果。用种子重量 0.3%~0.5%的亚胺类杀菌剂、杂环类杀菌剂、内吸性杀菌剂等农药拌种对苗期立枯型和根腐型菌核病有效，用福美双拌种可使幼苗田间发病率降低 85%以上。

8.3.1.3　化学防治

除进行土壤药剂消毒外，还应进行田间化学灌防和药剂喷雾。化学灌防即菌核病发病初期用速克灵或菌核净每喷雾器对药 30 克，逐株灌根防治，每株 50~100 克药液，每隔 7 天灌防一次，至少两次。药剂喷雾为：50%腐霉利可湿性粉剂 1 500~2 000 倍液喷雾；50%菌核净 600~800 倍液喷雾，重点保护花盘背面，防治烂盘型的菌核病；70%甲基托布津可湿性粉剂 1 000 倍液喷雾；64%杀毒矾可湿粉剂 800 倍液喷雾；大豆病克 800 倍液喷雾；20%根康宝用种子量 0.30%拌种或 1 000 倍液喷雾。

8.3.2　黄萎病

8.3.2.1　农业防治

选用抗病品种，与禾本科作物实行三年以上轮作。加强栽培管理，适期播种，合理密植，增施磷钾肥，增强植株抗病性，及时清理田间病残体，减少病源，发病的茎秆要及时烧毁，以防病害扩散蔓延。

8.3.2.2　种子处理

药剂拌种用 50%多菌灵或 50%甲基硫菌灵可湿性粉剂按种子量的 0.5%拌种，或 80%福美双可湿性粉剂按种子量的 0.2%拌种，也可用 80%抗菌剂 402 乳油 1 000 倍液浸泡种子 30 分钟，晾干后播种。

8.3.2.3　化学防治

播种前以农抗 120 水剂 50 倍液，按照每公顷用量 4 500 升处理土壤。

除进行土壤药剂消毒外，还应进行田间化学灌防和药剂喷雾。化学灌防即用 20%萎锈灵乳油 400 倍液灌根，每株灌勾兑好的药液 500 毫升，或用 12.5%治萎灵灌根。

药剂喷雾为：发病初期，用50%退菌特可湿性粉剂500倍液；50%多菌灵可湿性粉剂500倍液；70%甲基硫菌灵可湿性粉剂800~1 000倍液；64%杀毒矾可湿性粉剂1 000倍液；77%氢氧化铜可湿性粉剂400倍液；14%络氨铜可湿性粉剂250倍液；75%百菌清可湿性粉剂800倍液等，进行叶面喷施。

8.4 盐碱地食用向日葵主要虫害防治办法

8.4.1 盐碱地食用向日葵主要虫害

向日葵螟是河套灌区盐碱地向日葵主要虫害，一代幼虫为害盛期在6月下旬至7月中旬，二代幼虫为害期在8月上旬至收获以后，以第一代幼虫为害更为严重。应坚持以农业、生物、物理防治为主，化学防治为辅的方针，采取综合防治的措施减轻为害。

8.4.2 深翻土地，清理虫源

秋季深翻土地。翻地选用大型机械，耕翻深度30厘米以上。

秋季和春季对向日葵残体要及时采取碾压、粉碎、焚烧等措施，杀死其中的越冬幼虫，清理虫源。地块附近如有茼蒿和野生向日葵等杂草且发现葵螟幼虫，用杀虫剂喷雾杀死，否则会成为虫源地。在上年葵螟发生严重的地块，在越冬虫羽化出土高峰前（6月20日左右），于土面上均匀喷洒杀虫剂。

8.4.3 选种杂交种，调整播期

选择种植抗螟性强、短日期的杂交向日葵品种，调整播种时间，可躲避为害，如龙食葵1号、2号，龙葵杂3-6号。最佳播种时间为5月25日至6月10日，能够避开向日葵螟成虫产卵高峰期，基本避免葵螟幼虫为害。

长日期的常规品种必须采取其他防治措施。

8.4.4 物理机械防治

8.4.4.1 性引诱剂诱杀成虫

大面积集中种植的向日葵可用性引诱剂诱杀葵螟成虫，应以村组为单位进行统一防治。在5月初将性引诱剂放置在向日葵田内，每亩放置1~2个。性引诱剂诱芯每40天更换一次。性引诱剂诱捕器可用以下方法制作：选择直径30厘米以上的塑料盆，将一枚性诱剂诱芯固定在一根8号细铁丝上，然后将细铁丝横穿或缠绕在盆沿上，将诱芯置于盆中央，用三个树枝做成三角支架，将盆放在支架上，盆内加入清水，水面的高度距离诱芯1~2厘米，不可浸入水中，水中加少许洗衣粉，每隔3天加水一次。水盆的高度应高于向日葵顶端10~20厘米。

8.4.4.2 频振式杀虫灯诱杀成虫

8.4.4.2.1 电控式频振灯诱杀成虫

向日葵种植区内，在通电较为方便的田间或村边，每隔100~200米安装频

振式杀虫灯，每盏灯控面积为45~60平方米，从向日葵螟羽化始期开始，一般在4月20日开灯到9月20日结束，开灯5个月。频振式杀虫灯开灯时间为20:30，到次日4:00时闭灯。各地根据本地区向日葵螟化蛹羽化的进度确定具体开灯时间。

8.4.4.2.2　光控式频振灯诱杀成虫

如果电源设置不方便，可采用太阳能光控式杀虫灯，不仅节能，还能起绿色防控的作用。白天利用太阳光能积累能量，待到天黑后光控灯自然点亮，不仅能有效地诱杀葵螟成虫，还能成功地诱杀到其他害虫，如小地老虎、藜夜蛾、草地螟、玉米螟等有害成虫，减少虫源。

8.4.5　生物防治

8.4.5.1　赤眼蜂防治向日葵螟

即通过释放赤眼蜂寄生向日葵螟的卵，取食向日葵螟卵的营养，使其不能正常发育，最后死亡。放蜂方法为用曲别针或牙签将蜂卡或蜂袋别在靠近向日葵花盘附近的叶片背面的主脉上，保持通风遮阴不被雨淋即可。

可利用测报灯、杀虫灯、性引诱剂诱蛾法确定放蜂时间。即当灯下蛾量或诱捕器内诱到虫量连续几天出现高峰值时，即确定为葵螟发生高峰期。当出现蛾量高峰值时即放第一遍蜂，以后每隔3~4天放第二次蜂和第三次蜂。每次放蜂量为36万头/公顷左右，共放8万头。也可用赤眼蜂将向日葵开花期三次覆盖的方法放蜂，即当向日葵开花量达20%时，放第一次蜂，36万头/公顷；开花量达50%时，放第二次蜂，48万头/公顷；开花量80%时，放第三次蜂，36万头/公顷。

8.4.5.2　生物杀虫剂

可用生物杀虫剂白僵菌、苏云金杆菌（Bt）防治葵螟幼虫。50%的向日葵开花后，将白僵菌菌粉用滑石粉稀释成粉尘剂用背负式喷雾喷粉机喷洒，施菌量每公顷75万亿孢子。另外，也可每亩用Bt可湿性粉剂（8 000国际单位/毫克）100克用滑石粉稀释成粉尘剂，用背负式喷雾喷粉机喷洒。

8.4.6　化学防治

化学防治葵螟不但容易杀死蜜蜂，而且农药气味易导致蜜蜂不授粉，所以一般不予提倡。如不得不使用化学方法防治，可在成虫盛发期，选无风或微风的夜晚，于21:00至23:00，在上风口，每60米长为一单位，用烟雾发生机将氯氰菊酯等杀虫剂喷烟雾1~2次，杀死成虫。

可种植茼蒿配合化学方法诱杀。即将茼蒿或与向日葵同科的杂草，花期应早于向日葵，种在田块的四周或地边上，等到茼蒿开花后，引诱成虫产卵，发现向日葵螟幼虫后，用杀虫剂喷雾集中杀灭。

内蒙古河套灌区盐碱地食用向日葵抗盐高产栽培技术规程

1 范围

本规程规定了河套灌区盐碱地食用向日葵抗盐高产栽培技术的相关术语、技术指标和技术参数，包括选地整地、种子处理、保苗技术、抗盐技术、田间肥水管理等主要技术环节。

2 规范性引用文件

下列文件对于本文件的应用是必不可少的。凡是注日期的引用文件，仅所注日期的版本适用于本文件。凡是不注日期的引用文件，其最新版本（包括所有的修改单）适用于本文件。

GB 4285—1989　农药安全使用标准

GB 4407.2—2008　经济作物种子　油料类

GB/T 8321　农药合理使用准则

NY/T 496—2002　肥料合理使用准则

NY/T 1581—2007　食用向日葵籽

3 术语和定义

下列术语和定义适用于本文件。

3.1 高产

每公顷产量在 3 750 千克以上。

4 产地环境

区域范围明确，排灌方便，春季 0~20 厘米土层土壤全盐含量为 0.1%~0.3%，土壤 pH 值为 7.80~8.50。土壤肥力水平中等以上。不存在食用向日葵种植重茬和迎茬现象的地块。非盐碱地可参照。

5 目标产量

食用向日葵产量 3 750 千克/公顷以上。

6 肥料施用准则

应符合 NY/T 496—2002 的规定。

7 农药使用准则

应符合 GB 4285—1989、GB/T 8321 的规定。

8 技术要点

8.1 选地整地

选择产地环境、盐碱程度符合要求，具有一定灌排条件的地块。

忌选重茬和迎茬地，可实行 3~4 年以上轮作。以禾谷类作物为前茬最好，不宜选甜菜、豆科作物。同时，如果上茬作物使用过普施特、金豆、豆磺隆、广灭灵、赛克津、虎威、锈去津、甲磺隆、绿磺隆等除草剂，则至少要间隔 2 年才能种植。

选好地后，采用旋耕机、耙耱机或激光平地仪等机械，进行土地平整。要求农田大小适中，不能有起伏低洼存在，同一地块高度差控制在 5 厘米以内。

8.2 进行盐碱农田灌排系统建设

农田要进行灌溉系统规划，尤其对于中度、重度盐碱地，要求有灌有排，特别是修建好排水排盐沟。要求沟深 30 厘米左右，沟直底平，保证田水畅通，以排盐抑盐。如原来已有排水沟，则要进行深挖、清理，尤其雨季要及时清淤。

8.3 秋季带肥深翻，秸秆还田

前茬作物收获后，秋季用大中型拖拉机深耕，耕深 30 厘米以上，每 2~3 年要深耕 1 次。翻后平整土地，采用旋耕机、耙耱机或激光平地仪等机械，铲高垫低，地块不能有起伏，做到无漏耕、无坷垃、无盐斑、无低洼。

结合秋翻每公顷施商品有机肥 22 500~30 000 千克、向日葵专用复合肥（N_{15}-P_{17}-K_8）225~300 千克。

秸秆还田在秋季收获后进行，采用秸秆还田机械并配合深耕机械，将秸秆粉碎后全部深翻到耕层土壤，地表不能留有秸秆残茬。

8.4 施用盐碱土壤调理剂或抗盐碱专用肥

根据土壤盐碱程度、地力状况，结合翻地，施用腐殖酸、矿物质、微生物菌剂、脱硫石膏等土壤调理剂或抗盐碱专用肥产品，用量与用法严格按产品说明进行。

可将改善土壤盐害产品与提高作物耐盐性的制剂结合使用，如康地宝配合丹路菌剂；将平衡土壤养分供给产品与改善作物耐盐生长能力的制剂结合使用，如丹路菌肥配合植物制剂那氏778；将土壤调理剂与无机肥配合施用，如丹路菌剂配合无机肥等。

以中度盐碱地为例，腐植酸肥用量为1 500千克/公顷以上，可根据盐碱程度酌情增加；康地宝用量约30千克/公顷；丹路菌剂用量为150~225千克/公顷；丹路生物有机肥用量为7 500~15 000千克/公顷；ORYKTA用量为750千克/公顷以上。

8.5 灌溉洗盐

在翻地的基础上，根据实际需要和黄河来水情况选择“秋浇”“春灌”等储灌淋盐方式，灌溉量为每次1 200~1 500立方米/公顷，不宜盲目加大灌溉量。其中，秋浇主要从每年的10月中旬到11月上旬进行，春灌时间在每年4—5月。

8.6 播前管理

8.6.1 播前整地

4月20日前清除田间秸秆、根茬等，进行整地，达到“齐、平、松、碎、净、墒”的标准。针对土壤墒情确定整地方法。土壤墒情若好，可采取先整地后播种的方法，即播前先浅翻或用旋耕机耕翻土地，然后及时纵横耙平，镇压后，覆膜，播种。若土壤墒情较差，可采取先整地后覆膜，然后浇水，再播种的办法。结合整地，每公顷用48%氟乐灵乳油2 250毫升，对水进行全田封闭喷施，同时铲除地埂杂草。

8.6.2 施足基肥，选用消毒药剂

播前每公顷施磷酸二铵450千克、尿素150千克、硫酸钾150千克、硫酸锌30千克、硼砂30~37.5千克或375~450千克专用复合肥（N_{15}-P_{17}-K_8）作为基肥。肥料可覆膜时施入。也可把肥料混合后均匀撒施在地表，随后进行翻耕，翻耕深度20~25厘米，翻后整地。

种植前，可对地块进行土壤消毒，其方法是每公顷用3%辛硫磷30~37.5千

克，1千克药剂拌土40~50千克，均匀混成药土，撒入田中，防治地老虎、金针虫、蛴螬等；或用15%恶霉灵水剂对深耕的土壤进行喷雾；或在耙地时每公顷施甲基乙硫磷4.2千克，对水300千克喷洒于地面，然后整平、耙细。土壤消毒剂等药剂可以和肥料一起施入。

8.6.3 覆盖地膜

采用覆膜平作方式，大小行覆膜种植。选用70厘米地膜，播前机械覆膜，一膜覆盖两行。小行行距40厘米，大行行距60厘米，株距40厘米，播种密度45 000~48 000株/公顷。

8.7 播种

8.7.1 播前处理

选用通过内蒙古自治区品种审定委员会审（认）定的品种。选种符合当地的生产条件、高产优质、耐盐性与抗病性强、商品性好的品种，如363、LD5009、SH909等。向日葵种子质量与检验方法应符合GB 4407.2—2008的相关要求。

播前晒种2~3天，杀菌促发；播前也可用抗盐植物制剂产品浸种2天，增强种子抗盐性。

8.7.2 播期

一般地温稳定通过10℃即可播种。在内蒙古河套地区，5月25日至6月10日播种最好，最迟不能超过6月25日。过早播种易受向日葵螟、黄萎病、菌核病的危害，过晚播种影响产量。

8.7.3 播量

每公顷播量4.5~9千克，保苗37 500~45 000株/公顷。可根据农田盐碱程度、播种方式、种子发芽率及土壤墒情增减。

8.7.4 播种方法

采用人工点种或机械点播方式播种，膜上开穴，点籽，每穴点播1粒种子，要求株距均匀，深浅一致，播深3~4厘米。播后及时用细沙覆穴，厚度3~4厘米，若遇到降雨，要及时松土，去除板结。

8.8 苗期管理

8.8.1 查田补苗

及时查田，缺苗、断苗的地块及时催芽补种。补苗时须用原种，后期可根据苗情选择育苗补种，一般带土坐水移栽，补苗成活率在80%以上。出苗后10~15天要及时除掉小苗、弱苗、病苗、畸形苗。

8.8.2 苗期田间管理

苗期应及时中耕提温，松土保墒，减轻返盐。定苗 7 天后中耕，耕深 8~10 厘米。株高 30 厘米左右时，中耕除草，铲前耥 1 犁。现蕾前 15 天左右再次中耕，宜早宜深，并结合培土，利根防倒。

苗期可喷施 1 次叶面肥，每公顷可用磷酸二氢钾 1 500~2 250 克或磷酸二氢钾 1 500 克，尿素 750 克，对水 450 千克进行喷施，以调节植株生长。苗期严禁施用除草剂。

8.9 中期（现蕾期与开花期）管理

8.9.1 优化施肥

现蕾初期，结合灌水每公顷追施尿素 150~225 千克，膜侧开沟撒施，追施深度达到 10 厘米以上，追肥后及时铲趟，立即覆土。

现蕾期可喷施 1 次叶面肥，如磷酸二氢钾、高美施、喷施宝等，也可叶面喷施 0.2%硼砂溶液和 0.2%~0.5%磷钾动力溶液，每公顷用量 750~900 千克，促进早熟。硼肥不足的地块，现蕾初期可叶面喷施 0.2%硼砂或速效硼溶液，以增加结实率和千粒重。

花期可喷施 0.3%~0.5%磷酸二氢钾溶液，或加 1%尿素叶面喷施，每公顷喷 600 千克左右，隔 7 天喷 1 次，喷 2 次即可。

8.9.2 节水控盐灌溉

食用向日葵一般全生育期以灌 1~2 次水为宜。第一水宜在现蕾前期进行灌溉，称促花水。有条件的地区，可视情况在开花期灌第二水，称保花水。如果有严重干旱现象发生，应当适时增加灌水次数。

每次灌溉要做到灌足、灌透、灌匀、灌到。有条件、农户也有意愿的地区可减小田块，采用畦灌、滴灌、喷灌等节水灌溉技术。盐碱农田大量降水后要及时排水防涝。

8.9.3 中耕除草，培土防倒

食用向日葵开始结盘时进行中耕除草，耕深 3~4 厘米，并结合培土，可防止倒伏。

8.9.4 人工辅助授粉

食用向日葵空壳率一般在 30%左右，可采用蜜蜂授粉与人工授粉相结合的办法，提高授粉率。具体做法为：在盛花期，每亩至少放置一箱蜜蜂，如果没有蜜蜂传粉或蜜蜂的数量较少，可以采用人工辅助授粉，即每日 8:00—10:00，用软扑或鸡毛掸子轻轻摩擦花盘，使花粉粘在软扑或鸡毛掸子上，然后用软扑或鸡毛掸子连续摩擦其他花盘，进行授粉，也可将两个相近的花盘互相摩擦授粉。另

外，也可用圣农素 10 克、硫酸铜 25 克、硼肥 100 克，对水 15 千克，在开花期喷花盘，可以有效提高结实率，一般可达 85%以上。

8.9.5 保护叶片

保护叶片，控制叶部病害发生，同时不要随意掰扯叶片，并且注意防止牲畜取食践踏。

8.10 后期（成熟期）管理

在食用向日葵生育后期，如果出现严重缺肥，宜采用叶面喷施追肥。可叶面喷施 0.1%尿素溶液，用量每公顷 7.5~15 千克；也可每公顷用磷酸二氢钾 1 500~2 250 克或多元微肥 3 000 克，对水 450 千克进行喷施。

在 8 月中下旬，及时将食用向日葵腋杈内的小杈掰掉，以利于养分集中供应主盘。

食用向日葵成熟期恰逢河套灌区雨水较多时期，需防治田间病虫害，同时以恐吓法等防止鸟类等为害、啄食籽粒。

8.11 重视田间病虫害防治

8.11.1 主要病害防治

黄萎病防治可在食用向日葵发病初期，用 40%多菌灵悬浮剂 500 倍液对水灌根，每株灌药液 250 毫升，也可用 70%代森锰锌可湿性粉剂 600 倍液、75%多菌灵可湿性粉剂 600 倍液，或 75%百菌清可湿性粉剂 600 倍液喷雾。

菌核病可在发病初期用 50%速克灵可湿性粉剂，或 50%菌核净可湿性粉剂 500 倍液逐株灌根防治，每穴 100~150 克药液，或用 50%甲基托布津可湿性粉剂 1 500 倍液喷雾。

霜霉病可用 75%百菌清可湿性粉剂 500 倍液喷雾防治。

立枯病可用 15%恶霉灵 800 倍液进行灌根防治。注意要喷及植株的下部，以提高防效。

盛花期要注意选用适宜药剂，以保护蜜蜂。

在向日葵生长期，要及时查田，打掉病叶，拔除田间病株，清除病残体。收获后将病株、残枝败叶、病花盘、籽粒彻底清除出田间，深埋或烧掉，以减少病原。

8.11.2 主要虫害防治

食用向日葵种子虽然有包衣剂，但没有杀虫效果，可以用 50%辛硫磷乳油 500 毫升拌炒香的谷秕子 25 千克，随种一同播入土壤，防治地下害虫。

出苗后要特别注意防止野鸡、田鼠、野兔等对幼苗的危害。生育期中若发现虫害，可用4.5%高效氯氰菊酯1 500倍液，或40%甲基异柳磷800倍液，或每公顷用50%甲胺磷乳油825毫升，对水300千克，进行全田喷雾防治。

6月下旬至7月中旬，要特别注意防治日葵螟等害虫。可用杀虫灯、性引诱剂、赤眼蜂等防治。也可在清除田间埂旁杂草的同时，于向日葵开花前后，用20%速灭杀丁乳油3 000倍液喷雾防治，喷施部位以花盘为主。也可选用25%辉丰快克乳油2 000~3 000倍液或25%快杀灵乳油每公顷用量300~450毫升等，在植株根茎部及全田进行喷洒，地块四周用药液喷洒2~3米宽的封闭圈，喷匀、喷到，防治结合。

防治地老虎、金针虫等地下害虫，可每公顷用5%辛硫磷颗粒剂30千克，施入后耙耱；潜叶蝇可用1.8%阿维菌素乳油3 000倍液进行叶面喷雾防治，也可用黑光灯、糖醋液等诱杀成虫。

8.12 适时收获，妥善贮藏

当花盘背面发黄，茎秆黄色，舌状花脱落，种子壳坚硬时，即可收获。收获时不需连株收割，只需收获花盘。收获后立即将收获的葵花盘摊开，晴天晾晒2~3天，种子含水量降低，体积缩小，容易脱粒。用木棒或脱粒机脱粒，脱下来的种子晒干，风干，防止发热变质。

向日葵籽粒要及时精选，按品种分级包装，分级销售。籽粒在低温、干燥、通风环境下贮藏，防潮隔湿，通风防漏，避免变质，提高经济效益。食用向日葵籽的检验方法、检验规则及包装、运输、储存要求符合NY/T 1581—2007的相关规定。

西北沿黄灌区盐碱地水稻保苗控灌抑盐技术规程

1 范围

本规程规定了西北沿黄灌区盐碱地水稻保苗控灌抑盐技术的技术术语、技术参数、操作规程和实施规范。

2 规范性引用文件

下列文件对于本文件的应用是必不可少的。凡是注日期的引用文件，仅所注日期的版本适用于本文件。凡是不注日期的引用文件，其最新版本（包括所有的修改单）适用于本文件。

GB 4285—1989	农药安全使用标准
GB/T 8321.1~9	农药合理使用准则（1~9）
GB 16151—2008	农业机械运行安全技术条件
NY/T 496—2002	肥料合理使用准则
NY/T 740	田间开沟机械作业质量

3 术语和定义

下列术语和定义适用于本文件。

3.1 节水控制灌溉技术

简称节水控灌技术，是在水稻生长发育过程中，适度进行水分胁迫、控制水稻田中水量的灌溉技术，会使水稻产生一定的耐旱性，而且不会导致减产。

4 产地环境

西北沿黄灌区，区域范围明确，灌排方便，地力水平中等，春季播前0~20厘米土层土壤全盐含量在0.5%以下，在土壤pH值为7.80~9.00的中度偏重盐碱荒地和次生盐渍化耕地。

5 盐碱水稻田改良技术

5.1 工程改良技术

深挖排水沟，在干旱时，用沟渠引水灌溉；在洪涝时，利用水沟进行排水。也可以采用暗管排水、竖井排水、机械排水等。也可引洪放淤，把含有泥沙的洪水引入田间。开沟机械作业要求符合 GB 16151—2008 和 NY/T 740 的规定。

5.2 农艺改良技术

主要包括：①平整土地。秋季翻耕，在上冻前进行，利于晒垡、灭草、洗盐碱，如要旋耕，可在春季进行，耕深要达到 15~20 厘米。

②增施有机肥料。一般在水稻田增施腐熟的猪粪、马粪、羊粪等，或者覆盖一层秸秆、泥炭等。

③深耕深松。加深耕层，疏松土壤。

④合理配施化肥。可以适当增施氮肥和磷肥等化肥。

机械作业要求符合 GB 16151—2008 和 NY/T 500 的相关要求。肥料施用要求符合 NY/T 496—2002 的相关要求。

5.3 物理改良技术

水稻种植之前，在土壤表层铺沙或者客土等。

5.4 化学改良技术

盐碱地种植水稻之前，可以向田间施加一些化学改良物质，如脱硫石膏、糠醛渣、磷石膏、粉煤灰等。

6 水稻种子供氧剂处理

供氧剂（CaO_2）是以供氧为主要作用的白色粉剂，它可包附在稻种上，播后在水中可缓慢释放氧气，增加种子周围的含氧量，促进水稻发芽。

7 带肥整地

土壤进行秋翻，土壤盐分含量>0.3%的，盐碱较重的地块，压沙 5~10 厘米，春季顶浆耙地，耙细拖平。翻地前施进农家肥 30 吨/公顷。肥料施用要求符合 NY/T 496—2002 的相关要求。

8　增施土壤调理剂

选用丹路菌剂，施用量 750 千克/公顷。

9　泡田洗盐

插秧前泡田洗盐 2 次，其中水耙后排水洗盐一次。

10　控制灌溉

灌溉定额为 10 500 立方米/公顷，比普通灌溉定额减少约 40%。

11　施肥

化肥采用底肥少施和“少施多次”施肥方法，第一次为底肥，耙地前施用；第二次为追肥，在 6 月 10 日左右施用；第三次为追肥，在 6 月下旬施用；第四次为追肥，在 7 月中旬施用；第五次为追肥，在 8 月初施用。肥料施用要求符合 NY/T 496—2002 的相关要求。

12　病虫害防治

对水稻喷施 2 次阿维菌素或锐劲特等农药防治二化螟；稻瘟病可采取先防后治的原则，前期防治叶瘟，中后期防治穗颈瘟、粒瘟，使用药剂为三环唑、富士一号、稻瘟灵、咪鲜胺、施保克、使百克等。在水稻抽穗前后，根据病情轻重，对水稻进行适时喷施。农药使用要求符合 GB 4285—1989 和 GB/T 8321 的相关规定。

13　收获

水稻进入黄熟后期，90%的籽粒达到黄熟，即可进行收割。收割时捆小捆，摆“人”字架进行风干，6~7 天翻转 1 次稻捆，再晾 6~7 天，当水稻籽粒含水量降到 15%~16%时，即可进行脱粒。

盐碱地枸杞栽培技术规程

1 范围

本规程规定了盐碱地枸杞栽培技术的技术术语、技术参数、操作规程和实施规范。

2 规范性引用文件

下列文件对于本文件的应用是必不可少的。凡是注日期的引用文件，仅所注日期的版本适用于本文件。凡是不注日期的引用文件，其最新版本（包括所有的修改单）适用于本文件。

GB 16151—2008 农业机械运行安全技术条件

NY/T 496—2002 肥料合理使用准则

NY/T 740 田间开沟机械作业质量

3 术语和定义

下列术语和定义适用于本文件。

3.1 枸杞（宁夏枸杞）

中药名，别称苟起子、枸杞红实、甜菜子、西枸杞、狗奶子、红青椒、枸蹄子、地骨子、枸茄茄、红耳坠、血枸子、血杞子、津枸杞等。有养肝，滋肾，润肺，补虚益精，清热明目等功效。被子植物门，双子叶植物纲，合瓣花亚纲，管状花目，茄科，枸杞属。宁夏枸杞为灌木，或栽培因人工整枝而成大灌木，高0.8~2米，栽培者茎粗直径达10~20厘米；分枝细密，野生时多开展而略斜升或弓曲，栽培时小枝弓曲而树冠多呈圆形，有纵棱纹，灰白色或灰黄色，无毛而微有光泽，有不生叶的短棘刺和生叶、花的长棘刺。叶互生或簇生，披针形或长椭圆状披针形，顶端短渐尖或急尖，基部楔形，长2~3厘米，宽4~6毫米，栽培时长达12厘米，宽1.5~2厘米，略带肉质，叶脉不明显。花在长枝上1~2朵生于叶腋，在短枝上2~6朵同叶簇生；花梗长1~2厘米，向顶端渐增粗。花萼钟状，长4~5毫米，通常2中裂，裂片有小尖头或顶端有2~3齿裂；花冠漏斗状，紫堇色，筒部长8~10毫米，自下部向上渐扩大，明显长于檐部裂片，裂片长5~6毫米，卵形，顶端圆钝，基部有耳，边缘无缘毛，花开放时平展；雄蕊的花丝基部稍上处及花冠筒内壁生一圈密茸毛；花柱像雄蕊一样由于花冠裂片平展而稍伸出花冠。浆果红色或橙色，果皮肉质，多汁液，形状及大小多变，广椭圆状、矩圆状、卵状或近球状，顶端有短尖头或平截，有时稍凹陷，长8~20毫米，直径5~10毫米。种子常20余粒，略成肾脏形，扁压，棕黄色，长约2毫米。花果期较长，一般从5月到10月边开花边结果，采摘果实时成熟一批采摘一批。枸杞喜冷凉气候，耐寒力很强。当气温稳定通过7℃左右时，种子即可萌发，幼苗可抵抗-3℃低温。

4 产地环境

西北沿黄灌区，区域范围明确，光照充足，土层深厚，灌排方便，地力水平中等，春季播前0~20厘米土层土壤全盐含量在0.5%以下，在土壤pH值为7.80~9.00的壤土和沙质壤土，但不可选择长期积水的低洼地。

5 整地施肥

土壤瘠薄是盐碱地的显著特点，需培肥土壤。一般在栽种枸杞前，结合深翻地施入切碎的农作物秸秆6 000千克/公顷、优质农家肥35~40吨/公顷、过磷酸钙700千克/公顷。按100米间距设置沟渠，沟深1.8米，使灌排水畅通。打埂划地，做到地面平整。机械作业要求符合GB 16151—2008和NY/T 740的规定。肥料施用要求符合NY/T 496—2002的相关要求。

6 选择良种，定植壮苗

目前枸杞的品种很多，不同品种的耐盐能力有一定差距，即使同一品种，因树苗大小不同，栽种成活率有很大差异。因此选用优质壮苗是盐碱地栽种枸杞的关键环节。应选用优良品种宁杞1号等，苗茎粗应在0.6厘米以上。

于4月上中旬定植，株行距1.0米×1.5米，栽植密度6 667株/公顷，栽植当年就可结果，3~4年进入盛果期。

7 水肥管理

在5月下旬和6月下旬，结合灌水分别追施尿素300千克/公顷；从6月初开始，每隔15~20天向树冠喷施5克/千克的磷酸二氢钾水溶液1 500~2 000千克/公顷。在5月初至6月下旬，每隔25天左右灌水1次；在7月初至8月下旬，每隔20天左右灌水1次；在9月上旬至10月下旬，每30天左右灌水1次。5月初的头水和10月下旬的最后一水，灌水量要大，灌水量为900~1 200立方米/公顷；生长季节中的灌水量要小，当田间积有明水时应及时排出。肥料施用要求符合NY/T 496—2002的相关要求。

8 整形修剪

在盐碱地上种植的枸杞，因受土地瘠薄、含盐量较多、地下水位偏高的影响，生长发育受到一定程度的限制，其生长量小，长势弱，所以其树形应整修为主干低、树冠矮的半圆形或圆锥树形，将树冠高度控制在1.5米左右，冠径控制在1.6米左右。

为了达到要求的树形，第1年栽植后，当幼树长到50~60厘米高时要剪顶定干；然后在主干周围选3~5个分布均匀的健壮枝作第1层主枝，并在10~20厘米处短截，使其再发分枝；当第1层主枝发侧枝后，每主枝的两侧再各留1~2个分枝，在分枝10厘米处摘心，培养成大侧枝。第2年以后，要对徒长枝进行摘心利用，逐步扩大，充实树冠。若第1年选留的主干枝背部发出较直立的徒长枝，应选留1个枝作主干的延长枝，并在20厘米左右处摘心；当延长枝发出分枝后，在其两侧各选1个枝在10厘米左右处摘心，培养成大侧枝，然后在侧枝上培养结果枝。若主干上部发生直立徒长枝时，选1个枝在高于树冠15厘米左右处摘心，待发生分枝时再选留4~5个分枝结果。对多余的枝条要及时剪去。经过5~6年的整形，就可实现对树形的要求。

春季修剪在4月中、下旬进行，主要是剪去越冬后干死的枝条、枝梢。夏季修剪在7—8月进行，主要是对徒长枝进行消除或选留利用。秋季修剪在10—11月进行，主要是剪去主干基部和冠顶的徒长枝，消除树膛内的串条、老弱枝和病虫枝。

9 病虫防治

枸杞的虫害主要有枸杞蚜虫、木虱、红蜘蛛、锈螨、瘿螨等，可选用50%氧化乐果乳油1 500~2 000倍液、50%久效磷乳油2 000~2 500倍液、20%速灭杀丁乳油3 000~4 000倍液、50%辛硫磷乳油1 000倍液喷雾防治，用药时要注意各种农药的轮换，以减免害虫对药剂产生抗性。

枸杞的病害主要有枸杞黑果病、流胶病等，可用50%退菌特可湿性粉剂500~600倍液、4~5波美度石硫合剂喷雾防治。

农药使用要求符合 GB 4285—1989 和 GB/T 8321 的相关规定。

10 果实采收

当果实八九成熟时，选择晴朗天气的上午或傍晚采果，能提高枸杞的质量。早晨有露水时或雨后不宜采摘。采收时要轻采、轻拿、轻放，果筐一般以盛 10 千克以下为宜，以防果实相互挤压破损。

盐碱地枸杞微咸水滴灌节水控盐技术规程

1 范围

本规程规定了盐碱地枸杞微咸水滴灌节水控盐技术的技术术语、技术参数、操作规程和实施规范。

2 规范性引用文件

下列文件对于本文件的应用是必不可少的。凡是注日期的引用文件，仅所注日期的版本适用于本文件。凡是不注日期的引用文件，其最新版本（包括所有的修改单）适用于本文件。

GB 16151—2008　农业机械运行安全技术条件

NY/T 496—2002　肥料合理使用准则

NY/T 740　田间开沟机械作业质量

3 术语和定义

下列术语和定义适用于本文件。

3.1 微咸水

指矿化度<5 克/升的水。

4 产地环境

西北沿黄灌区，区域范围明确，气候干旱半干旱，地力水平中等，春季播前 0~20 厘米土层土壤全盐含量在 0.5%以下，土壤 pH 值为 7.80~9.00 的中度盐碱荒地和次生盐渍化耕地。

5 土地规划与平整

要对枸杞园进行合理规划，重点要将大田改小田，每块地面积控制在 1 亩

（约 667 平方米）以内，同时削高垫低，平整土地，使地面保持水平，这样利于灌水深浅一致，避免枸杞苗木受旱或者受淹，并能够减轻盐害，提高枸杞苗木成活率。

6 打井

选择矿化度<5 克/升的浅层地下水或沟道水，打井，安装水泵，抽取微咸水进行灌溉。机械作业要求符合 GB 16151—2008 和 NY/T 740 的规定。

7 铺设滴灌带，定期检查

于田间枸杞行铺设滴灌，并于每株枸杞树下安装 4 升/小时流量的管上式滴头一个。定期检查水泵、滴灌管（带）、滴头有无破损、堵塞、漏水。

8 微咸水滴灌

在枸杞主要生长期及降水期间实时进行滴灌，滴灌 3~4 次，灌水定额为 270~540 立方米/公顷。

9 冬灌压盐

利用微咸水滴灌后当土壤耕作层（0~30 厘米）盐分累积超过 5 克/千克时，在冬灌时（11 月），采用畦灌压盐，灌水定额 1 500 立方米/公顷。

10 土壤改良

10.1 挖坑填沙法

对于盐碱比较严重的土地，最好按照行距、株距挖坑，坑的规格一般为 40 厘米×40 厘米×40 厘米（长×宽×深）左右，将坑内的盐碱土壤移出后，再填入沙土，浇水后再栽植。

10.2 合理浇地法

栽植前一年要灌足冬水，栽植后及时浇水。

10.3 浇水后及时松土

浇水后松土，可以提高土温，疏松土壤，保墒减少水分蒸发，还能把早春初生长的杂草，全部翻压在下面。

10.4 覆盖地表

适当利用废弃的有机物或种植地被植物覆盖土面，可以起到减少水分蒸发，抑制土壤返盐碱，减少地面径流，增加土壤有机质含量的作用。覆盖材料最好就地取材，以经济、适用为原则，常用的有农作物秸秆、树叶、树皮等。

10.5 增施有机肥

多施有机肥料可使盐碱含量高、板结程度大的土壤变得疏松，土壤孔隙度增大，土壤保水、保肥能力增强。此外，有机肥料产生的有机酸还能够部分中和土壤的碱性。增施磷肥也是缓解盐碱的好办法，每公顷盐碱地施过磷酸钙 1 350~1 500 千克，最好与有机农家肥堆沤后混施，由于磷肥呈酸性，大量施入盐碱地后可以达到酸碱中和，减轻碱性的目的。肥料施用要求符合 NY/T 496—2002 的相关要求。

盐碱地枸杞沟灌覆膜节水抑盐技术规程

1　范围

本规程规定了盐碱地枸杞沟灌覆膜节水抑盐技术的技术术语、技术参数、操作规程和实施规范。

2　规范性引用文件

下列文件对于本文件的应用是必不可少的。凡是注日期的引用文件，仅所注日期的版本适用于本文件。凡是不注日期的引用文件，其最新版本（包括所有的修改单）适用于本文件。

GB 4455—1994　农业用聚乙烯吹塑薄膜

GB 13735—1992　聚乙烯吹塑农用地面覆盖薄膜

GB 16151—2008　农业机械运行安全技术条件

NY/T 496—2002　肥料合理使用准则

NY/T 740　田间开沟机械作业质量

3　术语和定义

下列术语和定义适用于本文件。

3.1　沟灌覆膜

覆膜沟灌是在地膜覆盖栽培技术的基础上发展起来的一种新的地面灌溉方法。它是将地膜平铺于沟中，沟全部被地膜覆盖，灌溉水从膜上（膜上沟灌）或膜下（膜下沟灌）输送到田间的灌溉方法。。

4　产地环境

西北沿黄灌区，区域范围明确，地力水平中等，春季播前0~20厘米土层土壤全盐含量在0.5%以下，土壤pH值为7.80~9.00的偏沙质土壤。

5 平整土地

条件允许的话，整体化建园，修建配套的渠系，在修建好的枸杞园的四周建设必备的防护林体系。进行土地平整，然后旋耕。机械作业要求符合 GB 16151—2008 的相关要求。

6 开沟

采用人工开沟，沟深 30 厘米、沟宽 40 厘米。开沟机械作业要求符合 GB 16151—2008 和 NY/T 740 的规定。

7 定植枸杞

开沟后，枸杞统一定植于沟中。定植时间一般以春栽为主，即土壤解冻至萌芽前。定植前，按株行距在沟内划行、定点挖穴，规格 40 厘米×40 厘米×40 厘米（长×宽×深）。定植穴挖出的表土和心土各放一边，穴内先施入有机肥 2~3 千克，加复合肥 50 千克，将心土填入，混合均匀后，盖表土 5 厘米，然后放入枸杞苗，扶直，填入少半坑土，提苗，踏实，再填土至苗木根颈处（即原土印处），踏实，再踏实覆土，使其略高于沟内地面。栽植后及时整园灌水 1 次。

8 覆膜

在枸杞行间铺设黑色地膜。地膜要求符合 GB 4455—1994 和 GB 13735—1992 的相关要求。

9 优化施肥

在树冠边缘下方挖穴，将肥料施入，然后立即封土。适合盐碱地枸杞生长且可获得高产高效的肥料配比及施用量为有机肥（牛粪）45 吨/公顷，化肥 N：P_2O_5：K_2O=525：450：225（千克/公顷），氮肥按 4 月上旬 40%、5 月下旬 20%、7 月下旬 20%、8 月中旬 20%施用，其他肥料于 4 月上旬基施。肥料施用要求符合 NY/T 496—2002 的相关要求。

10 沟灌

进行沟灌，灌水量以将沟灌满为准，枸杞生育期内灌 4~6 次水。

11 整形修剪

11.1 冬季修剪

冬季修剪是在枸杞休眠期进行结果枝的去旧换新，选留良好的结果枝。此期以疏剪为主，短截为辅。按照选定的树形结构，根据已留枝条的生长位置，调节营养生长与生殖生长的关系。利用强壮枝和中庸果枝，更新旧的果枝和结果枝组，修剪成骨架牢固、冠层合理、冠幅紧凑、枝条分布均匀、通风透光良好的优质高产树形。

11.2 春季修剪

在枸杞萌芽后展叶前进行的修剪，主要剪除枝梢干尖和针刺，弥补冬剪不足。

11.3 夏季修剪

（1）及时疏剪根部、主干和树冠的徒长枝。对徒长枝的修剪原则是要小、要早，彻底清除。在 4 月下旬到 6 月上旬为宜。

（2）对强壮枝及时修剪和短截处理。树冠各级骨干枝较高的部位很容易生长出强壮枝，对这些强壮枝要根据施肥水平、树势强弱、着生位置、出现时间，灵活掌握，以确定是疏是截。疏剪的一般原则是树膛内的强壮枝要疏；春七寸枝没有开花前，任何部位的强壮枝要疏；生长势强的强壮枝要疏。短截的原则是树冠某一部位缺少枝条处，生长出的强壮枝要及时短截；冠层外围的强壮枝对春七寸枝影响不大的可进行短截；春七寸果枝采果结束后，着生在粗度较细的骨干枝上的强壮枝可进行短截修剪，促发秋果。

12 采摘

12.1 枸杞的采摘

枸杞果实分夏果和秋果，夏果采果 4~5 茬，每茬间隔 8~10 天，在枸杞果实较硬、果度有光泽呈橘红色时采摘。秋果采果 1~2 茬，每茬间隔 20~25 天。采果要及时，轻摘轻放，防止烂果，下雨或浇水时不采果，病虫果分开处理。

12.2 晒干技术

采回的鲜果在晾晒前用食用碱冷浸液处理，方法是把食用碱配成 2.5%～3% 的碱溶液，把采回的鲜果放入其中浸泡 15～20 秒，铺在果笺上，或在鲜果中加入鲜果数量 0.5%的食用碱，拌匀铺在果笺上晾晒；或将鲜果倒入冷浸液中，浸 1 分钟，捞出铺在果笺上。

盐碱地牧用紫花苜蓿种植技术规程

1 范围

本规程规定了盐碱地牧用紫花苜蓿种植技术的技术术语、技术参数、操作规程和实施规范。

2 规范性引用文件

下列文件对于本文件的应用是必不可少的。凡是注日期的引用文件，仅所注日期的版本适用于本文件。凡是不注日期的引用文件，其最新版本（包括所有的修改单）适用于本文件。

GB 8080　绿肥种子
GB 4285—1989　农药安全使用标准
GB/T 8321.1~9　农药合理使用准则（1~9）
GB 4455—1994　农业用聚乙烯吹塑薄膜
GB 13735—1992　聚乙烯吹塑农用地面覆盖薄膜
GB 16151—2008　农业机械运行安全技术条件
NY/T 496—2002　肥料合理使用准则
NY/T 740　田间开沟机械作业质量

3 术语和定义

下列术语和定义适用于本文件。

3.1 紫花苜蓿

紫花苜蓿为豆科多年生草本植物，是重要的栽培牧草之一，其适应性广，产量高，品质好，被称为“牧草之王”。别称紫苜蓿、牧蓿、苜蓿。被子植物门，双子叶植物纲，蔷薇亚纲，豆目，蝶形花科，苜蓿属。多年生草本，高30~100厘米。根粗壮，深入土层，根颈发达。茎直立、丛生以至平卧，四棱形，无毛或微被柔毛，枝叶茂盛。羽状三出复叶；托叶大，卵状披针形，先端锐尖，基部全缘或具1~2齿裂，脉纹清晰；叶柄比小叶短；小叶长卵形、倒长卵形至线状卵形，等大，或顶生小叶稍大，长10~25毫米，宽3~10毫米，纸质，先端钝圆，具由中脉伸出的长齿尖，基部狭窄，楔形，边缘三分之一以上具锯齿，上面无毛，深绿色，下面被贴伏柔毛，侧脉8~10对，与中脉成锐角，在近叶边处略有分叉；顶生小叶柄比侧生小叶柄略长。花序总状或头状，长1~2.5厘米，具花5~30朵；总花梗挺直，比叶长；苞片线状锥形，比花梗长或等长；花长6~12毫米；花梗短，长约2毫米；萼钟形，长3~5毫米，萼齿线状锥形，比萼筒长，被贴伏柔毛；花冠各色：淡黄色、深蓝色至暗紫色，花瓣均具长瓣柄，旗瓣长圆形，先端微凹，明显较翼瓣和龙骨瓣长，翼瓣较龙骨瓣稍长；子房线形，具柔毛，花柱短阔，上端细尖，柱头点状，胚珠多数。荚果螺旋状紧卷2~4圈，中央无孔或近无孔，径5~9毫米，被柔毛或渐脱落，脉纹细，不清晰，熟时棕色；有种子10~20粒。种子卵形，长1~2.5毫米，平滑，黄色或棕色。花期5—7月，果期6—8月。一般寿命5~7年，直根系，主根发达，侧根共生根瘤菌，改良土壤作用大，可提高后作的产量和品质，是改良土壤、培肥地力的重要轮作作物，且抗旱、耐寒、耐盐碱能力都很强。在盐碱地种植紫花苜蓿可提高盐碱地利用率，为牧业发展提供牧草，并具有抑盐、培肥等作用。

4 产地环境

西北沿黄灌区，区域范围明确，灌排方便，地力水平中等，春季播前0~20厘米土层土壤全盐含量在0.5%以下，土壤pH值为7.80~9.00。

5 品种选择

目前西北沿黄灌区盐碱地栽培可选用的苜蓿品种有金皇后、德宝、三得利、法国香槟、阿尔冈金紫花苜蓿等。选用通过国家、省级品种审定委员会审（认）定的品种。种子质量符合国家二级以上良种要求，纯度不低于96%、净度不低于95%、发芽率不低于85%、水分不高于10%。种子的检验方法应按照GB 3543的相关规定进行。

6 土地选择

紫花苜蓿根系发达，沙土、黏土均可生长，但以深厚疏松、富含钙质的土壤最为适宜，最适土壤pH值为7~8。应选择土层深厚，灌排方便，盐碱程度中度以下的沙壤土或轻壤土种植为宜。

7 整地施肥

选好地块后，要及时清除残膜，浅耕灭茬，再深翻，翻晒 25 厘米以上，要求犁底深浅一致，无坷垃，无碱斑。翻后平地，提倡采用激光平地仪，使地面高差不大于 5 厘米。做好耙耱、镇压蓄水工作。水浇地要浇足冬水。可结合秋翻地深施商品农家肥。紫花苜蓿喜磷钾肥，每公顷施有机肥 22 500~37 500 千克，过磷酸钙 300~450 千克为底肥。对土壤肥力低下的，播种时再施入硝酸铵等速效氮肥，促进幼苗生长。

播前精细整地，并保持土壤墒情，达到“松、平、碎、墒、净、齐”的标准，清除草根，确保覆膜质量，耙后趟平。边整地、边播种，并在铺膜播种前及时扶埂，以利田间机械作业。

机械作业要求符合 GB 16151—2008 的相关要求。肥料施用要求符合 NY/T 496—2002 的相关要求。

8 适期早播

地膜苜蓿播种分为春季和夏末秋初两个时期，春播以 4 月上中旬为宜，抢墒播种，4 月底前应完成播种，夏末秋初播种应在 7 月下旬至 8 月上旬完成，不得晚于 8 月 10 日。播种必须达到墒情良好，土壤细碎，播量准确，播行笔直，深浅一致，下籽均匀，膜面平整，覆土良好。地膜膜边压土 6~8 厘米，播种行间压土带 5~6 厘米，每 5 米横压防风带。苜蓿幼苗顶土力弱，宜浅播，播种深度 1~2 厘米，播种后及时用湿土封穴。地膜要求符合 GB 4455—1994 和 GB 13735—1992 的相关要求。

9 合理密植

要求田间基本苗 375 万~525 万株/公顷。肥力较好的地块播种量为 10.5~12 千克/公顷，肥力较差的土地块播量为 15~18 千克/公顷。一般选用幅宽 145 厘米地膜，铺成宽 120 厘米的播带，带间距 30 厘米，每带 5 行，行距 30 厘米，穴距 15 厘米，为了实现精量播种，提倡种子包衣或拌种。

10 增施种肥，及时补种

在施足底肥的基础上，播种时施硝酸铵 120~150 千克/公顷或缓释尿素 60~75 千克/公顷做种肥。播后及时对地边角、膜间水沟进行补种，补种品种要一致，防止混杂。肥料施用要求符合 NY/T 496—2002 的相关要求。

11　查苗、放苗

苜蓿出苗后及时查苗，缺苗地段及时补种。灌水前要经常检查，及时压好地膜，防止风吹揭膜。苜蓿出苗后及时将错位的幼苗放出，防止烫伤。放苗宜在早晚进行。

12　中耕除草

苜蓿苗期植株矮小，易受杂草侵害，应注意及时除草。早春返青及每次刈割后应中耕松土。

13　适时灌水

夏秋播种的紫花苜蓿播后必须及时灌水。苜蓿出苗至两片真叶期适时灌苗水。春播的头水应在二至三叶期及早灌水，时间为 5 月上中旬，要求上水均匀、全面，水量不宜过大，田间积水超过 4 小时应及时排出；如果发现失墒严重，出苗不整齐，或整片缺苗，应及时灌水。炎热季节，灌溉可显著增加刈割次数，每茬收割后 7 天内灌水，9 月下旬至 10 月中下旬灌足秋冬水，可提高土温，有利植株越冬。正常生长收割的苜蓿在翌年早春土壤化冻、苜蓿开始返青时（4 月上中旬）应及时灌水。

14　适量追肥

播种翌年早春土壤化冻后，苜蓿返青前及时进行耱耙，结合耱耙，条施普通过磷酸钙 600~750 千克/公顷，或磷酸二铵 225~300 千克/公顷。结合灌头水或二水，追施尿素 75~105 千克/公顷。生长期用 0.3% 磷酸二氢钾水溶液 3 000 克/公顷，叶面喷洒 2~3 次。每年入冬前及每次刈割后，结合灌水应追施速效肥尿素 75~150 千克/公顷。肥料施用要求符合 NY/T 496—2002 的相关要求。

15　病虫草害防治

苜蓿生长期发现白粉病、褐斑病，可用 70% 甲基托布津可湿性粉剂，或 70%代森锰锌可湿性粉剂 225 克/公顷，对水 225 千克叶面喷洒防治，严重地块可提前收割。

危害苜蓿的虫害有蚜虫、蓟马、浮尘子、盲椿象等，可用 40%氧化乐果乳油加 40%溴氰菊酯 225 克/公顷，或 50%抗蚜威水分散粒剂 150 克/公顷，对水 225 千克喷施防治，也可用乐果、敌敌畏等喷雾防治。地下害虫常见有蛴螬、蝼蛄、地老虎、金针虫等，可采用甲基异柳磷、3911 或 1605 拌种，撒毒饵、灌根进行防治。鼠害可在洞口投放杀鼠迷、毒饵等杀鼠药及布夹进行防治。

及时清除田间大草，特别是苗穴杂草。

农药使用要求符合 GB 4285—1989 和 GB/T 8321 的相关规定。

16 适时收割

苜蓿 1 年可刈割 2~3 次，一般产鲜草 30~60 吨/公顷。6 月上旬，在 10%~20%的苜蓿开花时（即初花期），开始适时进行头茬收割，割茬高度 5~6 厘米，最晚不能超过盛花期。收割后晾晒至水分低于 20%时，及时打捆交售。二茬收割应在 7 月中下旬，三茬收割在 9 月上中旬，一般在早霜来临前 30 天，二茬、三茬也应适时收割打捆，标准同头茬。收割打捆时，防止损坏地膜，尽量保护地膜。最后一茬收割应留 20~30 天生长时间，割茬高度不低于 5 厘米，使冬前的再生草长到 10~15 厘米，以便安全越冬和为第二年生长积累养分。收种子的苜蓿可在黄果大部分变褐时收获。

17 越冬管理

最后一茬收割后，灌足越冬水，确保地面封冻。冬季禁止牲畜啃踏，禁止放火烧荒，以保护地膜，确保苜蓿安全越冬。

盐碱地莜麦种植技术规程

1 范围

本规程规定了盐碱地莜麦种植技术的技术术语、技术参数、操作规程和实施规范。

2 规范性引用文件

下列文件对于本文件的应用是必不可少的。凡是注日期的引用文件，仅所注日期的版本适用于本文件。凡是不注日期的引用文件，其最新版本（包括所有的修改单）适用于本文件。

GB 4285—1989　农药安全使用标准

GB/T 8321.1~9　农药合理使用准则（1~9）

GB 4404.1—2008　粮食作物种子　禾谷类

GB 4455—1994　农业用聚乙烯吹塑薄膜

GB 13735—1992　聚乙烯吹塑农用地面覆盖薄膜

GB 16151—2008　农业机械运行安全技术条件

NY/T 496—2002　肥料合理使用准则

3 术语和定义

下列术语和定义适用于本文件。

3.1 莜麦

莜麦，别称油麦，玉麦，铃铛麦。被子植物门，单子叶植物纲，禾本目，禾本科，燕麦属。为一年生植物，须根外面常具砂套。秆直立，丛生，高60~100厘米，通常具2~4节。叶鞘松弛，基生者长于节间，常被微毛，鞘缘透明膜质；叶舌透明膜质，长约3毫米，顶端钝圆或微齿裂；叶片扁平，质软，长8~40厘米，宽3~16毫米，微粗糙。圆锥花序疏松开展，长12~20厘米，分枝纤细，具棱角，刺状粗糙；小穗含3~6小花，长2~4厘米；小穗轴细且坚韧，无毛，常弯曲，第一节间长达 1 厘米；颖草质，边缘透明膜质，两颖近相等，长 15~25 毫米，具 7~11 脉；外稃无毛，草质而较柔软，边缘透明膜质，具 9~11 脉，顶端常 2 裂，第一外稃长 20~25 毫米，基盘无毛，背部无芒或上部 1/4 以上伸出 1 芒，其芒长 1~2 厘米，细弱，直立或反曲；内稃甚短于外稃，长 11~15 毫米，具 2 脊，顶端延伸呈芒尖，脊上具密纤毛；雄蕊 3，花药长约 2 毫米。颖果长约 8 毫米，与稃体分离。花果期 6—8 月。莜麦喜寒凉，耐干旱，耐瘠薄，抗盐碱，生长期短，常野生于山坡路旁、高山草甸及潮湿处，主要分布在我国华北北部、西北和西南的高纬度、高海拔、高寒干旱半干旱地区，是产区主要的传统粮食作物和饲料、饲草作物。

4 产地环境

西北沿黄灌区，区域范围明确，土层深厚，灌排方便，地力水平中等，春季播前 0~20 厘米土层土壤全盐含量在 0.4%以下，土壤 pH 值为 8.20 的平整土地。

5 选地整地

前茬收获后伏秋深耕，及时深耕灭茬、深翻晒土，以利保墒，耕深 25~30 厘米，耕后适时耙耱。机械作业要求符合 GB 16151—2008 的相关要求。

6 冬灌压盐

在翻地的基础上，根据实际需要和黄河来水情况，从每年的 10 月中旬到 11 月上旬进行冬灌，灌溉量每次为 1 200~1 500 立方米/公顷，不宜盲目加大灌溉量。

7 播前准备

7.1 耕翻蓄墒

覆膜前采用旋耕机浅耕，耕深达 18~20 厘米，然后平整地表，做到上虚下实，无根茬，地面平整无坷垃。马铃薯茬口地最好先深耕再用旋耕机旋耕，开春解冻前，镇压破碎土块。机械作业要求符合 GB 16151—2008 的相关要求。

7.2 施肥

一次覆膜连续多茬种植时，前茬要重施有机肥、施足化肥。一般结合整地，施入优质腐熟农家肥 22.5～45.0 吨/公顷、N 75～120 千克/公顷、P_2O_5 56～92 千克/公顷、K_2O 45～60 千克/公顷。根据需要选用盐碱土壤调理剂和抗盐碱专用肥。肥料施用要求符合 NY/T 496—2002 的相关要求。

7.3 土壤处理

地下害虫为害严重的地块，覆膜前用 50%辛硫磷乳油 7.5 千克/公顷，或 48%毒死蜱乳油 7.5 千克/公顷加水 75 千克，喷拌细沙土 750 千克制成毒土，撒施后浅耕。农药使用要求符合 GB 4285—1989 和 GB/T 8321 的相关规定。

8 覆膜覆土

采用全膜覆盖，即用厚 0.008～0.010 毫米、幅宽 120 厘米的抗老化地膜，全地面覆盖。不开沟压膜，下一幅膜与前一幅膜要紧靠对接，膜与膜之间不留空隙、不重叠。覆膜时间依据土壤墒情而定。墒情好时可提前覆膜，墒情差时则应等雨抢墒覆膜，适时播种。土壤湿度过大时，应翻耕晾晒 2～3 天后，耙松整平覆膜，以避免播种时堵塞播种孔。覆膜后要防止人畜践踏，以延长地膜使用寿命，提高保墒效果。覆膜后，膜上覆盖细绵土，厚度 1 厘米左右，以基本上看不见地膜为宜。覆土要均匀，薄厚一致，覆土不留空白。地膜要求符合 GB 4455—1994 和 GB 13735—1992 的相关要求。

9 品种选择

选用秆矮、抗旱、抗病、抗倒伏、丰产性好的莜麦品种，如定莜 8 号、定莜 9 号、坝莜 8 号、白燕 2 号等。种子质量与检验方法应符合 GB 4404.1—2008 的相关要求。

10 播种

平均气温稳定通过 5℃、5 厘米土层地温达到 5～9℃ 时为播种适期，一般为 4 月上中旬。采用穴播方式，可采用双行穴播机播种，以两幅膜为 1 个作业带。播种深度 2～3 厘米，行距 15～20 厘米，穴距 12 厘米，每穴 5～6 粒。播种量 120～150 千克/公顷，保苗 450 万～525 万株/公顷。机械作业要求符合 GB 16151—2008 的相关要求。

11 田间管理

出苗期及时放苗，保证苗齐苗全。拔节期遇自然降水及时追施尿素 75～150

千克/公顷。

12 病虫害防治

防治莜麦坚黑穗病选用40%拌种双可湿性粉剂500倍液、50 %多菌灵可湿性粉剂500倍液，或70%甲基托布津可湿性粉剂1 000倍液以种子重量0.2%~0.3%的用药量进行拌种防治。红叶病选用40%乐果乳油2 000~3 000倍液、80%敌敌畏乳油2 000~3 000倍液，或50%辛硫磷乳油2 000~3 000倍液喷雾防治。黏虫选用80%敌敌畏乳油800~1 000倍液、80%敌百虫乳油500~800倍液、20%速灭丁乳油400倍液喷雾防治。土蝗入田后用50%马拉硫磷乳油15.0~22.5千克/公顷喷雾防治。3龄前草地螟幼虫可用2.5%溴氰菊酯乳油4 000倍液，或20%速灭杀丁乳油4 000倍液喷雾防治。农药使用要求符合GB 4285—1989和GB/T 8321的相关规定。

13 收获贮藏

莜麦成熟期不一致，一般在8月上旬，穗部有3/4小穗成熟时，收获为宜。在露水地收割时，要晒干后再捆，以防发霉。收后应先在田间堆成10捆的小堆，晒干后再拉回晒场堆成垛，并及时脱粒。使用脱粒机脱粒效果最好。打碾时先晒干，然后摊厚一点，最好用牲口碾。使用拖拉机碾时应防止碾破、压扁。莜麦脱粒后水分含量应晾晒至13%以下入库贮藏。在贮藏期间要严格控制籽粒含水量和贮藏室温度，一般贮藏室温度控制在15℃以下。

14 护膜

莜麦收获后应保护好地膜，休闲期人工或化学除草。留膜免耕种植二茬作物，以马铃薯、玉米、豌豆等为宜。

盐碱地胡麻全膜覆土穴播栽培技术规程

1 范围

本规程规定了盐碱地胡麻全膜覆土穴播栽培技术的技术术语、技术参数、操作规程和实施规范。

2 规范性引用文件

下列文件对于本文件的应用是必不可少的。凡是注日期的引用文件，仅所注日期的版本适用于本文件。凡是不注日期的引用文件，其最新版本（包括所有的修改单）适用于本文件。

GB 4285—1989 农药安全使用标准
GB/T 8321.1~9 农药合理使用准则（1~9）
GB 4407.2—2008 经济作物种子 油料类
GB 4455—1994 农业用聚乙烯吹塑薄膜
GB 13735—1992 聚乙烯吹塑农用地面覆盖薄膜
GB 16151—2008 农业机械运行安全技术条件
NY/T 496—2002 肥料合理使用准则
NY/T 500 秸秆还田机作业质量
NY/T 740 田间开沟机械作业质量
NY/T 1853—2010 除草剂对后茬作物影响试验方法
NY/T 1997—2011 除草剂安全使用技术规范 通则

3 术语和定义

下列术语和定义适用于本文件。

3.1 胡麻

又名亚麻，属亚麻科一年生草本植物，是我国五大油料作物之一。茎直立，高 30~120 厘米，多在上部分枝，有时自茎基部亦有分枝，但密植则不分枝，基部木质化，无毛，韧皮部纤维强韧弹性，构造如棉。叶互生；叶片线形，线状披针形或披针形，长2~4厘米，宽1~5毫米，先端锐尖，基部渐狭，无柄，内卷，有3出脉。花单生于枝顶或枝的上部叶腋，组成疏散的聚伞花序；花直径15~20毫米；花梗长1~3厘米，直立；萼片5，卵形或卵状披针形，长5~8毫米，先端凸尖或长尖，有3脉；中央一脉明显凸起，边缘膜质，无腺点，全缘，有时上部有锯齿，宿存；花瓣5，倒卵形，长8~12毫米，蓝色或紫蓝色，稀白色或红色，先端啮蚀状；雄蕊5枚，花丝基部合生；退化雄蕊5枚，钻状；子房5室，花柱5枚，分离，柱头比花柱微粗，细线状或棒状，长于或几乎等于雄蕊。蒴果球形，干后棕黄色，直径6~9毫米，顶端微尖，室间开裂成5瓣；种子10粒，长圆形，扁平，长3.5~4毫米，棕褐色。花期6—8月，果期7—10月。喜凉爽湿润气候。耐寒，怕高温。种子发芽最低温度1~3℃，最适宜温度为20~25℃；营养生长适宜温度为11~18℃。生育期70~80天。前作以玉米、小麦或大豆为好。

3.2 全膜覆盖

使用地膜覆盖全田地面的技术。

3.3 膜上覆土

指覆膜后，在地膜上均匀覆盖一层细绵土的技术。

4 产地环境

西北沿黄灌区，区域范围明确，年降水300~600毫米，气候半干旱、半湿润偏（易）旱，土层深厚，土质疏松，排水良好，土壤肥沃，坡度15°以下，灌排方便，地力水平中等，春季播前0~20厘米土层土壤全盐含量在0.3%以下，土壤pH值为7.00~8.50的川地、塬地、梯田、沟坝地等平整土地。

5 播前准备

5.1 地块选择

选择符合产地环境条件的田块。胡麻连作易引起立枯病、萎蔫病和菟丝子等而导致减产，应以豆类、麦类、玉米或马铃薯等茬口较佳，实行3年以上轮作制。

5.2 深耕蓄墒

胡麻种子小，整地要精细。即在前茬作物收获后，及时深耕灭茬、深翻晒土，以利于保墒，耕深达25~30厘米，雨季过后，适时耙耱；覆膜前浅耕，以平整地表为主，耕深达18~20厘米，可采用旋耕机旋耕，做到“上虚下实无根茬、地面平整无坷垃”。对于玉米茬口地最好先深耕后，再采用旋耕机旋耕，并进行镇压，以打破犁底层、破碎玉米根茬。2~3年进行一次机深松。秋耕后，除低湿涝洼盐碱滩地要进行晒垡外，一般要及时耙地保墒，封冻前耱地（拖地）收墒。

早春据土壤墒情进行耙、耱保墒，或进行破地保墒，为播种出苗创造良好的土壤条件。

机械作业要求符合GB 16151—2008和NY/T 500的相关要求。地膜要求符合GB 4455—1994和GB 13735—1992的相关要求。

5.3 施肥

一次覆膜连续多茬种植时，要重施有机肥、施足化肥。一般施优质腐熟农家肥45~60吨/公顷、N 90~120千克/公顷、P_2O_5 60~90千克/公顷，结合最后整地，深翻做基肥。肥料施用要求符合NY/T 496—2002的相关要求。

5.4 土壤处理

地下害虫为害严重的地块，用50%辛硫磷乳油，或48%毒死蜱乳油7.5千克/公顷加水10倍，喷拌细沙土750千克制成毒土，撒施后浅耕。农药使用要求符合GB 4285—1989和GB/T 8321的相关规定。

6 覆膜覆土

选择厚度为0.008~0.010毫米，幅宽为120厘米的抗老化地膜，用量90千克/公顷左右。地膜要求符合GB 4455—1994和GB 13735—1992的相关要求。在地膜上均匀覆厚1厘米左右的细绵土一层。

覆膜与膜上覆土一次性完成。覆膜时间依据土壤墒情而定，墒情好时可提前覆膜，适时播种，墒情差时则应等雨抢墒覆膜，适时播种。如果土壤湿度过大，应翻耕后晾晒1~2天，然后耙松、平整土壤，再覆膜，以避免播种时堵塞播种孔。覆膜后要防止人畜践踏，以延长地膜使用寿命，提高保墒效果。

6.1 人工覆膜覆土

全地面平铺地膜，不开沟压膜，下一幅膜与前一幅膜要紧靠对接，膜与膜之间不留空隙、不重叠。膜上覆土厚度1厘米左右，即以基本看不见地膜为宜。覆膜用土必须是细绵土，不能将土块或土疙瘩覆在膜上，以免影响播种质量；膜上覆土要均匀，薄厚要一致，覆土不留空白，地膜不能外露。

6.2 机械覆膜覆土

机引覆膜覆土一体机以小四轮拖拉机作牵引动力，实行旋耕、镇压、覆膜、覆土一体化作业，每台每天可完成2.7公顷作业量。

7 品种选择

选用抗旱、抗病、抗倒伏、丰产性好的品种定亚21号、定亚22号、定亚14号、陇亚8号、陇亚10号、宁亚17号、宁亚8号等。种子纯度、净度要求达95%以上，发芽率达91%以上。种子质量与检验方法应符合GB 4407.2—2008的相关要求。

8 播种

8.1 播种时期

春季土壤解冻、平均气温稳定通过5℃、5厘米土层地温达到5~9℃时为胡麻的播种适期，一般在3月下旬至5月中上旬。在播种适期内适当早播有利于充分利用春季地墒保证全苗，并可延长胡麻生长期、增加分枝、提高产量和含油率。

8.2 播种方法

播种深度2~3厘米，行距15~20厘米，穴距12厘米，每穴9~10粒。将草木灰375千克/公顷过筛后，与相应面积播种量的胡麻籽混合均匀，装入人力穴播机播种，以两幅膜为1个作业带，先从一幅地膜一侧同一方向播种，再从另一幅膜向返回方向播种，同一幅膜只能向同一方向播种。在同一幅膜上先播两边，由外向里播种，可控制地膜不移动，又便于控制每幅行数。

8.3 播种密度

一般播种量52.5~75.0千克/公顷，保苗25.0万~35.0万株/公顷。

8.4 配施种肥

一般基础产量极低的农田，目标产量675千克/公顷，每公顷施尿素67.5~75千克，磷酸二铵45~75千克；基础产量低的农田，目标产量900千克/公顷，每公顷施尿素82.5~97.5千克，磷酸二铵45~90千克；基础产量中的农田，目标产量1 500千克/吨，每公顷施尿素90~105千克，磷酸二铵37.5~82.5千克；基础产量高的农田，目标产量2 025千克/公顷，每公顷施尿素105~120千克，磷酸二铵45~75千克；基础产量极高的农田，目标产量2 400千克/公顷，每公顷施尿素30~45千克，磷酸二铵37.5~90千克。肥料施用要求符合NY/T 496—2002的相关要求。

8.5 药剂拌种

用种子重量0.2%的50%甲胺磷乳油，采用超低容量喷雾拌种，防治地老虎、金针虫等地下害虫用50%的多菌灵，使用种子重量的2%湿拌（用水量为种子量的3%~4%，并长时间搅拌），或用0.2%~0.3%拌种霜拌种，防治立枯病等。农药使用要求符合GB 4285—1989和GB/T 8321的相关规定。

9 田间管理

9.1 及时放苗

胡麻出苗后及时观察，如发现有压在地膜穴孔下不能及时出苗的，要放苗，保证苗齐苗全。

9.2 早锄地

苗高3~7厘米时锄地可起到通气、增温保墒、灭草、促进根系生长，提高抗性等多种效果。有条件时，现蕾前再锄二遍地。

10 追肥

追肥以氮肥为主。当株高15~20厘米时，结合降水，追施尿素75~150千克/公顷做供蕾肥。如胡麻苗长势旺盛，供蕾肥可少施或不施。肥料施用要求符合NY/T 496—2002的相关要求。

11 病、虫、草害防治

病虫害防治坚持以农业防治、物理防治、生物防治为主，化学防治为辅的无害化控原则。

11.1 病害防治

在病害发生严重地块，播种前用种子重量 0.3%的 50%多菌灵可湿性粉剂拌种，可有效防治胡麻立枯病等多种病害。对胡麻锈病和立枯病，也可采用 20%除锈灵乳剂 400~600 倍液，或 80%代森锰锌可湿性粉剂 600~800 倍液喷雾防治，喷液量为 750~1 500 千克/公顷，共喷 2 次，间隔 10 天。

胡麻炭疽病可用种子重量 0.3%炭疽福美可湿性粉剂，或 0.3%~0.5%五氯硝基苯可湿性粉剂、10%多菌灵可湿性粉剂进行干拌种防治。胡麻白粉病可在初发期用 50%甲基托布津可湿性粉剂 1 000 倍液喷雾防治。

农药使用要求符合 GB 4285—1989 和 GB/T 8321 的相关规定。

11.2 虫害防治

播前用 45%辛硫磷乳油 7.5 千克/公顷掺细土 300 千克进行土壤处理，也可用种子量 0.2%的 45%辛硫磷乳油拌种，可有效防治地下害虫。生长期如发现有漏油虫等害虫发生，应用 4.5%高效氯氰菊酯乳油 1 500 倍液叶面喷雾防治。农药使用要求符合 GB 4285—1989 和 GB/T 8321 的相关规定。

11.3 化学除草

杂草稀少时可进行人工除草，草害发生严重地块可用 20%拿扑净乳油、14%精喹灵乳油、20%二钾四氯钠水剂等除草剂，严格按照产品说明喷雾防治。除草剂使用要求符合 GB 4285—1989、GB/T 8321.1~9、NY/T 1853—2010 和 NY/T 1997—2011 的相关规定。

12 收获

胡麻最佳收获期为黄熟后期。当胡麻茎秆由绿变成杏黄色、籽粒变硬、下部叶片变黄、部分叶片脱落、50%~60%的蒴果发黄并个别变成褐色、少数籽粒微有黏感时，即可收获，收获后茎秆充分干燥时便可脱粒。为了利用其纤维，可采用脱粒机或平铺地面打梢脱粒。脱粒后的茎秆在秋分前浸入水中沤制 7 天左右，起出晒干后，用压麻机或石滚碾压，即可抖出纤维。每 100 千克茎秆可剥麻 10~

20 千克。

13 留膜免耕多茬种植

胡麻收获后应保护好地膜，休闲期除草（人工或化学除草），用穴播机追施肥料，适时播种下茬作物。全膜覆土穴播胡麻收获较早（一般 8 月上旬至 8 月下旬收获），留膜免耕二茬、三茬种植以大豆、油菜、小麦等作物为宜，作物生育期最好追施氮肥。机械作业要求符合 GB 16151—2008 的相关要求。除草剂使用要求符合 GB 4285—1989、GB/T 8321. 1～9、NY/T 1853—2010 和 NY/T 1997—2011 的相关规定。

盐碱地谷子全膜覆土穴播栽培技术规程

1 范围

本规程规定了盐碱地谷子全膜覆土穴播栽培技术技术的技术术语、技术参数、操作规程和实施规范。

2 规范性引用文件

下列文件对于本文件的应用是必不可少的。凡是注日期的引用文件，仅所注日期的版本适用于本文件。凡是不注日期的引用文件，其最新版本（包括所有的修改单）适用于本文件。

GB 4285—1989　农药安全使用标准
GB/T 8321.1~9　农药合理使用准则（1~9）
GB 4404.1—2008　粮食作物种子　禾谷类
GB 4455—1994　农业用聚乙烯吹塑薄膜
GB 13735—1992　聚乙烯吹塑农用地面覆盖薄膜
GB 16151—2008　农业机械运行安全技术条件
NY/T 496—2002　肥料合理使用准则
NY/T 740　田间开沟机械作业质量
NY/T 1853—2010　除草剂对后茬作物影响试验方法
NY/T 1997—2011　除草剂安全使用技术规范 通则

3 术语和定义

下列术语和定义适用于本文件。

3.1 谷子

古称稷、粟，亦称粱，是一年生草本植物。须根粗大。秆粗壮，直立，高0.1~1米或更高。叶鞘松裹茎秆，密具疣毛或无毛，毛以近边缘及与叶片交接处的背面为密，边缘密具纤毛；叶舌为一圈纤毛；叶片长披针形或线状披针形，长10~45厘米，宽5~33毫米，先端尖，基部钝圆，上面粗糙，下面稍光滑。圆锥花序呈圆柱状或近纺锤状，通常下垂，基部多少有间断，长10~40厘米，宽1~5厘米，常因品种的不同而多变异，主轴密生柔毛，刚毛显著长于或稍长于小穗，黄色、褐色或紫色；小穗椭圆形或近圆球形，长2~3毫米，黄色、橘红色或紫色；第一颖长为小穗的1/3~1/2，具3脉；第二颖稍短于或长为小穗的3/4，先端钝，具5~9脉；第一外稃与小穗等长，具5~7脉，其内稃薄纸质，披针形，长为其2/3，第二外稃等长于第一外稃，卵圆形或圆球形，质坚硬，平滑或具细点状皱纹，成熟后，自第一外稃基部和颖分离脱落；鳞被先端不平，呈微波状；花柱基部分离。谷子性喜高温，具有抗旱、抗病、耐瘠薄、耐盐碱、稳产、适应性强等特点，生育适温22~30℃，属于耐旱稳产作物。原产中国，在中国北方有较广泛的种植。

4 产地环境

西北沿黄灌区，区域范围明确，灌排方便，地力水平中等，春季播前0~20厘米土层土壤全盐含量在0.4%以下，土壤pH值为7.80~9.00。

5 选地整地

选择土层深厚、土质疏松、盐分含量低于3‰的平坦地块。谷子忌重茬，以麦类、马铃薯、豆类等茬为好，玉米茬次之。前茬作物收获后深耕晒垡，深耕25~30厘米，及时耙耱保墒，并进行镇压。覆膜播种前，浅耕18~20厘米，最好采用旋耕机旋耕，做到土粒细碎、上虚下实无根茬、地面平整无坷垃，以利出苗。机械作业要求符合GB 16151—2008的相关要求。

6 施肥及土壤处理

秋耕时结合整地一次性施入优质农家肥45 000~75 000千克/公顷、尿素150~225千克/公顷、过磷酸钙105~150千克/公顷。肥料施用要求符合NY/T 496—2002的相关要求。对杂草危害严重的地块，用50%乙草胺乳油1.5千克/公顷对水750千克全地面喷施。除草剂使用要求符合GB 4285—1989、GB/T 8321.1~9、NY/T 1853—2010和NY/T 1997—2011的相关规定。

7 品种选择

选择抗逆性强、丰产性好的品种，如陇谷3号、陇谷6号、陇谷8号、张杂谷3号、张杂谷6号等。种子质量符合国家二级以上良种要求，纯度不低于

96%、净度不低于95%、发芽率不低于85%、水分不高于10%。种子质量与检验方法应符合GB 4404.1—2008的相关要求。

8 种子处理

播前用10%的盐水清除秕、碎、病粒及草籽，要求纯度、净度均达98%以上，发芽率95%以上。播前晒种2~3天，提倡选用包衣种子。未包衣种子播前用种子量0.3%~0.5%的35%阿普隆拌种剂或20%萎锈灵乳液100倍液拌种，可防谷子白发病；用种子量0.3%~0.5%的40%拌种双可湿性粉剂1 000倍液，或50%多菌灵可湿性粉剂600倍液拌种，可防治谷子黑穗病。农药使用要求符合GB 4285—1989和GB/T 8321的相关规定。

9 覆膜覆土

前茬作物收获后，及时深耕耙地。秋覆膜于10月下旬至土壤封冻前进行，顶凌覆膜于3月上中旬，土壤昼消夜冻时进行。选用厚0.008毫米、幅宽120厘米的超薄膜，全地面平铺，覆膜要平直，拉紧并压实压严，膜与膜衔接处紧靠且不重叠，覆膜后要均匀覆土，厚度1厘米左右。秋季土壤墒情好时覆土稍薄一些，春季干旱、风沙大、墒情差时覆土稍厚一些，以防大风揭膜。覆土、覆膜后做好田间管理，以防人畜践踏，延长地膜寿命。地膜要求符合GB 4455—1994和GB 13735—1992的相关要求。

10 适期播种，合理密植

地表5~10厘米土层土壤温度稳定在15℃以上时，即可播种，一般为5月中下旬。采用人力点播器播种，播深3~5厘米，行距30厘米，穴距12厘米，每穴播3~4粒，播种量9.0千克/公顷。同一幅膜上同方向播种，以避免出现苗孔错位。播时步速要均匀，保苗密度33.0万~37.5万株/公顷。

11 田间管理

11.1 破除板结

播种后5~7天，遇降水易形成穴孔板结，应及时用铲拍打穴口，破除板结，以利出苗。

11.2 放苗补苗

谷子出苗后，若发现有苗孔错位、膜下压苗时，应及时放苗，并补压膜孔，以防钻风揭膜。缺苗时要在空穴处补种 2~3 粒，以保全苗。

11.3 间苗定苗

幼苗长至3~4 叶时，要及早间苗，及时取杂留纯，杜绝留大取小的现象。幼苗长至5~6 叶期定苗，每穴留苗 2 株。

11.4 除草追肥

采用全膜覆盖后仍有很多杂草在膜下生长，外露杂草要及时人工拔除，膜下杂草可采取膜上压土、人工踩踏等方式处理。谷子拔节、抽穗期，墒情较好但肥力不足的地块，可根据长势随降水追施尿素 75 千克/公顷，或喷施 1~2 克/千克磷酸二氢钾溶液，间隔 7~10 天喷 1 次，连喷 2 次，促进籽粒饱满。也可视地力状况用硼酸 450 克/公顷对水 750 千克喷施，以增粒重、防早衰。肥料施用要求符合 NY/T 496—2002 的相关要求。

12 病虫害防治

谷子易受害虫的为害。玉米螟可用50%乙硫磷乳油 1 000 倍液，或 50%马拉硫磷乳油 800 倍液喷雾防治。地下害虫较严重的地块，应在整地时用40%辛硫磷乳油 7.5 千克/公顷拌细沙土 450 千克配成毒土撒施地表，或对水 750 千克配成药液喷入土壤。黏虫、谷子钻心虫可用 50%辛硫磷乳油 1 000~1 500 倍液喷雾防治（安全间隔期 20 天），或用 4.5%高效氯氰菊酯乳油 800~1 200 倍液喷雾防治。蚜虫可用 2.5%敌杀死乳油 1 500~2 000 倍液，或 20%速灭杀丁乳油 1 500~2 000 倍液喷雾防治（安全间隔期 10 天）。喷药时力求均匀、周到，田间地头、路边的杂草都要喷到。农药使用要求符合 GB 4285—1989 和 GB/T 8321 的相关规定。

13 适时收获，及时清除地膜

9 月下旬谷子进入完熟期，谷穗颖壳变黄、谷粒硬化时，应及时收获。收获后不要立即脱粒，堆放 10~20 天后再脱粒，以利后熟。收获后及时清除废地膜，以防土壤污染。

盐碱地裸燕麦膜侧沟播技术规程

1 范围

本规程规定了盐碱地裸燕麦膜侧沟播技术的技术术语、技术参数、操作规程和实施规范。

2 规范性引用文件

下列文件对于本文件的应用是必不可少的。凡是注日期的引用文件，仅所注日期的版本适用于本文件。凡是不注日期的引用文件，其最新版本（包括所有的修改单）适用于本文件。

GB 4285—1989　农药安全使用标准

GB/T 8321.1~9　农药合理使用准则（1~9）

GB 4404.1—2008　粮食作物种子　禾谷类

GB 4455—1994　农业用聚乙烯吹塑薄膜

GB 13735—1992　聚乙烯吹塑农用地面覆盖薄膜

GB 16151—2008　农业机械运行安全技术条件

NY/T 496—2002　肥料合理使用准则

3 术语和定义

下列术语和定义适用于本文件。

3.1 膜侧沟播技术

即结合地膜覆盖技术与传统的垄沟种植技术特点形成的，覆膜后在膜侧开沟播种的技术，利用膜面对降水进行集聚，将有限的降水集蓄于播种沟内。

4 地块选择

选择土层深厚、土质疏松、土壤肥沃、坡度15°以下的川地、塬地、梯田、沟坝等平整土地。倒茬地为豌豆、小麦、马铃薯，忌连作。

5　土壤处理

地下害虫为害严重的地块，覆膜前用50%辛硫磷乳油7.5千克/公顷，或48%毒死蜱乳油7.5千克/公顷，加水75千克，喷拌细沙土750千克，制成毒土撒施后浅耕。农药使用要求符合GB 4285—1989和GB/T 8321的相关规定。

6　整地施肥起垄覆膜

6.1　春覆膜

开春解冻前，镇压破碎土块，采用旋耕机浅耕18~20厘米，然后平整地表，做到上虚下实无根茬，地面平整无坷垃。结合整地，施入优质腐熟农家肥22.5~45.0吨/公顷、N 75~120千克/公顷、P_2O_5 56~92千克/公顷、K_2O 45~60千克/公顷。起垄后，在垄上覆膜。肥料施用要求符合NY/T 496—2002的相关要求。

6.2　秋覆膜

前茬作物收获后，伏秋深耕，及时深耕灭茬、深翻晒土，耕深25~30厘米，雨季过后，适时耙耱。秋施底肥，起垄覆膜，施肥量及具体操作方法同春覆膜。翌年春天播种。地膜要求符合GB 4455—1994和GB 13735—1992的相关要求。

7　品种选择

选用矮秆、抗旱、抗病、抗倒伏、丰产性好的裸燕麦品种，如定莜8号、定莜9号、坝莜8号、白燕2号等。种子质量符合国家二级以上良种要求，纯度不低于96%、净度不低于95%、发芽率不低于85%、水分不高于10%。种子质量与检验方法应符合GB 4404.1—2008的相关要求。

8　膜侧沟播

采用厚0.008~0.010毫米、幅宽80厘米的抗老化地膜，垄上覆膜，垄沟种植。

按垄宽60厘米，沟宽50厘米，垄高10~20厘米，起成脊背形的垄，然后覆膜，两边压土，每隔2~3米在垄上压土腰带，防止大风揭膜，垄起好后，整平垄沟，准备播种。

9　适期播种

4月上中旬，土壤解冻平均气温稳定通过5℃，5厘米土层地温达到5~9℃

时为播种适期。采用3行播种机在垄沟内播种，每沟3行，行距15厘米，播种深度6~7厘米。机械作业要求符合GB 16151—2008的相关要求。播种量120~150千克/公顷，保苗450万~525万株/公顷。

10 田间管理

拔节期遇自然降水及时追施尿素75~150千克/公顷。肥料施用要求符合NY/T 496—2002的相关要求。

11 病虫害防治

燕麦坚黑穗病选用40%拌种双可湿性粉剂500倍液，或50%多菌灵可湿性粉剂500倍液，或70%甲基托布津可湿性粉剂1 000倍液按种子重量0.2%~0.3%的用药量进行拌种防治。红叶病选用40%乐果乳油2 000~3 000倍液，或80%敌敌畏乳油2 000~3 000倍液，或50%辛硫磷乳油2 000~3 000倍液等喷雾防治。黏虫选用80%敌敌畏乳油800~1 000倍液，或80%敌百虫乳油500~800倍液，或20%速灭杀丁乳油400倍液等喷雾防治。3龄前草地螟幼虫可用2.5%溴氰菊酯乳油4 000倍液，或20%速灭杀丁乳油4 000倍液喷雾防治。农药使用要求符合GB 4285—1989和GB/T 8321的相关规定。

12 收获

一般在8月上旬，穗部有3/4小穗成熟时收获。露水地收割时要晒干后再捆，以防发霉。收后应先在田间每10捆堆成小垛，晒干后再拉回晒场堆垛，并及时脱粒。

13 脱粒

脱粒机脱粒效果最好。用畜力打碾时先晒干，然后摊厚一点，使用拖拉机打碾时应防止碾破、压扁。

14 安全贮藏

晾晒至水分含量在13%以下，入库贮藏，一般贮藏室温度控制在15℃以下。

盐碱地甜菜种植技术规程

1 范围

本规程规定了盐碱地甜菜种植技术的技术术语、技术参数、操作规程和实施规范。

2 规范性引用文件

下列文件对于本文件的应用是必不可少的。凡是注日期的引用文件，仅所注日期的版本适用于本文件。凡是不注日期的引用文件，其最新版本（包括所有的修改单）适用于本文件。

GB 4285—1989	农药安全使用标准
GB/T 8321.1~9	农药合理使用准则（1~9）
GB 4455—1994	农业用聚乙烯吹塑薄膜
GB 13735—1992	聚乙烯吹塑农用地面覆盖薄膜
GB 16151—2008	农业机械运行安全技术条件
NY/T 496—2002	肥料合理使用准则
NY/T 740	田间开沟机械作业质量

3 术语和定义

下列术语和定义适用于本文件。

3.1 甜菜

别称恭菜、红菜头，被子植物门，双子叶植物纲，科藜科，甜菜属。有糖用、叶用、根用、饲用等多种用途。二年生草本植物，根圆锥状至纺锤状，多汁。茎直立，有分枝，具条棱及色条。基生叶矩圆形，长20~30厘米，宽10~15厘米，具长叶柄，上面皱缩不平，略有光泽，下面有粗壮凸出的叶脉，全缘或略呈波状，先端钝，基部楔形、截形或略呈心形；叶柄粗壮，下面凸，上面平或具槽；茎生叶互生，较小，卵形或披针状矩圆形，先端渐尖，基部渐狭入短柄。花2~3朵团集，果时花被基底部彼此合生；花被裂片条形或狭矩圆形，果期变为革质并向内拱曲。胞果下部陷在硬化的花被内，上部稍肉质。种子双凸镜形，直径2~3毫米，红褐色，有光泽；胚环形，苍白色；胚乳粉状，白色。花期5—6月，果期7月。

4 产地环境

西北沿黄灌区，区域范围明确，无霜期长，光热资源丰富，地势平坦，土壤肥沃，土层深厚，土壤通透性较好，灌排方便，地力水平中等，春季播前0~20厘米土层土壤全盐含量在0.4%以下，土壤pH值为8.50以下。

5 选地

甜菜是高水肥作物，前茬作物最好为小麦、豆类、瓜类、蔬菜、绿肥等，其次为棉花、马铃薯等，且5年内没有种植过甜菜，实行4年以上轮作，严禁重、迎茬种植。提倡联片种植，统种分管。为防止甜菜病害，种根培育田与饲用甜菜采种田、原料田空间隔离不少于1 000米，与糖用甜菜种根培育田、采种田、原料田空间隔离不少于5 000米。

6 整地施肥，秋浇压盐

选好地后，进行秋整地，耕深25~30厘米，结合秋翻施底肥，在每公顷施有机肥15 000~22 500千克的基础上，施用甜菜专用底肥750千克。专用肥料中氮、磷、钾养分总含量32%，并含有微量元素硼、锌、腐殖酸类等营养物质。

耕翻后，立即耙平，畜力镇压。翻后立即秋浇，灌溉量为每次1 200~1 500立方米/公顷。冬春及时磙耙，达到地面平整，土壤细碎无坷垃，无前作物根茬，墒情好。机械作业要求符合GB 16151—2008的相关要求。肥料施用要求符合NY/T 496—2002的相关要求。

7 选用良种

选择高产、含糖量高、抗病性强的甜菜优良品种，例如甜研八号、田研309、包育301、KWS9145、KWS5145、农大甜研4号等。

若是包衣种子则不需要处理，不是包衣种子，要以0.1千克40%甲基异硫磷对水15千克，加80克70%敌克松可湿性粉剂，配成药液，浸闷种子10千克，闷种24小时。

8 适时播种，合理密植

当5厘米土层地温稳定在5℃时，抓紧时机抢墒播种。西北沿黄灌区应在3月底至4月初播种为宜。使用2BP-2A型地膜穴播机播种。用70厘米幅宽地膜，膜上穴播2行，以不露种子为宜，采用宽窄行穴播技术，小行距30厘米，大行距70厘米，株距27厘米，理论株数7 500株/公顷，播种量18.75~22.50千克/公顷。覆土自然回填平整，采光面在50厘米以上，以充分利用地膜效应，提高出苗率。机械作业要求符合GB 16151—2008和NY/T 740的相关要求。地膜要求符合GB 4455—1994和GB 13735—1992的相关要求。

9 水肥管理

西北沿黄灌区可在6月上旬，甜菜12~15片叶时，灌头水。中后期根据苗情、墒情，合理浇灌2~3水，灌水要适量，以田间无积水为准，避开伏天灌水，以防根腐病发生。整个生育期灌3~4水，甜菜起收前15~20天严禁灌水。

浇头水时追施尿素90千克/公顷，在甜菜块根膨大期，可每隔15天喷施一次叶面肥，每公顷喷施3 000克磷酸二氢钾，共喷2~3次，可明显提高甜菜的含糖量。肥料施用要求符合NY/T 496—2002的相关要求。

10 田间管理

10.1 间苗、定苗

甜菜出苗后，及时做好苗穴松土工作，扩大穴孔周围地膜的裸露面积，以防穴内土壤过湿，诱发黑脚病，造成整穴死苗。苗期管理要做到早疏苗，早间苗，早定苗。1对真叶时疏苗，每穴留5~6株；2~3对真叶时松土间苗，每穴留2~3株；7~8片叶时定苗，留下叶与行向垂直的壮苗。结合定苗，进行中耕松土，发现缺苗要立即补种，也可在间苗时带土移栽。

10.2 适时揭膜

地膜效应在封垄后逐渐减弱，甚至出现负效应。因此，在甜菜封垄前，结合最后一次中耕培土，及时揭膜，可改善土壤透气状况，增强根系活力，减轻根腐病的发生。揭膜因地制宜，适宜时期在出苗后50~60天。

10.3 中耕除草

在甜菜封垄前，深松 1 遍，中耕锄草 2~3 遍。第一遍深松在定苗前进行，中耕深度 7 厘米以下，避免将土溅到心叶上引起根腐病，最后一遍中耕封垄前完毕。

10.4 保护叶片

甜菜生长后期，叶片是块根和糖分积累的主要器官，甜菜割撇叶片后，减少了光合器官，破坏了叶片的光合作用，消耗已积累的营养物质，从而造成大幅度减产、降糖。因此，在甜菜生长的后期，严禁破坏功能叶片。

11 病虫害防治

西北沿黄灌区甜菜主要病害有褐斑病、根腐病，主要虫害有金针虫、象虫甲、地老虎、蛴螬、甘蓝夜蛾、黎夜蛾等。可采取以下防治措施：杜绝在伏天浇水，不及时揭膜等人为诱发病害发生的因素，科学管理，增强甜菜抗病能力。要及时去除田间杂草，防止病虫害蔓延。可用 50% 多菌灵或 50% 甲基托布津 1 000 倍液，混合磷酸二氢钾 2 250 克，硼砂 1 125 克，对水 450 千克喷施。隔 10~15 天后进行第二次喷施，可有效防治褐斑病和根腐病。农药使用要求符合 GB 4285—1989 和 GB/T 8321 的相关规定。

12 适时收获

甜菜达成熟期，气温降到 5℃ 时，开始收获。收获期以 10 月中旬为宜，此时甜菜块根产量、含糖率达最高值。起收时做到随起、随削、随堆、随运。收获后如不能及时运出，可临时堆放在田间，覆盖菜叶，必要时封土 7~8 厘米，防止块根风吹日晒、干耗、受冻变质造成损失，也防止牲畜践踏，确保丰产丰收。收获后要及时清除地内残膜。

盐碱地籽粒苋种植技术规程

1 范围

本规程规定了盐碱地籽粒苋种植技术的技术术语、技术参数、操作规程和实施规范。

2 规范性引用文件

下列文件对于本文件的应用是必不可少的。凡是注日期的引用文件，仅所注日期的版本适用于本文件。凡是不注日期的引用文件，其最新版本（包括所有的修改单）适用于本文件。

GB 16151—2008 农业机械运行安全技术条件

NY/T 496—2002 肥料合理使用准则

NY/T 740 田间开沟机械作业质量

3 术语和定义

下列术语和定义适用于本文件。

3.1 籽粒苋

籽粒苋又名千穗谷，是一种优良的一年生粮、饲、菜兼用型作物，具有适应性强、生物产量高、抗旱、耐瘠薄、耐盐碱能力强等特点。籽粒苋属于苋科、苋属，为1年生草本植物，植株高大，株高一般2~3米，最高可达3.5米以上。茎直立、粗壮、分枝多，有钝棱，粗3~5厘米。单叶互生，倒卵形或卵状椭圆形，宽大而茂密。叶多绿色，也有紫色的。茎顶有40~70厘米的大花穗，雌、雄同株异花。种子扁圆形，呈白色，浅黄、橙黄或紫黑色，有光泽，每株可结籽10万粒以上，种子细小，圆形、淡黄色，棕黄色或紫黑色，千粒重0.6~1.2克。圆锥状根系，主根不发达，侧根发达，根系庞大，多集中于10~30厘米的土层内。

4 产地环境

西北沿黄灌区，区域范围明确，阳光充足，灌排方便，地力水平中等，春季播前0~20厘米土层土壤全盐含量在0.5%以下，土壤pH值为7.80~9.00的壤土、沙土等多种类型地块，甚至包括沙地、石头比较多的土地以及裸地。

5 选茬整地

籽粒苋的种子非常小，为保障其顺利地发芽出苗，就要选好茬和整好地。要选择排水良好、土地干净和比较肥沃的前茬，最好不要重茬。秋翻、春耙，整好地。

6 适时播种

6.1 播期

春季气温稳定在14℃左右时，即为适宜播种期。在干旱季节，为保证出苗，应抢墒播种，在西北沿黄灌区，可在4月末至5月初播种。如作为青饲料种植，播种期不限。

6.2 播量

每公顷用种量为750~1 500克，但在土壤条件差的地块，播种量要增至2 250~3 000克。

6.3 播种方法

用开沟器开沟，一般采用直播方法。行距60~70厘米，株距15~20厘米。因籽粒苋种子太小，播种时可将苋籽与沙子混合来撒，下籽后覆土2~3厘米，轻轻镇压。机械作业要求符合GB 16151—2008和NY/T 740的规定。

7 间苗

当苗高8~10厘米时，即二叶期要进行间苗，15~20厘米时，即四叶期进行定苗。每公顷留苗7.5万株，对于青饲料地，每公顷留苗30万株或更高。

8 施肥

籽粒苋需钾较高，要适当增施钾肥，另每公顷施入有机肥60吨，尿素15~

20 千克。肥料施用要求符合 NY/T 496—2002 的相关要求。

9 中耕培土、除草

在播后 28~35 天，及时除掉杂草，当株高 1.0~1.5 米时，要结合中耕进行培土，可有效防止倒伏。

10 刈割

植株长至 1.2 米以上时，根据不同作用进行刈割。如作为饲用，春播 1 年可割 2~3 茬。

11 采种

以主穗稍发黄，籽粒发亮，用手触摸主穗，有落粒现象，即表明籽实有 70%~80%成熟，就可以采收了。

盐碱地菊芋种植技术规程

1 范围

本规程规定了盐碱地菊芋种植技术的技术术语、技术参数、操作规程和实施规范。

2 规范性引用文件

下列文件对于本文件的应用是必不可少的。凡是注日期的引用文件，仅所注日期的版本适用于本文件。凡是不注日期的引用文件，其最新版本（包括所有的修改单）适用于本文件。

GB 4285—1989　农药安全使用标准
GB/T 8321.1~9　农药合理使用准则（1~9）
GB 4455—1994　农业用聚乙烯吹塑薄膜
GB 13735—1992　聚乙烯吹塑农用地面覆盖薄膜
GB 16151—2008　农业机械运行安全技术条件
NY/T 496—2002　肥料合理使用准则

3 术语和定义

下列术语和定义适用于本文件。

3.1 菊芋

又名洋姜、鬼子姜，被子植物门，合瓣花亚纲，桔梗目，菊科。是一种可食用、医用、饲用、工业用的多用途栽培植物，其块茎富含菊粉、氨基酸、糖、维生素等。原产北美，是一种多年宿根性草本植物。高 1~3 米，有块状的地下茎及纤维状根。茎直立，有分枝，被白色短糙毛或刚毛。叶通常对生，有叶柄，但上部叶互生；下部叶卵圆形或卵状椭圆形，有长柄，长 10~16 厘米，宽 3~6 厘米，基部宽楔形或圆形，有时微心形，顶端渐细尖，边缘有粗锯齿，有离基三出脉，上面被白色短粗毛、下面被柔毛，叶脉上有短硬毛，上部叶长椭圆形至阔披针形，基部渐狭，下延成短翅状，顶端渐尖，短尾状。头状花序较大，少数或多数，单生于枝端，有1~2个线状披针形的苞叶，直立，径2~5厘米，总苞片多层，披针形，长14~17毫米、宽2~3毫米，顶端长渐尖，背面被短伏毛，边缘被开展的缘毛；托片长圆形，长8毫米，背面有肋、上端不等三浅裂。舌状花通常12~20个，舌片黄色，开展，长椭圆形，长1.7~3厘米；管状花，花冠黄色，长6毫米。瘦果小，楔形，上端有2~4个有毛的锥状扁芒。花期8—9月。

块茎为无规则瘤形，按块茎皮色分为紫红皮、浅红皮和白皮3个品种。地下块茎在6~7℃芽眼萌动发芽，8~10℃出苗，幼苗能耐1~2℃低温，当温度为18~22℃、日照10小时时有利于块茎形成，块茎在-40~-25℃的冻土层内能安全越冬，不影响出苗。春季地温回升达到10℃时，菊芋开始发芽，长出叶片，生长期间早霜对其毫无影响和损害。正常情况下9月上旬（白露）开始开花，在此期间地下块茎开始膨大，早熟品种10月中旬地上直立茎自然死亡即成熟，晚熟品种到11月上中旬，地上茎死亡才成熟。菊芋的产量（地下块茎）和地上茎的直径、高矮与土壤的养分、水分成正比。如果过于干旱则地上茎矮细、不开花、地下块茎小、产量低，但不会旱死。冰冻期地下块茎结冰进入冬眠。

菊芋耐旱、耐寒、抗盐碱、抗风沙、繁殖性极强、适应性广，对土壤要求不严格，根系发达，茎叶茂盛，繁殖力极强，每年成倍增长，是一种难得的生态经济型植物。

4 产地环境

西北沿黄灌区，区域范围明确，年积温2 000℃以上，年降水150毫米以上，灌排方便，春季播前0~20厘米土层土壤全盐含量在0.5%以下，土壤pH值为7.80~9.00的多种类型地块，包括房前屋后、地头田边、荒山坡地，甚至沙丘、排碴场、瘠薄石砾地、垃圾场，以及-50~-40℃的高寒沙荒地，只要块茎不裸露均能种植菊芋。

5 精选良种

选用品种以浅红皮和白皮2个品种为主，虽其单株块茎数量少，但块茎大，有利于加工。要选用无腐烂、光滑、色泽鲜亮的块茎作种，30克以下的整块茎播种，大于30克的切块播种。如有部分腐烂的块茎，切掉腐烂部分后不影响出苗。

6　整地施肥

秋收后整地，并深耕 25 厘米，施有机肥 5 000 千克/公顷、碳酸氢铵 750 千克/公顷，耕后耙耱整平，以备播种。播种时施磷酸二铵 450～600 千克/公顷、硫酸钾 150～225 千克/公顷。机械作业要求符合 GB 16151—2008 的相关要求。肥料施用要求符合 NY/T 496—2002 的相关要求。

7　地膜覆盖种植

在无灌溉条件的旱作农业区，应采用地膜全地面覆盖种植，利用膜面集雨，保墒栽培。一般采用宽窄行种植，宽行 60 厘米，窄行 40 厘米。整地施肥后，按宽窄行规格划行，在宽行种 2 行，播深 10 厘米，株距 40 厘米，密度 5.0 万株/公顷，然后起 20 厘米高的垄，再用 100 厘米宽的地膜，全地面覆盖，两幅地膜相接处在窄行中间，用相邻行的表土压实，每隔 2 米横压一条土腰带，防止大风揭膜。地膜要求符合 GB 4455—1994 和 GB 13735—1992 的相关要求。

8　适时播种

菊芋一般多为春播，3—5 月均可播种，要求播种在秋季深翻过的地块。播种前先将块茎分选，按萌芽点的多少，用洁净利刀将块茎切成若干块，播种方式为埋植块茎，将块茎切成重 20～25 克的小块，需块茎种子 7 500 千克/公顷，每块保证 1～2 个芽眼，播种最佳深度 25 厘米。将块茎萌芽点向上放入土中，覆土后轻轻镇压。播种密度 60 000 株/公顷左右。播种时，天气干旱要浇水或雨后播种。由于菊芋耐寒，地表温度达到 8℃就可发芽生长，且可在−35℃的温度下安全越冬，不影响出苗，所以也可在秋收后、封冻前播种。秋季播种不施氮肥，以有机肥和磷钾肥为主；开春土层融化 15 厘米左右时，浇水耙耱；2～4 片叶时，随除草追施尿素 225 千克/公顷，或随浇水施肥。

9　田间管理

9.1　放苗

出苗期间要注意及时放苗，以免高温烫伤幼芽。

9.2　中耕除草培土

可在春季出苗以后或雨后，及时中耕锄草，苗期锄草 2～3 次，有利保墒壮苗。茎叶高 30 厘米以上，覆盖大部分地面时，已能自控杂草的生长，不需锄草。少数高棵大草拔掉即可。株高 30 厘米后，遇雨后大风，菊芋歪倒时，要及时扶正培土，并挖沟排水。

9.3 摘蕾、摘花

块茎膨大期要及时摘蕾、摘花，以便节省养分，促使块茎迅速膨大。

10 浇水

如遇长期干旱而叶片发黄发蔫时，要适时浇水。菊芋的苗期、拔节期、现蕾期和块茎膨大期是浇水的 4 个关键时期，一般在 4 月中下旬，根据土壤墒情浇出苗水，5 月下旬浇拔节水，8 月中旬浇现蕾水，10 月中旬浇块茎膨大水。一般情况下不要浇水，浇水量不宜过大，一般每次在 60 立方米/公顷左右。

11 追肥

在施足基肥的基础上，菊芋的生长期共追肥 2 次。第一次在 6 月下旬，追施尿素 150 千克/公顷，促使幼苗健壮多发新枝；第二次在现蕾初期，追施硫酸钾 225 千克/公顷，追后浇水。追肥可在垄旁打孔或随灌水追施。肥料施用要求符合 NY/T 496—2002 的相关要求。

12 病虫害防治

菊芋一般无严重病虫害。如茎基部有烂根现象时，可用 50%甲基托布津可湿性粉剂 1 000 倍液喷洒防治。为防止出苗前期或幼苗期地下害虫的为害，可在播种前用 40%甲基异柳磷乳油 3 000 毫升/公顷，拌土 600 千克制成毒土，进行土壤处理。可用氧化乐果或多菌灵喷杀红蜘蛛和椿象等。农药使用要求符合 GB 4285—1989 和 GB/T 8321 的相关规定。

13 收获与贮藏

13.1 菊芋的收获

收获时期依栽培的目的而定，以茎叶青贮为主者，在霜冻前收获，此时茎叶产量高、品质好，采割高度距地面 15 厘米处为宜。以收获块茎为目的，在霜冻后或第二年春收获。红菊芋地下块茎一般分上下两层分布，上层主要集中在 0~30 厘米，下层主要集中在 45~60 厘米。先收割地上茎秆，后刨出块茎，除去块茎上的毛根和泥土，晾晒 1 天后分级包装待售。菊芋的包装可采用塑料编织袋包装，一般放置 10~20 天不会腐烂。

13.2 菊芋的冬季贮藏

若第二年春季用菊芋，可以秋后收割菊芋茎叶，不挖取块茎，让块茎在土壤中安全越冬，第二年春季早些取出茎块。若贮藏，在收获前挖深 1.7 米、宽 1.3 米、长度依块茎多少而定的地窖，窖中放一层块茎放一层土，最上面用土封好，高出地面 17 厘米左右。不符合商品的小块茎，就地挖浅窖，其方法是将块茎放入后撒上沙土，保持湿度和足够的空气，然后四周覆土厚 5 厘米，不要让块茎露出，不能透风和外边空气接触，留作来年种用。

盐碱地大黄种植技术规程

1 范围

本规程规定了盐碱地大黄种植技术的技术术语、技术参数、操作规程和实施规范。

2 规范性引用文件

下列文件对于本文件的应用是必不可少的。凡是注日期的引用文件，仅所注日期的版本适用于本文件。凡是不注日期的引用文件，其最新版本（包括所有的修改单）适用于本文件。

GB 4285—1989　农药安全使用标准

GB/T 8321.1~9　农药合理使用准则（1~9）

NY/T 496—2002　肥料合理使用准则

3 术语和定义

下列术语和定义适用于本文件。

3.1 大黄

中药名，别称将军、黄良、火参、肤如、牛舌、锦纹。具有攻积滞、清湿热、泻火、凉血、祛瘀、解毒等功效。被子植物门，双子叶植物纲，石竹目，蓼科，大黄属。大黄是多年生高大草本植物。根茎粗壮，茎直立，高2米左右，中空，光滑无毛。基生叶大，有粗壮的肉质长柄，约与叶片等长；叶片宽心形或近圆形，径达40厘米以上，3~7掌状深裂，每裂片常再羽状分裂，上面流生乳头状小突起，下面有柔毛；茎生叶较小，有短柄；托叶鞘筒状，密生短柔毛。花序大圆锥状，顶生；花梗纤细，中下部有关节。花紫红色或带红紫色；花被片6，长约1.5毫米，成2轮；雄蕊9；花柱3。瘦果有3棱，沿棱生翅，顶端微凹陷，基部近心形，暗褐色，花期6—7月，果期7—8月。适宜大黄生长的气温为15~22℃。

4 产地环境

西北沿黄灌区，区域范围明确，耕层深厚、结构适宜、理化性状良好、富含有机质，灌排方便，地力水平中等，春季播前 0~20 厘米土层土壤全盐含量在 0.6%以下，土壤 pH 值为 6.50~7.50，有机质含量 10 克/千克以上的沙壤土。前茬以禾本科、豆科类作物或新开垦的荒地为好，忌连作。

5 良种选择与种子处理

可选用适宜该区生长且药用价值高的品种铨水大黄，于种子成熟时从种株上将花梗剪下，放在通风阴凉处，使种子后熟并阴干。播种前，选择色泽鲜艳、籽粒饱满的种子，放入 20℃温水中浸种 6~8 小时，然后用湿布覆盖催芽，并经常翻动，当有 2%的种子裂口时，即可播种。

6 播种

6.1 种子直播

在初秋或早春，按株行距 55 厘米×60 厘米的规格开穴，穴深 3 厘米，每穴播种子 5~6 粒，然后覆土 2~3 厘米厚，用种量为 22.5~30.0 千克/公顷。

6.2 育苗移栽

为了节约种子和提高土地利用率，在春季干旱而不宜直播栽培的地区，常采用育苗移栽，即横向在畦上开深 5 厘米的沟，行距 12 厘米，将种子均匀撒入沟内，然后覆土 2~3 厘米厚，再覆一层草，待出苗后揭去覆草；幼苗生长期间要及时拔除杂草，5—6 月施一次人粪尿，10 月下旬，在大黄植株周围培 3~5 厘米高的土，以防幼苗受损。翌年“谷雨”或“处暑”前后进行移栽，先将苗挖出，剪去侧根，然后按株行距均为 60 厘米的规格挖穴，穴深 15~30 厘米，每穴栽 1 株，再覆土盖严，并压实土壤，使根与土壤紧密结合。为了降低植株的抽薹率，移栽时可采取曲根定植法，即将种苗根尖端向上弯曲成“L”形。

6.3 采用子芽种植

在收获大黄时，将母株上萌生的健壮子芽摘下种植。过小的子芽可栽于苗床，翌年秋天再行定植。为防止伤口腐烂，栽种时可在伤口处涂上草木灰。

7 田间管理

7.1 中耕锄草

大黄栽后第1年，幼苗小，易滋生杂草，应结合松土勤锄杂草，也可在行间种植大豆、玉米，抑制杂草生长。翌年春、秋各锄草一次，并结合每次中耕，向根部培土，防止根头外露。

7.2 打薹

大黄栽种后，翌年即开始抽薹开花，因此除留种地外，应于5月及时摘去从根茎抽出的花薹，保留2~3片叶子，使养分集中供应地下根茎生长。打薹应在晴天露水干后进行。

8 施肥

以腐熟的有机肥为主，配施无机肥。施肥时宜采用环状施肥法，结合中耕、锄草，每年施肥2~3次，每次施人畜粪水15.0吨/公顷、腐熟饼肥750千克/公顷。第3年6月初施硫酸铵120~150千克/公顷、过磷酸钙225吨/公顷、硫酸钾75~105千克/公顷，8月施饼肥750~1 200千克/公顷、人畜粪水15.0~22.5千克/公顷。肥料施用要求符合NY/T 496—2002的相关要求。

9 病、虫、鼠害防治

大黄病害主要有根腐病、锈病、叶斑病。根腐病可采用轮作防病，宜与豆类、马铃薯、蔬菜等进行4~5年的轮作；发现病株及时拔除，集中烧毁或深埋，并用5%石灰水浇灌病穴；发病期间可用50%多菌灵可湿性粉剂500倍液灌根防治。锈病可在发病初期用15%粉锈宁可湿性粉剂600~800倍液喷雾防治。叶斑病实行4~5年以上的轮作防治；发病初期喷施等量式波尔多液，每隔10天喷一次，连喷2~3次；发病严重时，喷50%多菌灵可湿性粉剂600~800倍液或70%甲基托布津800倍液，每隔7~10天喷一次，连喷2~3次防治。害虫主要有菜蓝跳、菜蚜。菜蓝跳可喷1.8%爱福丁1号乳油2 500~3 000倍液或40%乐果乳油800~1 000倍液防治，每隔7~10天喷一次，连喷2~3次防治；冬季铲除地面杂草，并集中烧毁，以消灭虫卵。菜蚜可用30厘米×50厘米的黄色木板涂机油诱杀；喷1.8%爱福丁1号乳油2 500~3 000倍液或50%抗蚜威可湿性粉剂800~1 000倍液防治，每隔7~10天喷一次，连喷2~3次。地下鼠害可在“清明”前采用毒饵诱杀，具体方法是把马铃薯洗净切成块，取500克拌磷化锌25克，加植物油5克、当归粉（或切细的大葱）5克，拌好后投放在洞穴处，也可用人工捕杀法。农药使用要求符合GB 4285—1989和GB/T 8321的相关规定。

10 采收加工

大黄栽种2~3年后收获，宜在9—10月，地上部枯萎时收挖。先剪去地上部分，将根茎与根全部挖出，去掉泥土，大的根茎切成块，中小型的切成片，在烘干房内烘干，或用绳串起，悬挂在房檐下阴干。

11 留种

选生长健壮、无病虫害、具典型性状的三年生优质植株作留种母株，于5—6月抽花茎时，在株旁设立支柱，用塑料绳轻轻捆住，以免折断。7月中旬，大部分种子呈黑褐色时，剪取花梗，置通风阴凉处使其后熟，数日后轻微拍打下种子，除去茎秆及杂物，精选后用于秋播或翌年春播。

中度盐碱地矮生地被菊栽培技术规程

1 范围

本规程规定了中度盐碱地矮生地被菊栽培技术的技术术语、技术参数、操作规程和实施规范。

2 规范性引用文件

下列文件对于本文件的应用是必不可少的。凡是注日期的引用文件，仅所注日期的版本适用于本文件。凡是不注日期的引用文件，其最新版本（包括所有的修改单）适用于本文件。

GB 4285—1989　农药安全使用标准

GB/T 8321.1~9　农药合理使用准则（1~9）

GB 16151—2008　农业机械运行安全技术条件

NY/T 496—2002　肥料合理使用准则

3 术语和定义

下列术语和定义适用于本文件。

3.1 矮生地被菊

菊科，菊属，多年生草本植物，株型矮壮、花朵紧密、自然成型，花期9—10月。颜色有红色、紫色，花期夏秋季。植株高度15~45厘米，一般在40厘米以下，一些品种已可以保持在25厘米以下，但着花数均在每株200~300朵，开花时花团紧密或呈球形。地被菊是陈俊愉院士等利用我国优良野生种质资源育成的极宜园林应用的菊花新品种群。它植株低矮、株型紧凑，花色丰富、花朵繁多，而且具有抗性强、抗寒（可在“三北”各地露地越冬）、耐半阴、抗污染、抗病虫害、耐粗放管理等优点。其不易倒伏，可以短期内覆盖地面，减轻地表返盐；既可作为道路、公园绿化植物，也可作为庭院的装饰花卉；花瓣可作为具有保健功能的菊花茶；其根系非常发达，可在土壤环境条件较差的坡地当作护坡植物种植。是典型的节水型花卉品种，定植后只需浇水 2 次，便生长良好。抗病毒侵染能力较强，不必每年轮作，一次种植 3~5 年不衰，且年年开花。

4 产地环境

西北沿黄灌区，区域范围明确，灌排方便，地力水平中等，春季播前 0~20 厘米土层土壤全盐含量在 0.5%以下，土壤 pH 值为 5.50~8.00。以中性、富含有机质的壤土为最佳。

5 适宜栽培品种

新红：株高 25~30 厘米，株型紧凑，冠幅 30~35 厘米，花朵繁密，生长 80~90 天即可着花 100 朵以上，8 月中下旬开花，复瓣，初开时为大红色，至盛花期后逐渐转为砖红色，花径 3.0~3.5 厘米，抗旱性强。

红地毯：株高 20~25 厘米，冠幅 25~30 厘米，株型紧凑，花期 9 月 20 日至 10 月 30 日。花红色，重瓣，花径 2.5~3.0 厘米，花朵繁密。

玉玲珑：株高 30~35 厘米，冠幅 30~35 厘米，株型紧凑。9 月上中旬开花，花白色，重瓣，花径 4.0~5.0 厘米，花朵繁密。

紫勋章：株高 25~30 厘米，冠幅 30~35 厘米，分枝性好。9 月上中旬开花，花亮紫色，半重瓣，花径 4.0~5.0 厘米，花朵紧密。

金不换：株高 30~35 厘米，冠幅 30~40 厘米，分枝性好。9 月中上旬开花，花金黄色，重瓣，花径 4.5~5.0 厘米，花朵中密。

新紫：株高 20~25 厘米，冠幅 25~30 厘米，株型紧凑，花期 9 月 10 日至 10 月 20 日。花浅紫色，近重瓣，花径 2.5~3.0 厘米，花朵繁密。

醉西施：株高 33 厘米左右，冠幅 35 厘米×40 厘米；花粉色，花心紫色；花期 9 月上旬至 10 月上旬。

梦幻：株高 23 厘米左右，冠幅 33 厘米×33 厘米；花径：3.6 厘米，花色初淡紫色，盛期黄橙色；花期 9 月中旬至 10 月中旬。

落金钱：株高 20 厘米左右，冠幅 30 厘米×40 厘米；花初紫色，盛期淡紫；花期 9 月上旬至 10 月中旬。

红玉：株高 28 厘米左右，冠幅 39 厘米×35 厘米；初花时外瓣平展，内瓣抱心，且平瓣内卷，背色显露，盛期平碟形，现中小花心；花红色；花期 9 月底至 10 月底。

红星：株高 22 厘米左右，冠幅 40 厘米×45 厘米；花红色；花期 9 月底至 10 月底。

雪雁：株高 20 厘米左右，冠幅 26 厘米；花纯白；花期 9 月底至 10 月底。

流金岁月：株高 19 厘米左右，冠幅 25 厘米×40 厘米；花黄橙色，瓣边略红；花期 9 月中旬至 10 月中旬；植株低矮、匍匐。

黄盏花：株高 30 厘米左右；冠幅 30 厘米×36 厘米；花初橘色，盛期橙黄，花心小瓣仍橘色；花期 9 月底至 10 月底。

美矮黄：株高 25～35 厘米；冠幅 40 厘米×50 厘米；花期 9 月中下旬至 10 月下旬。

6　种苗繁殖

6.1　苗床铺设

在日光温室或拱棚内，沿东西向或南北向，宽 100 厘米的苗床，内铺扦插基质 8～10 厘米厚，疏松耙平。基质可选用蛭石粉、珍珠岩、河沙。在苗床上安装地插式或悬挂式微喷设备，微喷半径 70 厘米。

6.2　插穗采集与处理

选留生长健壮、无病虫害的优良母株，从翌春萌发的新梢摘取长 8～10 厘米作为插穗。插穗采集应尽量做到随采集随扦插，若一时来不及扦插，则应放在阴凉潮湿处或用湿润材料包好，以免失水。插穗顶端只保留 1～2 片小叶，去除其余叶片，以防蒸腾过多而失水。用 NAA 500～800 毫克/千克溶液或 ABT 生根粉配成 200～500 毫克/千克溶液浸泡插条 2～3 分钟，以进一步提高插条生根率及生根整齐度。

6.3　适时扦插

矮生地被菊扦插适宜时间是 4 月上旬至 5 月上旬，即在开春萌发的新梢长至 8～10 厘米后进行。扦插时不要插得过深，一般应插入枝条长度的 1/3 至 1/2。密度以插条间距 2.5～3.5 厘米，插穗叶片互不遮挡为宜，一般为 1 000 个/平方米插条。扦插后，基质洒透水，并保持苗床湿度在 80%～90%，苗床基质温度 15～28℃，有利于插条生根。

6.4　苗床管理

扦插后 7～10 天，插穗开始愈合生根，此期应在苗床上搭遮阴棚，每天遮阴并保持苗床湿度；15～20 天新根开始逐渐形成，此期间除中午遮阴外，其余时间不必遮阴；出根后，苗床洒水量可酌情减少，以防苗床太湿引起插穗基部腐烂。同时，也要注意黑斑病对插穗的危害，每隔 7 天应喷施 70%甲基托布津可湿性粉剂 700~800 倍液，或 50%多菌灵可湿性粉剂 600~800 倍液。为使种苗生长健壮，可定期喷施 2 克/千克磷酸二氢钾溶液。30~40 天后，种苗形成长 10~15 厘米的发达根系时，即可移栽定植。

7 选地施肥

栽植前施足基肥，一般施磷酸二铵 375 千克/公顷、油饼 4 500 千克/公顷，施后深翻耙平。肥料施用要求符合 NY/T 496—2002 的相关要求。

8 定植

西北沿黄灌区矮生地被菊定植的适宜时间为 5 月下旬至 6 月下旬。应选择生长健壮、整齐、无病虫害的优质种苗，按株行距 30 厘米×30 厘米的规格栽植，栽植数量 9.0 万~10.5 万株/公顷。栽后浇透水，并及时松土，以防土壤板结。

9 水肥管理

矮生地被菊苗期对氮肥的需求量较大，定植约 20 天后，可结合浇二水，施尿素 300 千克/公顷，以利发苗。以后每隔 10~15 天喷施 2 克/千克磷酸二氢钾溶液，并根据天气情况决定是否浇第三水。70~90 天后，可生长成株高 25~40 厘米、冠幅 30~40 厘米、花朵数 100~150 朵的优质成品花。肥料施用要求符合 NY/T 496—2002 的相关要求。

10 病虫害防治

矮生地被菊病害主要有黑斑病，虫害主要有红蜘蛛、蚜虫等。黑斑病主要为害叶片，发病症状为叶片上长褐色到暗褐色的圆形或近圆形的轮纹斑，其上长黑色霉状物即病菌的分生孢子，影响叶片正常的光合作用和呼吸作用，严重时，造成植株下部叶片枯死、脱落，影响生长及观赏性。防治方法是加强栽培管理，8—9 月多雨季节，每隔 10~15 天喷施一次 70%甲基托布津可湿性粉剂 700~800 倍液或 50%多菌灵可湿性粉剂 600~800 倍液。红蜘蛛、蚜虫主要为害叶片，防治方法：一是加强栽培管理，及时清除杂草；二是用 40%三氯杀螨醇乳剂 2 000 倍液或 40%灭蚜威乳剂 1 500 倍液喷雾防治，每隔 7~10 天喷一次，连喷 2~3 次。农药使用要求符合 GB 4285—1989 和 GB/T 8321 的相关规定。

轻度盐碱地篇

内蒙古河套灌区轻度盐碱地小麦套作食用向日葵种植技术规程

1 范围

本标准规定了内蒙古河套灌区轻度盐碱地小麦套作食用向日葵的选地整地、种植规格、播期选择、播种方法、种植密度、田间肥水管理等主要生产技术规范。

2 规范性引用文件

下列文件对于本文件的应用是必不可少的。凡是注日期的引用文件，仅所注日期的版本适用于本文件。凡是不注日期的引用文件，其最新版本（包括所有的修改单）适用于本文件。

GB 1351—2008　小麦
GB 4285—1989　农药安全使用标准
GB 4404. 1—2008　粮食作物种子　禾谷类
GB 4407. 2—2008　经济作物种子　油料类
GB/T 8321　农药合理使用准则
NY/T 496—2002　肥料合理使用准则
NY/T 1581—2007　食用向日葵籽

3 术语和定义

下列术语和定义适用于本文件。

3.1 套种

在前季作物生长后期的株、行或畦间播种或栽植后季作物的种植方式。套作的两种或两种以上作物的共生期只占生育期的少部分时间，是一种解决前后季作物间季节矛盾的种植方式。

4 产地环境

区域范围明确，排灌方便，春季播前 0~20 厘米土层土壤全盐含量在 0.3%以下，土壤 pH 值为 7.80~8.30。

5 选用耐盐良种

选用通过内蒙古自治区品种审定委员会审（认）定的品种。小麦选用生育期 90 天左右，株高 85 厘米左右，短杆抗倒、丰产性状好、抗性较强的早熟品种，如永良 4 号等。食用向日葵选用生育期 100 天左右，矮秆、早熟、抗盐性强、产量高、品质好的杂交种，如 LD5009、SH909 等。小麦种子质量与检验方法应符合 GB 4404.1—2008 的相关要求。向日葵种子质量与检验方法应符合 GB 4407.2—2008 的相关要求。

6 目标产量

小麦 4 125~4 500 千克/公顷，食用向日葵 1 800~2 700 千克/公顷。

7 技术要点

7.1 选地整地

选择产地环境、盐碱程度符合要求，具有一定灌排条件的地块。田面宽度一般要达到 3 米以上，田（地）埂稳定牢固。

选地后，采用旋耕机、耙耱机或激光平地仪等机械，进行土地平整。要求农田中不能有起伏低洼存在，同一地块高度差控制在 5 厘米以内。

7.2 盐碱农田配套灌排系统

农田要进一步完善灌排系统，要求有灌有排，尤其修建好排水沟，沟深要求 30 厘米左右，沟直底平，保证田水畅通，以排盐抑盐。

7.3 深耕平地，秸秆还田

秋季用大中型拖拉机深耕，耕深 30 厘米以上，每 2~3 年深耕 1 次。翻地后，采用旋耕机、耙耱机或激光平地仪等机械，进行土地平整，铲高垫低，地块不能有起伏，做到无漏耕、无坷垃、无低洼。

结合翻地、整地进行秸秆还田，采用秸秆还田机械并配合深耕机械，将秸秆粉碎后全部深翻到耕层土壤，地表不能留有秸秆残茬。

7.4 改土培肥，根据需要施用盐碱土壤调理剂

结合秋季收后翻地，施足底肥，特别是有机肥，用量按 22.5～37.5 吨/公顷施用，一般应选用商品有机肥，农家肥需要沤制腐熟后才能施用，也可选用含有机质的肥料或松土肥，施后深翻入土。含氯肥料不宜施用，肥料施用要求符合 NY/T 496 的相关规定。

可适当施用腐殖酸、脱硫石膏、微生物制剂、矿物质等盐碱土壤调理剂或抗盐碱专用肥。用量与用法严格按产品说明进行。

7.5 秋浇压盐

根据实际需要和黄河来水情况进行“秋浇”，每年的 10 月中旬至 11 月上旬进行，灌溉量为每次 1 200 立方米/公顷以上，洗盐抑盐、储水供墒。

7.6 春季播前整地

早春进行耙耱，及时镇压，防止跑墒。播前要精细整地，达到地平、土碎、墒好、墒匀，地表无根茬、无残膜、无坷垃、无盐斑，土壤活土层厚度一般不小于 10～30 厘米。

7.7 带型选择与种植密度

选择 3.6 米机播、机收带型：小麦用 7 行分层播种机播 3 带，共播 21 行，行距 10 厘米，带宽 2 米。葵麦边行距 40 厘米。食用向日葵适当密植，播 4 行，带宽 1.6 米，葵间行距 27 厘米，株距 33 厘米，每公顷留苗 3.33 万株左右。

7.8 小麦生长季管理

7.8.1 适时播种

在整好地的前提下，小麦顶凌早播，先种两边，后种中间，在 3 月 25 日前播完。可用种肥分层播种机随种施入磷二铵 375 千克/公顷，硫酸钾 30～45 千克/公顷做种肥。小麦的播量每公顷 525 千克左右。

苗期以不受旱为原则，2～3 叶期灌头水，浇后及时松土破板，尽量避免地面板结，防治断根伤苗或返盐后发生黄苗。同时要勤中耕、细中耕，以提高保苗率。

7.8.2 小麦生育期肥水管理措施

小麦全生育期浇四水，分别在三叶期、拔节期、抽穗期、灌浆期，时间是5月1日、5月15日、6月15日、7月1日。小麦中后期灌水量切勿过大，需根据土壤墒情进行灌溉。浇水需在无风天进行，忌浇大水、深水，防止倒伏或贪青。在有条件且农民群众有积极性的地区，可采用喷灌、微灌、滴灌等节水灌溉技术。

小麦3~4叶时，结合浇头水，每公顷可追施尿素150~225千克。5月下旬，在小麦6叶展开、7叶露尖时，结合浇拔节水，弱苗地块可追施尿素75~120千克/公顷。小麦扬花末期和灌浆期可进行体外追肥，每次每公顷麦田用磷酸二氢钾1.5千克、尿素7.5千克，对水750千克，均匀喷洒，可提高小麦抗干热风能力和籽粒品质。

7.8.3 病虫草害综合防治

播前每千克种子用75%的卫福可湿性粉剂，或甲拌磷乳油，或辛硫磷乳油拌种可防治地下害虫。

抽穗前后防治小麦锈病、白粉病，每公顷用20%粉锈宁600克，或选用25%粉锈宁450克对水450~600千克喷雾。

灌浆后要注意防治蚜虫，每公顷用“啶虫脒”2 000~4 000倍液均匀喷施或用“吡虫啉”3 000~5 000倍液均匀喷施，或用50%的抗蚜威或辟蚜雾可湿性粉剂150克对水450千克喷雾，或选用0.6%苦参碱植物农药900毫升对水450千克喷雾，也可联防麦秆蝇。

灌溉后如麦田有杂草可用除草剂防治，施用方法：每公顷用15~18克巨星除草剂对水450千克均匀喷洒。

农药使用要求符合GB 4285—1989和GB/T 8321的相关规定。

7.8.4 适时收获

小麦蜡熟末期，植株变黄，茎节处微带淡黄色，麦粒呈现本品种原有特色时，及时进行收割，做到丰产丰收、颗粒归仓，同时尽早为食用向日葵的生长创造条件。小麦的检验方法、检验规则及包装、运输、储存要求符合GB 1351—2008的相关规定。

7.9 食用向日葵生长季管理

7.9.1 适时播种

小麦浇二水前或在浇水后，大约5月20日，进行带肥地膜覆盖。覆膜前在食用向日葵带间每公顷深施150~225千克磷酸二铵，硫酸钾75千克，或向日葵三元复合肥（N_{12}-P_{20}-K_{13}）225千克，集中深施在食用向日葵种植的侧行道上，施肥深度10~15厘米。之后用80厘米地膜覆盖，一带覆两膜，覆膜要求紧贴地面，拉紧铺平，压严压实。

食用向日葵要晚播，一带四行，播种期为5月25日至6月10日，要用人工点播器进行播种，三角留苗，每公顷播量为4.5千克左右。播种时要严格把握食用向日葵距小麦边行的距离，切忌不能低于27厘米。播后要检查封孔土，如遇雨板结，及时人工碎土，辅助出苗。

7.9.2 提高保苗

播后及时用细沙覆穴，出苗前地皮变硬形成板结时，应实行锄地松土，要特别注意不能伤及即将出土的芽苗。食用向日葵从6月初开始出苗，要及时查看苗情，如有缺苗断垄现象，及时补种或移苗补栽。

7.9.3 食用向日葵生育期肥水管理措施

6月中下旬，现蕾期时宜进行灌溉，灌溉量为900~1 200立方米/公顷。小麦收获后，食用向日葵正值开花期，视天气和植株长势灵活掌握浇水，注意防止倒伏。

结合浇水，每公顷追施尿素225~300千克，膜侧开沟撒施，深度约10厘米，追肥后及时铲趟。开花期根据食用向日葵长势，弱苗地块可公顷追施尿素150~225千克。另外，现蕾期、开花期等后期需肥关键时期可酌情喷施叶面肥，可喷施0.1%尿素溶液，用量每公顷7.5~15千克；或每公顷用磷酸二氢钾1 500~2 250克或多元微肥3 000克，对水450千克进行喷施；也可喷施高美施600倍稀释液或喷施宝2 000~3 000倍稀释液。

7.9.4 病虫草害防治

茎基部用70%代森锰锌500倍液涂抹；发病前喷施43%好力克4 000倍液，7~10天喷1次防治菌核病；苗高10~20厘米时，可全田喷洒2%菌克毒克250倍液，10~15天喷洒1次；用40%多菌灵悬浮剂500倍液对水灌根，每株灌药液250毫升等，防治黄萎病；用96%恶霉灵拌种，1千克种子用药2克；用75%百菌清可湿性粉剂500倍液或25%瑞毒霉600倍液防治霜霉病，5~7天喷1次，连续喷2~3次；用75%粉锈宁500倍液防治锈病，5~7天喷1次，连续喷2~3次。

现蕾期后要注意防治向日葵螟，可用以下方法防治：①用性引诱剂防治，每亩挂性引诱剂1~2个，底下立一个盛满水的水盆，性引诱剂离水面1~2厘米，水里加少许洗衣粉，进行诱杀；②使用杀虫灯。

食用向日葵头水前后要进行中耕除草。

7.9.5 及时收获

食用向日葵茎秆变黄，中上部叶片变为淡黄色，舌状花干枯脱落，花盘背面变为黄褐色，果皮坚硬时，即可收获。花盘收获后，要及时脱粒并精选。收获时随收、随脱粒、随晾晒；脱粒后的向日葵籽粒要及时精选，按品种分级包装，分级销售。籽粒在低温、干燥、通风环境下贮藏，防潮隔湿，通风防漏，避免变质，提高经济效益。食用向日葵籽的检验方法、检验规则及包装、运输、储存要求符合 NY/T 1581—2007 的相关规定。

内蒙古河套灌区轻度盐碱地小麦套作密植玉米技术规程

1 范围

本标准规定了内蒙古河套灌区轻度盐碱地小麦套作密植玉米栽培技术模式的选地整地、耐盐良种选择、种植密度、种植规格、播期选择、田间肥水管理等主要生产技术规范。

2 规范性引用文件

下列文件对于本文件的应用是必不可少的。凡是注日期的引用文件，仅所注日期的版本适用于本文件。凡是不注日期的引用文件，其最新版本（包括所有的修改单）适用于本文件。

GB 1351—2008 小麦

GB 1353—2009 玉米

GB 4285—1989 农药安全使用标准

GB 4404. 1—2008 粮食作物种子 禾谷类

GB/T 8321 农药合理使用准则

NY/T 496—2002 肥料合理使用准则

3 术语和定义

下列术语和定义适用于本文件。

3.1 套种

在前季作物生长后期的株、行或畦间播种或栽植后季作物的种植方式。套作的两种或两种以上作物的共生期只占生育期的少部分时间，是一种解决前后季作物间季节矛盾的种植方式。

4 产地环境

区域范围明确，排灌方便，春季播前 0~20 厘米土层土壤全盐含量在 0.2%以下，土壤 pH 值为 7.50~8.30。

5 带型及密度

在传统小麦套种玉米模式的机播机收带型玉米占地比例不变的情况下，改常规套作 4 行玉米为 5 行玉米。采用 450 厘米带形，小麦用 11 行播种机播两机，占地 210 厘米；玉米使用 170 厘米宽幅膜覆膜，一膜种植 5 行，占地 240 厘米。等行种植，行距 40 厘米，玉米距小麦 40 厘米，株距 20 厘米。

6 选用耐盐高产品种

选用通过内蒙古自治区品种审定委员会审（认）定的品种。小麦选用生育期 90 天左右，株高 85 厘米左右，株型紧凑，高产、综合抗性好的品种，如永良 4 号、农麦 2 号、巴丰 5 号等；玉米品种选用抗性好、株型紧凑、植株较矮、适宜密植的品种，如内单 314、KX3564 等。小麦、玉米种子质量与检验方法应符合 GB 4404.1—2008 的相关要求。

7 目标产量

小麦 3 750~4 500 千克/公顷，玉米 8 250~9 750 千克/公顷。

8 栽培技术要点

8.1 选地整地

选择产地环境、盐碱程度符合要求，具有一定灌排条件的地块。农田大小适中，田面宽度一般要达到 3 米以上，田（地）埂稳定牢固。

选地后，采用旋耕机、耙耱机或激光平地仪等机械，进行土地平整，要求农田中不能有起伏低洼存在，同一地块高度差控制在 5 厘米以内。

8.2 盐碱农田配套灌排系统建设

农田要进行灌排系统规划与建设，要求有灌有排，尤其修建好排水排盐沟。大田一般要开田边沟或中心沟，要求符合当地机耕作业、农作物对地下水位的要求，深30厘米左右，雨季要及时清理，以排盐抑盐。

8.3 深翻土地、改土抑盐

秋季用大中型拖拉机深耕，耕深30厘米以上，每2~3年深耕1次。翻后采用旋耕机、耙耱机或激光平地仪等机械平地，铲高垫低，地块不能有起伏，做到无漏耕、无坷垃、无盐斑、无低洼。

秸秆还田在秋季收获后进行，采用秸秆还田机械并配合深耕机械，将秸秆粉碎后全部深翻到耕层土壤，地表不能留有秸秆残茬。

可结合秋翻每公顷施有机肥45吨、碳铵750千克，一般选用商品有机肥，农家肥需要沤制腐熟后才能施用。

结合翻地，配施腐植酸、脱硫石膏、微生物菌剂、矿物质等盐碱土壤调理剂或抗盐碱专用肥。用量与用法严格按产品说明进行。

8.4 灌溉洗盐

根据实际需要和黄河水情况进行“秋浇”，每年的10月中旬至11月上旬进行，灌溉量每次为1 200立方米/公顷以上，不可盲目加大灌溉量。

8.5 春季整地

早春进行耙耱，及时镇压，防止跑墒。播前要精细整地，达到地平、土碎、墒好、墒匀，地表无根茬、无残膜、无坷垃、无盐斑，土壤活土层厚度一般不小于10~30厘米。

8.6 小麦生长季管理

8.6.1 精选种子，播前处理

小麦种子纯度达到99%，净度达到99%，发芽率不低于90%，种子含水量不高于13.0%。

小麦种子播前晾晒1~2天。每100千克种子用2%立克秀干拌剂或湿拌剂100~150克（有效成分2~3克），或用6%立克秀悬浮剂30~45毫升（有效成分1.8~2.7克）拌种，也可用拌种双均匀拌种，药量为种子重的0.3%，防治散黑穗病。

8.6.2 播种与苗期管理

在整好地的前提下，播前按确定的带比划行，分出小麦、玉米带宽。

小麦顶凌早播，用种肥分层播种机于3月20日前播种，每公顷播量225千克。采用测土配方施肥技术，每公顷带种肥磷酸二铵300千克、钾肥75千克或小麦配方专用肥（N_{11}-P_{28}-K_6）525 千克。肥料施用应符合 NY/T 496—2002 的相关要求。

苗期以不受旱为原则，2~3 叶期灌头水，浇后及时松土破板，尽量避免地面板结，防治断根伤苗或返盐后发生黄苗。同时要勤中耕、细中耕，以提高保苗率。

8.6.3　小麦生育期肥水管理措施

小麦全生育期灌四水，可在 4 月下旬至 5 月上旬浇头水，5 月下旬浇二水，6 月中旬浇三水，7 月上旬浇四水。

小麦三叶期灌分蘖水，可结合灌溉每公顷施尿素 300 千克或碳铵 750 千克。5 月下旬小麦 7 叶露尖，视长势与墒情确定是否需要浇拔节水，弱苗地块可追施尿素 75~112.5 千克/公顷。小麦抽穗期可灌溉一次。灌浆期视土壤墒情进行灌溉，需在无风天进行，忌浇大水、深水，防止倒伏或贪青。在小麦扬花末期和灌浆期可进行体外追肥，喷施叶面肥，每次每公顷麦田施用磷酸二氢钾 1.5 千克，尿素 7.5 千克对水 750 千克均匀喷洒，以提高小麦品质和抗干热风能力。

小麦中后期灌水量每次宜为 1 050~1 500 立方米/公顷，干旱年份可酌情增加，需慎重把握浇水时间和浇水量，切勿灌水量过大，避免发生小麦倒伏。在有条件且农民群众有积极性的地区，可采用喷灌、微灌、滴灌等节水灌溉技术。

8.6.4　主要病虫草害综合防治

小麦灌浆期需进行蚜虫防治，可用以下药剂喷雾：①10%吡虫啉可湿性粉剂 1 500 倍液；②20%杀灭菊酯乳油 2 000 倍液、3%啶虫脒 1 000 倍液。

每次灌溉后均需及时除草。麦田化学除草可每公顷用 150 克阔草枯或 15 克巨星，对水 450 千克喷雾。

农药使用要求符合 GB 4285—1989 和 GB/T 8321 的相关规定。

8.6.5　适时收获

小麦需在蜡熟末期及时收获，以利玉米生长。小麦的检验方法、检验规则及包装、运输、储存要求符合 GB 1351—2008 的相关规定。

8.7　玉米生长季管理

8.7.1　精选种子，播前处理

玉米选用杂交种，纯度不低于 97%，净度不低于 99%，发芽率不低于 85%，种子含水量不高于 13.0%。

玉米种子以专用种衣剂进行包衣，并进行晒种、催芽、药剂处理等一系列措施。玉米种子播前连续晒 2~3 天，出苗率可提高 13%~28%，同时可减少丝黑穗病的为害；用 15%三唑醇可湿性粉剂，按种子量的 0.4%拌种，可防治丝黑穗病和苗期病害；用 50%辛硫磷按种子重的 0.2%拌种，闷 2~3 小时后，摊开阴干，随后播种，可防治地下害虫。

种子播前可用抗盐植物制剂产品浸种 2 天，增强种子抗盐能力。

8.7.2　适时播种，提高玉米种植密度

玉米用 2PB-5 型多功能点播机于 4 月 20 日左右播种，一机 5 行，播后及时封孔，待覆土干后，用脚踩实。采用测土配方施肥技术，玉米每公顷带种肥磷酸二铵 375 千克、钾肥 75 千克或玉米配方专用肥（N_7-P_{28}-K_{10}）600 千克。

盐碱地玉米出苗晚、生长慢、苗势弱。在田间管理上要采取早间苗、多留苗、晚定苗的技术，以提高出苗、保苗率，苗齐后及时定苗。

8.7.3　玉米生育期肥水管理措施

麦收后进行灌溉，8 月下旬至 9 月上旬再灌一水。也可视土壤墒情、田间苗情进行调整。在有条件且农民群众有积极性的地区，可采用喷灌、微灌、滴灌等节水灌溉技术。

施肥要注意多次少量施用，深施埋严。5 月中下旬小麦灌二水时，可结合灌溉，酌情给玉米每公顷施尿素 75~150 千克，称提苗肥。小麦三水时每公顷可追施尿素 300 千克。6 月底 7 月初结合小麦灌末水，给玉米每公顷施尿素 150 千克。玉米灌浆期如有脱肥现象可结合浇水每公顷追施碳铵 150 千克。

另外，也可选择在玉米生育关键期喷施叶面肥，叶面施肥的适宜浓度为：尿素 0.5%~2%、磷酸二氢钾 0.3%~0.5%、硫酸铵 0.2%~9.3%、钼酸铵 0.01%、硼砂 0.1%~0.2%、硫酸锌 0.1%~0.4%。应重点喷布于玉米茎叶上，要两面都喷，以正面为主。喷洒力求细致均匀，不漏喷、重喷。

8.7.4　主要病虫草害综合防治

玉米生长发育后期，需防治红蜘蛛，可用以下药剂喷雾：①20%灭扫利 2 000~3 000 倍液；② 0.9% 齐螨素乳油 3 000~4 000 倍液、10% 哒螨灵 1 000 倍液。

8.7.5　适时收获

玉米有 90%的苞叶干枯，果穗苞叶变黄、松散，籽粒硬化，呈现固有颜色时，进行收获。注意防雨和其他生物危害。玉米的检验方法、检验规则及包装、运输、储存要求符合 GB 1353—2009 的相关规定。

轻度盐碱地春小麦覆土留膜种植技术规程

1 范围

本规程规定了轻度盐碱地春小麦覆土留膜种植技术的技术术语、技术参数、操作规程和实施规范。

2 规范性引用文件

下列文件对于本文件的应用是必不可少的。凡是注日期的引用文件，仅所注日期的版本适用于本文件。凡是不注日期的引用文件，其最新版本（包括所有的修改单）适用于本文件。

GB 4285—1989	农药安全使用标准
GB/T 8321.1~9	农药合理使用准则（1~9）
GB 4404.1—2008	粮食作物种子　禾谷类
GB 4455—1994	农业用聚乙烯吹塑薄膜
GB 13735—1992	聚乙烯吹塑农用地面覆盖薄膜
GB 16151—2008	农业机械运行安全技术条件
NY/T 496—2002	肥料合理使用准则
NY/T 500	秸秆还田机作业质量
NY/T 740	田间开沟机械作业质量
NY/T 1853—2010	除草剂对后茬作物影响试验方法
NY/T 1997—2011	除草剂安全使用技术规范 通则

3 术语和定义

下列术语和定义适用于本文件。

3.1 全膜覆土穴播技术

全膜覆土穴播技术即集覆盖抑蒸、膜面播种穴集雨、留膜免耕多茬种植、精量播种等技术于一体的综合技术，可有效解决灌溉地小麦土壤水分大量蒸发的问题，该技术节水、增温、增产效果显著。同时，膜上覆土延长了地膜使用寿命，一次覆膜可以留膜免耕多茬种植，实现节本增效。

4 产地环境

西北沿黄灌区，区域范围明确，土层深厚，土质疏松，土壤肥沃，排灌方便，地力水平中等及以上，春季播前0~20厘米土层土壤全盐含量在0.3%以下，土壤pH值为7.50~8.50的平整土地，以豆类、麦类、油菜、胡麻等茬口较佳，马铃薯、玉米等茬次之。

5 深耕蓄墒

前茬作物收获后深耕晒垡，熟化土壤，接纳降水，耙耱保墒，做到深、细、平、净，以利于覆膜播种。伏秋深耕，即在前茬收获后，及时深耕灭茬，深翻晒土，以利保墒，耕深25~30厘米；覆膜前采用旋耕机浅耕，耕深18~20厘米，然后平整地块，做到“上虚下实无根茬、地面平整无坷垃”。玉米茬口地最好先深耕，拣出玉米根茬，再采用旋耕机浅耕后镇压，机械作业要求符合GB 16151—2008和NY/T 500的相关要求。

6 基肥与土壤处理

全膜覆土穴播一次覆膜连续多茬种植时应重施有机肥、施足化肥。结合最后一次整地，施入优质腐熟农家肥45~75吨/公顷、N 180~240千克/公顷、P_2O_5 120~180千克/公顷，缺钾土壤适当补充钾肥。肥料施用要求符合NY/T 496—2002的相关要求。

对地下害虫为害严重的地块，用50%辛硫磷乳油7.5千克/公顷，或48%毒死蜱乳油7.5千克/公顷，加水75.0千克，喷拌细沙土750.0千克，制成毒土，于旋耕前撒施。农药使用要求符合GB 4285—1989和GB/T 8321的相关规定。

7 覆膜覆土

选择厚度为0.008~0.010毫米、幅宽为120厘米的抗老化地膜，用量90千克/公顷左右。地膜要求符合GB 4455—1994和GB 13735—1992的相关要求。

在地膜上均匀覆细绵土，厚1.0~1.5厘米。

覆膜与膜上覆土一次性完成，覆膜时间依据土壤墒情而定。如土壤湿度大，应在翻耕后晾晒1~2天，然后耙耱、整平、覆膜，以免播种时堵塞播种孔。覆膜后要防止人畜践踏，以延长地膜使用寿命，提高保墒效果。

7.1 人工覆膜覆土

全地面平铺地膜，不开沟压膜，下一幅膜与前一幅膜要紧靠对接，膜与膜之间不留空隙、不重叠。覆膜用土，不能将土块或土疙瘩覆在膜上，以免影响播种质量，膜上覆土要均匀，薄厚要一致，覆土不留空白，地膜不能外露。

7.2 机械覆膜覆土

机引覆膜覆土一体机以小四轮拖拉机作牵引动力，实行旋耕、镇压、覆膜、覆土一体化作业，具有作业速度快、覆土均匀、覆膜平整、镇压保墒、苗床平实、减轻劳动强度、有效防止地膜风化损伤和苗孔错位等优点，每台每天可完成2.7公顷作业量，作业效率较人工作业提高20倍以上。

8 品种选择

选择抗倒伏、抗条锈病、抗逆性强的高产优质中矮秆春小麦品种。如陇春26号、陇辐2号、宁春4号、宁春15号、武春5号、陇春26号、银春8号、甘春24号等。种子质量与检验方法应符合GB 4404.1—2008的相关要求。

9 播种

9.1 种子处理

小麦条锈病、白粉病易发地区，可用15%三唑酮可湿性粉剂按100千克种子用药量100克均匀拌种，随拌随播。农药使用要求符合GB 4285—1989和GB/T 8321的相关规定。

9.2 穴播

播种深度3~5厘米，行距15厘米左右，穴距12厘米，每穴播12~15粒。

9.3 播种机调试

调试播种机，种子装在穴播机外靠外，槽轮控制排放量的穴播机，需调整齿轮大小；种子装在穴播机葫芦头内的穴播机，需打开葫芦头，逐穴调整排放量。播种机调试应由技术人员指导，以免播种过稀或过密。

9.4 播种时期

春小麦一般不推迟播期，但必须在土壤解冻10厘米后进行。为了避免覆土板结，给出苗造成困难，应关注天气预报，尽量避开雨天，在天气晴朗的条件下播种，要尽量使小麦能在降水前出苗，以防板结，争取保全苗，为高产稳产奠定基础。

9.5 播种规格

采用幅宽为120厘米的膜时，每幅膜播8行。同一幅膜上同方向播种，以避免苗孔错位。播种时步速要均匀。同一幅膜先播两边，由外向里播种，既可以控制地膜不移动，又便于控制每幅膜的行数。当土壤较湿时，为避免播种过浅，应在穴播机上加一个土袋施加压力。

9.6 播种密度

春小麦以主茎成穗为主，应适当加大播种量，根据品种的特征特性、海拔高度等确定播种量。一般675万~825万粒/公顷。大穗品种（千粒重50~55克）播种量360~450千克/公顷，常规品种（千粒重42~48克）播种量300~405千克/公顷为宜。

10 田间管理

10.1 前期管理

播种后如遇雨，要及时破除板结。一般采用人力耙耱器或专用破除板结器，趁地表湿润破除板结，地表土干裂时则影响破除效果。若发现苗孔错位、膜下压苗，应及时放苗封口。遇少量杂草则进行人工除草。

10.2 灌水

在灌好冬水的基础上，分别于小麦拔节期、抽雄—扬花期、灌浆期各灌水1次，每次灌水量均为1 125立方米/公顷。对于免冬灌的地块，于2月下旬进行播前浅灌，灌水量为450~750立方米/公顷；出苗后分别于拔节期、抽雄—扬花期、灌浆期各灌水1次，每次灌水量均为1 125立方米/公顷。

10.3 预防倒伏

全膜覆土穴播春小麦易出现旺长造成倒伏。为了有效控制旺长，首先要选择抗倒伏的中矮秆品种，一般株高不超过85厘米；其次，采取喷施矮壮素、多效唑的办法控制小麦株高。对群体大、长势旺的麦田，在返青至拔节初期喷施1 000~2 000毫克/千克矮壮素溶液，或用10%多效唑可湿性粉剂750~900克/公顷对水750千克喷雾，可有效抑制节间伸长，使植株矮化，茎基部粗硬，防止倒伏。另外，合理控制密度是预防倒伏的重要措施，一般灌溉地种植密度不能超过750万株/公顷。

10.4 追肥

春小麦进入分蘖期后，结合灌水追施尿素112.5~150.0千克/公顷，以促壮、增蘖。进入扬花灌浆期，应结合灌水少量追肥，或用磷酸二氢钾、多元微肥及尿素等进行叶面追肥，以补充养分，促进灌浆，增加粒重，提高产量。肥料施用要求符合NY/T 496—2002的相关要求。

11 病虫草害防治

11.1 病虫害防治

条锈病、白粉病用20%三唑酮乳油675~900毫升/公顷对水750千克进行喷雾防治，或用15%粉锈宁可湿性粉剂750~1 125克/公顷对水750千克喷雾防治，间隔7~10天喷1次，连喷2~3次。麦蚜用50%抗蚜威可湿性粉剂4 000倍液，或10%吡虫啉可湿性粉剂1 000倍液，或3%蚜克星乳油1 500倍液喷雾防治。麦红蜘蛛用20%哒螨灵可湿性粉剂1 000~1 500倍液，或40%螨克净悬浮剂2 000倍液喷雾防治。农药使用要求符合GB 4285—1989和GB/T 8321的相关规定。

11.2 杂草防治

膜上覆土可有效预防杂草，但若播种孔和膜间有杂草生长，如野燕麦等禾本科杂草，可在3叶期前用6.9%精恶禾草灵水剂1 050~1 200毫升/公顷，对水450千克喷雾防除；对阔叶类杂草，可用2,4-D丁酯300~375毫升/公顷加75%苯磺隆水分散粒剂15.0~22.5克，对水450千克喷雾防除。除草剂使用要求符合GB 4285—1989、GB/T 8321.1~9、NY/T 1853—2010和NY/T 1997—2011的相关规定。

12 适时收获

春小麦进入腊熟末期籽粒变硬即可收获。全膜覆土穴播小麦收获后，要实行留膜免耕多茬种植，收获时一定要保护好地膜。一般采取人工收获，或采用小型收割机收获。若采用大型收割机收获，小麦留茬高度要达到10厘米左右，以免损坏地膜。

引黄灌区冬小麦栽培技术规程

1 范围

本规程规定了引黄灌区冬小麦栽培技术规程的技术术语、技术参数、操作规程和实施规范。

2 规范性引用文件

下列文件对于本文件的应用是必不可少的。凡是注日期的引用文件，仅所注日期的版本适用于本文件。凡是不注日期的引用文件，其最新版本（包括所有的修改单）适用于本文件。

GB 4285—1989	农药安全使用标准
GB/T 8321.1~9	农药合理使用准则（1~9）
GB 4404.1—2008	粮食作物种子　禾谷类
GB 4455—1994	农业用聚乙烯吹塑薄膜
GB 13735—1992	聚乙烯吹塑农用地面覆盖薄膜
GB 16151—2008	农业机械运行安全技术条件
NY/T 496—2002	肥料合理使用准则
NY/T 500	秸秆还田机作业质量
NY/T 740	田间开沟机械作业质量
NY/T 1853—2010	除草剂对后茬作物影响试验方法
NY/T 1997—2011	除草剂安全使用技术规范　通则

3 产地环境

西北黄灌区，区域范围明确，地下水位低，排灌方便，地力水平中等及以上，田面平整，前茬作物能适时收割，春季播前0~20厘米土层土壤全盐含量为0.3%以下，土壤pH值为7.00~8.50的中壤土旱茬地。

4　及时清茬整地，抢墒播种

冬小麦适宜播种期为9月20日至10月10日，旱茬冬小麦（指的是前茬作物是旱作的地）整地由于失墒快，播种应早于稻茬地冬小麦播种，应在9月底前播种。播前需灌好“白露”水，及时清茬灭茬，耕翻并结合旋耕打碎土块，清除前茬玉米根系，创造上虚下实的土壤条件，为提高播种质量创造有利条件。青贮玉米机械收获田块玉米留茬高，需结合旋耕和人工清除根茬。稻茬田墒情较好，可在水稻收获后及时深翻晒田，熟化土壤。稻茬田冬麦也可利用冬麦免耕播种机械种植，节本增效显著。有条件田块，可利用激光平地，以提高灌水质量。机械作业要求符合GB 16151—2008和NY/T 500的相关要求。

严把整地质量关。播前整好地，耕深在20厘米以上，做到田面平整、土块要细碎、上虚下实，以便为冬麦播种及生长创造良好的土壤环境。

5　灌水

播前灌好白露水。于前茬作物收获前7~15天内及时灌水增墒。

6　基肥

播前结合整地每公顷基施农家肥22.5~30吨或有机无机复合肥750~1 500千克，碳铵750千克，过磷酸钙525~750千克。肥料施用要求符合NY/T 496—2002的相关要求。

7　品种选择

选择越冬成活率高，丰产性突出的品种，包括宁冬11号、91860、94280、9230、京411等。生产用种必须使用籽粒饱满，纯度不低于99%、净度不低于98%、发芽率不低于85%、含水率不超过13%的良种。种子质量与检验方法应符合GB 4404.1—2008的相关要求。

8　播种技术

由于土壤失墒快，播种需采用专用冬麦播种机械。

8.1　播种规格

可采用宽窄行，即宽行17厘米、窄行8厘米，或匀行行距12厘米。套种12

行、20 行和 24 行任选，进行间套种玉米、蔬菜等其他作物的，可在播种时预留套种带。

8.2　播期

播期宜在 9 月 20 日至 10 月 10 日，最早不早于 9 月 15 日，最迟不迟于 10 月 20 日。

8.3　播量

一般每公顷为 255～315 千克；10 月 5 日以前播，播量为 210～265 千克；10 月 5 日后播，播量为 265～315 千克；每公顷保基本苗 480 万～520 万。

8.4　播种深度

一般为 5～7 厘米。

8.5　种肥

播种时每公顷施磷酸二铵 150～225 千克（也可基施）。肥料施用要求符合 NY/T 496—2002 的相关要求。

8.6　播种方法

行直，落籽均匀，防止漏播和拥挤现象。播种时，在动力牵引机上安装水田轮，以避免土壤压实，进而影响出苗。在整地后 1～2 天，及时抢墒播种，播后及时耙耱保墒。

9　播后需打礴镇压，保证全苗

加强播后冬前麦田管理，由于秋季田失墒快，土壤干土层不断加厚。一般在 12 月下旬土壤封冻后，及时打磙、弥合裂缝、保温防冻。稻茬田土壤过湿也易于结块，不仅影响整地播种质量，也影响冬麦出苗质量。因此，生产上应根据田块土壤墒情，打礴镇压，提高出苗质量。

10　田间管理

10.1　灌足冬水

冬麦越冬前要及时灌足冬水，对漏水严重的田块可再次适当补灌。严禁冰层盖苗。

10.2 越冬防护

在越冬期要注意防止牲畜等啃食、侵害幼苗。

10.3 镇压提墒

冬春季镇压，一般在12月下旬及次年2月上中旬进行，对土层裂缝要填土弥合，以防跑墒；返青前后进行1~2次镇压提墒。

10.4 追肥

在返青期土壤表层化冻时，每公顷追尿素150千克，拔节前结合灌水，每公顷追尿素105~135千克；基、种肥与追肥的比例控制为5∶5~6∶4。肥料施用要求符合NY/T 496—2002的相关要求。

10.5 灌水

及早灌拔节水，适时灌好抽穗水，灌好麦黄水。

11 防治病虫草害

冬麦返青早，对小麦白粉病、锈病、赤霉病、丛矮病、黄矮病、蚜虫等应根据病虫测报及发生情况，及时进行防治，及时除草。除草剂使用要求符合GB 4285—1989、GB/T 8321.1~9、NY/T 1853—2010和NY/T 1997—2011的相关规定。

12 适时收获

在蜡熟末期及时收割。

13 冬麦套种及麦后复种

冬麦可套种普通玉米、中原单32号、饲用甜菜等饲草作物，间种大豆或苏子；冬麦收获后根据情况，可复种水稻、小黄豆、鲜食玉米等粮食作物；中原单32号、糜谷等饲草作物；油葵等油料作物；黄瓜、茭瓜、马铃薯、梅豆、大葱、萝卜、甘蓝、菜花、番茄等蔬菜作物，其大田管理可参照相应作物的栽培技术措施执行。

引黄灌区轻度盐碱地冬麦后复种青贮玉米栽培技术规程

1 范围

本规程规定了引黄灌区轻度盐碱地冬麦后复种青贮玉米栽培技术的技术术语、技术参数、操作规程和实施规范。

2 规范性引用文件

下列文件对于本文件的应用是必不可少的。凡是注日期的引用文件，仅所注日期的版本适用于本文件。凡是不注日期的引用文件，其最新版本（包括所有的修改单）适用于本文件。

GB 4285—1989　农药安全使用标准

GB/T 8321.1~9　农药合理使用准则（1~9）

GB 4404.1—2008　粮食作物种子　禾谷类

GB 16151—2008　农业机械运行安全技术条件

NY/T 496—2002　肥料合理使用准则

3 术语和定义

下列术语和定义适用于本文件。

3.1 复种

同一块土地上在一年内连续种植超过一熟（茬）作物的种植制度，又称多次作。

4 产地环境

西北引黄灌区，区域范围明确，排灌方便，地力水平中等及以上，前茬冬麦6月下旬能正常成熟，春季播前0~20厘米土层土壤全盐含量在0.3%以下，土壤pH值为7.00~8.50的田块。

5 品种

选用早熟、生长发育较快、生物产量较高、灌浆程度较好、保绿性好的玉米品种，要求在早霜来临前达到乳熟后期。

种子要求籽粒饱满，整齐一致，用药剂包衣，种子质量符合国标要求。玉米种子质量与检验方法应符合 GB 4404.1—2008 的相关要求。

6 播种准备

6.1 灌水

抢墒早播是复种青贮玉米的关键技术，因此，在冬麦收割前 10 天左右灌麦黄水，灌水不易过多，田间不能积水，但要确保灌到灌匀。

6.2 整地施肥

及时收割冬小麦。免耕播种或旋耕后直接播种玉米。免耕要将化肥深施地表 20 厘米以下。深旋耕 15~20 厘米，结合旋耕施底肥：磷酸二铵 225 千克/公顷，尿素 225 千克/公顷，硫酸钾 150 千克/公顷。机械作业要求符合 GB 16151—2008 的相关要求。机械作业要求符合 GB 16151—2008 的相关要求。

7 播种

7.1 播期

尽可能在 7 月 1 日前后播种，抢早播种是优质高产的关键。

7.2 播深

要求播深 5 厘米左右，将种子播到湿土上。

7.3 播种量

要求每公顷播种量为 37.5~45 千克，具体可根据品种适宜密度、种子大小等确定。

7.4 播种质量

人工播种要落籽均匀、深浅一致，播种后要将种子踩实，然后覆土。机械播种后要及时镇压保墒。严禁将化肥与种子混合播种。

8　种植方式

采用宽、窄行种植，要求窄行 30~40 厘米，宽行 70 厘米左右，株距 25 厘米左右。宽、窄行可根据机械作业和田间管理要求做适当调整。种植密度约为每公顷 7.5 万~8.25 万株。

9　田间管理

9.1　间苗、定苗

出苗后，4 叶至 6 叶期，一次性间苗、定株，保留长势整齐一致的苗，缺穴留双株，确保苗齐。

9.2　中耕除草

出苗至拔节前，中耕 2~3 次，适当深中耕，清除田间杂草，促进玉米根系发育，力促苗壮。

10　追肥

施肥应坚持前重后轻的原则，以底肥和拔节期追肥为主。拔节期（8 叶至 9 叶期），结合中耕，追施尿素 300 千克/公顷，磷酸二铵 150 千克/公顷。尽可能深施在地表 20 厘米以下。肥料施用要求符合 NY/T 496—2002 的相关要求。

11　灌水

在确保播种墒情的基础上，幼苗期一般不浇水。拔节期结合追肥灌头水。抽雄期、灌浆期是青贮玉米需水高峰期，应根据降水和田间湿度，及时灌水，保绿防早衰。

12　主要病虫害防治措施

地老虎，主要在出苗至拔节期发病，会造成缺苗断垄，可用 48%毒死蜱 2 000 倍液，或康宽+瑞宁在幼苗基部喷雾 2 次；或用辛硫酸拌毒土撒施，清晨或傍晚捕捉，为害严重的田块可灌水淹。

红蜘蛛，主要在灌浆初期，会造成叶片枯死，可在叶片背面喷洒 1.8%阿维菌素乳油 4 000~5 000 倍液，或 15%扫螨净，或 1.8%虫螨克星 30 毫升。

大斑病、小斑病，主要在抽雄期开始，造成叶片病斑，失绿，枯死。可在抽雄前用 70%代森锰锌可湿性粉剂 600 倍液，或 40%克瘟散 800 倍液，或 50%多菌灵可湿性粉剂 600 倍液，或 25%三唑酮可湿性粉剂 1 000 倍液，间隔 7~10 天 1 次，连防 2~3 次。

农药使用要求符合 GB 4285—1989 和 GB/T 8321 的相关规定。

13 适时晚收获

10 月初收获。复种青贮玉米应力争早播，适当晚收获。

引黄灌区轻度盐碱地冬小麦后复种水稻栽培技术规程

1 范围

本规程规定了引黄灌区轻度盐碱地冬小麦后复种水稻栽培技术的良种选用、育秧、本田移栽等关键栽培管理技术的技术术语、技术参数、操作规程和实施规范。目标产量指标 7 500 千克/公顷以上。

2 规范性引用文件

下列文件对于本文件的应用是必不可少的。凡是注日期的引用文件，仅所注日期的版本适用于本文件。凡是不注日期的引用文件，其最新版本（包括所有的修改单）适用于本文件。

GB 4285—1989　农药安全使用标准
GB/T 8321. 1~9　农药合理使用准则（1~9）
GB 4404. 1—2008　粮食作物种子　禾谷类
GB 4455—1994　农业用聚乙烯吹塑薄膜
GB 13735—1992　聚乙烯吹塑农用地面覆盖薄膜
GB 16151—2008　农业机械运行安全技术条件
NY/T 496—2002　肥料合理使用准则
NY/T 1853—2010　除草剂对后茬作物影响试验方法
NY/T 1997—2011　除草剂安全使用技术规范　通则

3 产地环境

西北引黄灌区，区域范围明确，排灌方便，地力水平中等及以上，春季播前 0~20 厘米土层土壤全盐含量在 0. 2%以下，土壤 pH 值为 7. 00~8. 50。

4 良种选用

选用生育期在 120~130 天、丰产性稳定、产量较高的优质水稻品种。如沙沙尼和水晶1号等。种子质量符合国家二级以上良种要求，纯度不低于96%、净度不低于95%、发芽率不低于85%、水分不高于10%。种子质量与检验方法应符合GB 4404.1—2008的相关要求。

5 育秧

5.1 做床、配制营养土

采用小弓棚开闭式育秧，秧床宽1.8米，埂高20厘米，使用幅宽为2米和1米的农膜，秧床长10米为宜。做好后床内翻晒。每秧床需铺床土0.36~0.40立方米，与1.5千克中晨牌育苗宝充分混匀，堆闷24小时待用。地膜要求符合GB 4455—1994和GB 13735—1992的相关要求。肥料施用要求符合NY/T 496—2002的相关要求。

5.2 种子处理

准备优良种子150千克/公顷。

5.2.1 晒种

选晴天将种子铺开，厚5~7厘米晒种1天。

5.2.2 选种

用1∶1的盐水进行选种，捞出秕谷，用清水将种子冲洗干净。

5.2.3 消毒浸种

将选好的种子置于遮阴处用“使百克”或浸种灵2 000倍液消毒2~3天，换成清水再浸种4~5天，每1天换水1次，使种子充分吸足水。农药使用要求符合GB 4285—1989和GB/T 8321的相关规定。

5.3 秧床灌水消毒

秧床灌水整平，待水渗干后铺打孔地膜，上铺营养土厚2厘米。灌1次透水，待水下渗后，用移栽灵混剂1.5~2.0毫升/平方米，对水3千克喷洒床面。

5.4 播种

5.4.1 播种期

引黄灌区冬小麦一般于6月25日后收获。复种水稻育秧时间控制在15天左右，所以播种期在6月10—13日。

5.4.2 播种量

秧床播种量应控制在600克/平方米（相当于播干种子6 000克/公顷）。

5.4.3 播种

将吸足水的种子捞出，沥干，将种子撒于床面，轻压种子，使种子3面入泥、1面朝天。然后用过筛的细潮土盖严种子，覆土要均匀一致，厚度以0.8厘米为宜。

5.4.4 搭架

每间隔80厘米插2.6米的竹片1根，两头各入土20厘米。将两张农膜以宽膜压窄膜，重叠20厘米，把秧池盖严，用撕裂膜交结成棱形将薄膜扣紧加固。

5.5 秧田管理

播种至出苗期间，保湿确保出苗整齐；棚内温度超过35℃时要及时通风降温，并加盖遮阳物。如稻草、遮阳网等。出苗到1叶1心期，为保苗的关键时期，通风，灌水、遮阳是降温的主要措施，以防止高温烧苗。1叶1心期到2叶1心期是炼苗的关键时期，高温高湿，幼苗生长极快，易成为徒长苗，因此，必须加强通风，使棚内接近外界温度，不关闭风口，适度控水，促进地下部生长。2叶1心期到移栽期，除昼夜通风炼苗外，还要注意秧苗缺水时及时灌水；个别弱苗可于插秧前3天追施少量氮肥。

6 整地

冬小麦收获后，整平、翻耕土壤，耕深20厘米。然后放水泡田，浅水刮平，使田面高低差不超过3厘米。机械作业要求符合GB 16151—2008的相关要求。

7 施肥

在施农家肥60~75立方米/公顷的基础上，施纯N 210千克/公顷，$P_2O_5$90~120千克/公顷，K_2O 45~60千克/公顷。总氮量的50%基施，一般基施碳铵600千克/公顷，过磷酸钙375千克/公顷，硫酸钾75千克/公顷，二铵37.5千克/公顷，硫酸锌22.5千克/公顷，硫酸亚铁15千克/公顷。秧苗插后5天追施返青肥，尿素75千克/公顷；插后15天追施分蘖肥，尿素75千克/公顷、磷酸二铵75千克/公顷。抽穗前18天施穗肥，尿素45千克/公顷，硫酸钾45千克/公顷。肥料施用要求符合NY/T 496—2002的相关要求。

8 移栽

8.1 移栽期

刮平田，待泥浆下沉后插秧。一般为 6 月 28 日左右，最迟不得超过 6 月 30 日。

8.2 移栽密度

行距 26.4 厘米，株距 9.9 厘米，每穴 7~8 苗，基本苗保证在 225 万苗/公顷左右，插秧深度 2 厘米。

9 灌水

插秧田面保水 1 厘米，插秧后，灌水 3~4 厘米护秧，返青以后，浅水促蘖，幼穗形成期灌深水护秧，水层 10 厘米以上。灌浆后期，保持浅水层 4~5 厘米，稻穗灌浆下垂后，采用湿润间歇灌水。

10 病虫草害

10.1 除草

在稗草 2 叶 1 心期，用 90%禾大壮乳油 2 250 毫升/公顷与农得时 450 克/公顷拌细潮土均匀撒施。除草剂使用要求符合 GB 4285—1989、GB/T 8321.1~9、NY/T 1853—2010 和 NY/T 1997—2011 的相关规定。

10.2 病虫害防治

加强田间病虫害观测，发现病虫害及早防治。可用 40%富士一号（一种内吸性杀菌剂）1 500 毫升/公顷或 20%三环唑 1 500 克/公顷加甲胺磷 1 500 毫升/公顷对水 450 千克/公顷喷雾，防治稻瘟病。农药使用要求符合 GB 4285—1989 和 GB/T 8321 的相关规定。

11 收获

在早霜来之前，适时收获。

轻度盐碱地棉花高产栽培技术规程

1 范围

本规程规定了轻度盐碱地棉花高产栽培技术的技术术语、技术参数、操作规程和实施规范。

2 规范性引用文件

下列文件对于本文件的应用是必不可少的。凡是注日期的引用文件，仅所注日期的版本适用于本文件。凡是不注日期的引用文件，其最新版本（包括所有的修改单）适用于本文件。

GB 4285—1989 农药安全使用标准
GB/T 8321.1~9 农药合理使用准则（1~9）
GB 4407.1—2008 经济作物种子 纤维类
GB 4455—1994 农业用聚乙烯吹塑薄膜
GB 13735—1992 聚乙烯吹塑农用地面覆盖薄膜
GB 16151—2008 农业机械运行安全技术条件
NY/T 496—2002 肥料合理使用准则
NY/T 740 田间开沟机械作业质量
NY/T 1853—2010 除草剂对后茬作物影响试验方法
NY/T 1997—2011 除草剂安全使用技术规范 通则

3 产地环境

西北沿黄灌区，区域范围明确，土层深厚，地势平坦，排灌方便，地力水平中等及以上，杂草（尤其是芦苇草）少，春季播前0~20厘米土层土壤全盐含量为0.3%以下，土壤pH值为7.50~8.50的沙壤土地块。

4 播前准备

4.1 整地

前茬作物收获后，及时深耕 27 厘米以上，地封冻前，灌足冬水，翌年春季耙耱保墒，达到“齐、平、墒、碎、净、松”。机械作业要求符合 GB 16151—2008 的相关要求。

4.2 施足底肥

播种前 3~5 天，结合整地，一次性施优质农家肥 45 吨/公顷、磷酸二铵 300~375 千克/公顷、硝铵磷 150~225 千克/公顷、硫酸钾 150 千克/公顷。肥料施用要求符合 NY/T 496—2002 的相关要求。

4.3 杂草防除

覆膜前，用 48%地乐胺乳油 1.50~2.25 升/公顷，或 40%乙草胺乳油 1.10~1.50 升/公顷，对水 30~45 千克，拌入 750~1 200 千克细沙中，均匀撒施在地表，然后浅耙入土，覆膜播种。除草剂使用要求符合 GB 4285—1989、GB/T 8321.1~9、NY/T 1853—2010 和 NY/T 1997—2011 的相关规定。

5 选用良种及种子处理

应选择早熟、优质、抗病、高产的陆地棉品种，如丰棉 8 号、新陆早 10 号、新石 K4 及特早熟品种 JC-1、JC-2 等。播种前清除瘪小、破碎、色红的种子及杂物，并晒种 2~3 天，以促进种子后熟，提高发芽率。种子质量与检验方法应符合 GB 4407.1—2008 的相关要求。

6 适期播种

以露地条件下，5 厘米地温达 12℃时，播种为宜，播种量为 90~105 千克/公顷，每穴下籽 7~8 粒。

播种方法主要有两种，一是人工铺膜机械点播，先用幅宽 145 厘米、厚 0.005~0.007 毫米的聚乙烯超强力白色地膜覆盖，膜间距 40 厘米，然后用株距 15 厘米的穴播器播种，播深 2~3 厘米，覆土 1 厘米。中、高肥力地块一膜点播 4 行，株距 13~17 厘米，保苗 15.0 万~19.5 万株/公顷；低肥力地块一膜点播 5 行，保苗 21.0 万~24.0 万株/公顷。也可采用机械覆膜播种，用 2BMY-2 型多功能棉花（覆膜）播种机覆膜播种，密度同前，但播期应适当提前 4~5 天。播种时要经常检查滚筒内的种子量，以免漏播。

地膜要求符合 GB 4455—1994 和 GB 13735—1992 的相关要求。机械作业要求符合 GB 16151—2008 的相关要求。

7　放苗、定苗

播后如遇雨，若土壤板结，要及时破除板结，助苗出土；出苗后，待子叶由黄转绿时，及时放苗，并将出苗孔用土封严，缺苗断垄处应催芽补种。棉苗 2 片真叶时定苗，1 穴留 1 苗，空穴、断垄处附近可留双苗，以备移栽补苗。

8　人工整枝

6 月上旬，棉花第 1 果枝出现后，将第 1 果枝下部的枝叶全部脱去，棉花长到 8~10 层果枝时，打顶，在 7 月 15 日前完成。

9　化学调控

推广全程化控，将棉株高度控制为 60~70 厘米。在通常情况下，高秆易倒伏的品种用 97%缩节胺粉剂对水，全田均匀喷雾 3~4 次，即在 3~5 片真叶时、现蕾期、初花期、花铃期各喷施 1 次，缩节胺用量分别为 3.0~4.5 克/公顷、15.0~30.0 克/公顷、45.0~60.0 克/公顷、75.0~120.0 克/公顷，对水量均为 450 千克；或用 50%矮壮素水剂，在现蕾期、初花期、花铃期各喷施 1 次，用量分别为 30.0 毫升/公顷、60.0 毫升/公顷、90.0 毫升/公顷，对水量均为 450 千克。

10　灌水追肥

6 月下旬，棉田 5%~10%的植株见桃时，灌头水，以后间隔 20 天左右灌水 1 次，共灌 4~5 次，8 月 20 日前必须停水。灌头水时，追施尿素 150 千克/公顷，二水时，追施尿素 225 千克/公顷，三水时，根据长势，追施尿素 45~75 千克/公顷。如发现早衰棉田，可用 2~3 克/千克磷酸二氢钾、10~20 克/千克尿素溶液，叶面喷雾。肥料施用要求符合 NY/T 496—2002 的相关要求。

11　催熟

棉株后期，当枝叶荫蔽严重时，要人工打去老叶，剪去空枝，摘除无效花蕾，以改善田间通风透光条件，促进吐絮。对贪青晚熟的旺长棉田，可在9月中旬，用40%乙烯利水剂1.50~2.25千克/公顷，加清水750~900千克喷雾，旺长严重的地块可加大浓度，但用量不能超过3.75千克/公顷。

12 病虫害防治

棉花害虫主要是蚜虫、红蜘蛛，病害主要是立枯病、红腐病、枯黄萎病。蚜虫、红蜘蛛初发期采用手抹、拔除中心虫株；点片发生时用50%久效磷乳油5~10倍液，或40%氧化乐果乳油5~10倍液涂茎；普遍发生时，采用化学药剂“下熏上喷”防治，“下熏”是用80%敌敌畏乳油2.25~3.00升/公顷对水30千克，拌细沙450千克，制成毒沙，于傍晚无风时，撒入棉株行间；“上喷”可用5%大功臣可湿性粉剂4 000倍液，或2.5%功夫乳油5 000倍液，或1.8%虫螨克乳油3 000倍液，于早晨在叶片正反面均匀喷雾。病害防治采取选用抗（耐）病品种、与禾谷类作物轮作倒茬，避免田间积水、及时清除零星病株等农业措施。立枯病、红腐病可用50%敌克松可湿性粉剂按种子量的0.3%播前拌种防治；枯黄萎病发病初期可用50%多菌灵可湿性粉剂500倍喷雾防治，一般间隔5~7天喷1次，连喷2~3次。农药使用要求符合GB 4285—1989和GB/T 8321的相关规定。

13 采收

9月中旬棉株达到正常吐絮时，要及时收花。收花时要严格分级，僵瓣花、劣质花要单收单放，做到分拾、分存、分级交售。

轻度盐碱地玉米套种菠菜栽培技术规程

1 范围

本规程规定了轻度盐碱地玉米套种菠菜栽培技术的技术术语、技术参数、操作规程和实施规范。

2 规范性引用文件

下列文件对于本文件的应用是必不可少的。凡是注日期的引用文件，仅所注日期的版本适用于本文件。凡是不注日期的引用文件，其最新版本（包括所有的修改单）适用于本文件。

GB 4285—1989　农药安全使用标准
GB/T 8321. 1~9　农药合理使用准则（1~9）
GB 4404. 1—2008　粮食作物种子　禾谷类
GB16715. 5-2010　瓜菜作物种子　叶菜类
GB 16151—2008　农业机械运行安全技术条件
NY/T 496—2002　肥料合理使用准则

3 术语和定义

下列术语和定义适用于本文件。

3.1 套种

套种指在前季作物生长后期的株行间播种或移栽后季作物的种植方式，也称套作、串种。对比单作，它不仅能阶段性地充分利用空间，更重要的是能延长后季作物的生长季节，提高复种指数，提高年总产量，是一种集约利用时间的种植方式。

4 产地环境

西北沿黄灌区，区域范围明确，排灌方便，地力水平中等及以上，集中连片，春季播前 0~20 厘米土层土壤全盐含量在 0.3%以下，土壤 pH 值为 7.00~8.50 的田块。

5 施足基肥

在秋季耕翻、灌足冬水的基础上，春季适时耙耱保墒。结合整地，秋施优质腐熟农家肥 7.5 万千克/公顷。玉米播种时，在玉米沟内施尿素 75 千克/公顷，磷酸二铵 150 千克/公顷。菠菜播种时，在沟内施磷酸二铵 30 千克/公顷。机械作业要求符合 GB 16151—2008 的相关要求。肥料施用要求符合 NY/T 496—2002 的相关要求。

6 选用良种

菠菜属藜科，为 1~2 年生草本植物，是主要绿叶蔬菜之一，品种以选择优质大叶类型为主；玉米宜选用稳产、高产品种。

7 播种

7.1 播种方法及播种期

菠菜多采用当年直播采种法，当年产种，适宜播种期为 3 月 10—15 日。玉米播种期为 4 月 10—15 日。

7.2 种植规格

玉米宽窄行种植，宽行 80 厘米，窄行 40 厘米，株距 24 厘米；在宽行内种植 2 行菠菜，菠菜距离玉米 25 厘米。

7.3 播种量

菠菜为 15.0 千克/公顷，玉米为 37.5~45.0 千克/公顷。

8 田间管理

8.1 去杂

菠菜去杂从苗期开始，认真观察苗相，结合中耕除草和定苗（4~5 片叶），严格去杂，去除特壮苗与弱苗，留均匀苗，对不符合该品种性状的异株一律拔除。

8.2 灌水施肥

菠菜忌水，整个生产期最好不灌水，也不追肥。6 月下旬菠菜收获后，结合灌水，追施尿素 300 千克/公顷，7 月底 8 月初，结合灌水，追施尿素 225 千克/公顷。肥料施用要求符合 NY/T 496—2002 的相关要求。

9 病虫害防治

9.1 玉米

因苗期不灌水，主要虫害是地老虎。当田间发现玉米幼苗心叶枯萎时，立即进行防治。防治方法：①毒饵。一般可用鲜草（菜）或炒熟麦麸、豆粕作饵料，100∶1 加固体敌百虫，傍晚撒入苗周围。②人工捕捉。地老虎幼虫畏光，有昼伏夜出的习性，常晚上出来为害玉米幼苗，白天蜷伏在玉米苗根茎土层周围，当发现有玉米心叶枯死，即刻用手扒开苗茎基部土层进行捕捉。菠菜收获后，重点做好玉米红蜘蛛、玉米蚜、玉米螟的防治，根据发生情况及时防治。农药使用要求符合 GB 4285—1989 和 GB/T 8321 的相关规定。

9.2 菠菜

病害主要有霜霉病、炭疽病，虫害主要有潜叶蝇、蚜虫。防治方法：①农业防治。实行 2~3 年轮作，合理密植，科学灌水，及时清除病残体。②药剂防治。病害可选用 64%杀毒矾 500 倍液、52.5%抑快净 1 500 倍液、70%甲基托布津 700 倍液等药剂喷防；虫害可选用 75%潜克 3 000~4 000 倍液、0.5%海正三令 2 500 倍液、15%莱喜 1 500~2 000 倍液、70%艾美乐 7 000 倍液等药剂喷防。农药使用要求符合 GB 4285—1989 和 GB/T 8321 的相关规定。

10 收获

玉米成熟后及时收获。商品蔬菜菠菜及时采收上市。菠菜留种田需在种子成熟后及时收种，菠菜种子成熟后易脱落，且株间成熟不一致，因此，当较晚结籽的植株开始变黄时，即开始收获，然后晾晒脱粒，清选保存。

食用向日葵套种胡麻技术规程

1 范围

本规程规定了食用向日葵套种胡麻模式的技术术语、技术参数、操作规程和实施规范。

2 规范性引用文件

下列文件对于本文件的应用是必不可少的。凡是注日期的引用文件，仅所注日期的版本适用于本文件。凡是不注日期的引用文件，其最新版本（包括所有的修改单）适用于本文件。

GB 4285—1989　农药安全使用标准
GB/T 8321.1~9　农药合理使用准则（1~9）
GB 4407.2—2008　经济作物种子　油料类
GB 16151—2008　农业机械运行安全技术条件
NY/T 496—2002　肥料合理使用准则
NY/T 740　田间开沟机械作业质量

3 术语和定义

下列术语和定义适用于本文件。

3.1 胡麻

为油料作物，被子植物门，双子叶植物纲，亚麻科，亚麻属，一年生草本植物。茎直立，高 30~120 厘米，多在上部分枝，有时自茎基部亦有分枝，但密植则不分枝，基部木质化，无毛，韧皮部纤维强韧弹性，构造如棉。叶互生；叶片线形，线状披针形或披针形，长 2~4 厘米，宽 1~5 毫米，先端锐尖，基部渐狭，无柄，内卷，有 3（5）出脉。花单生于枝顶或枝的上部叶腋，组成疏散的聚伞花序；花直径 15~20 毫米；花梗长 1~3 厘米，直立；萼片 5，卵形或卵状披针形，长 5~8 毫米，先端凸尖或长尖，有 3（5）脉；中央一脉明显凸起，边缘膜质，无腺点，全缘，有时上部有锯齿，宿存；花瓣5，倒卵形，长8~12毫米，蓝色或紫蓝色，稀白色或红色，先端啮蚀状；雄蕊5枚，花丝基部合生；退化雄蕊5枚，钻状；子房5室，花柱5枚，分离，柱头比花柱微粗，细线状或棒状，长于或几乎等于雄蕊。蒴果球形，干后棕黄色，直径6~9毫米，顶端微尖，室间开裂成5瓣；种子10粒，长圆形，扁平，长3.5~4毫米，棕褐色。花期6—8月，果期7—10月。

4 产地环境

西北沿黄灌区，区域范围明确，土层深厚，土质疏松，透水透气性较好，排灌方便，地力水平中等及以上，春季播前0~20厘米土层土壤全盐含量在0.3%以下，土壤pH值为7.00~8.50的平整地块。

5 整地

秋季深翻土地，要求无坷垃、无碱斑。机械作业要求符合GB 16151—2008和NY/T 740的相关要求。

6 施足基肥

播前将优质农家肥30 000千克/公顷、尿素150千克/公顷、过磷酸钙600千克/公顷、硫酸钾150千克/公顷，结合整地一次性施入作基肥。肥料施用要求符合NY/T 496—2002的相关要求。

7 选用良种

食用向日葵选用适宜该区栽培的高产、大粒型品种，如三道眉、大粒香、美国葵宝、华农1号、星火花葵等。胡麻选用品种定西22、定西15等。播前晒种2~3天，可提高发芽势，出苗整齐。向日葵和胡麻种子质量与检验方法应符合GB 4407.2—2008的相关要求。

8 适期播种

向日葵在地表5厘米土层温度达5℃时，为适宜播种期，为4月10—15日，播种过早易徒长，植株细高花盘小，高温多雨季节授粉不良，空秕粒多；播种过晚，则后期生长慢，不能灌浆成熟，影响产量。胡麻适宜播期为4月1—5日。

9 合理密植

在土壤肥力中等条件下，胡麻种4行，向日葵种1行。胡麻行距20厘米，播量60.0千克/公顷；向日葵株距50厘米，保苗24 000株/公顷。在水肥充足的条件下，向日葵株距45厘米，保苗27 750株/公顷。

胡麻播种方式与当地大田相同，向日葵开沟点播，沟深10厘米，将种子点播在沟底，深度为3~5厘米，播后覆土，但不合垄。

10 田间管理

向日葵田采取以下管理措施：一是及时定苗，中耕锄草、培土。田间苗齐后，当幼苗长出2对真叶时，进行间苗，间苗时留强去弱，进行第一次中耕除草，定苗后7~10天，进行第二次中耕。在现蕾期，结合中耕合垄培土，即在茎基部培土成垄，以利防风抗倒，雨季排水防涝。二是人工授粉或借助昆虫授粉。向日葵是异花授粉作物，自花授粉率为1%，花期若遇干旱或连续阴雨天则影响授粉结实，应及时进行人工授粉或借助昆虫授粉。人工授粉多采用粉扑子传粉，方法是在直径10厘米左右的硬纸板或三合板上铺一层棉花，蒙上沙布扎紧，做成粉扑子，分别在向日葵花开后2~3天的10:00~11:00、16:00以后，在花盘上轻粘几下逐株进行，使混合花粉粘到每一个花盘上，每隔3天进行1次，连续进行2~3次。有条件的地方，可借助蜜蜂传粉，蜜蜂放养量为3箱/公顷。采用上述方法，可使向日葵空秕率下降20%，增产45%以上。三是适时追肥灌水。向日葵从现蕾至开花末期，水肥需求量大，要根据干旱程度和土壤肥力状况，及时浇水、追肥，保证水肥需求。中等肥力地块，一般当田间70%的向日葵植株长出24~26片可见叶、顶端出现幼蕾时，追施磷酸二铵和尿素各150千克/公顷，两肥混匀后在株旁穴施，施后覆土盖严。四是打杈。即向日葵杈枝刚出现时立即打掉，以减少养分消耗。胡麻管理同当地大田。肥料施用要求符合NY/T 496—2002的相关要求。

11 防治病虫害

套种田的病虫害防治以向日葵为主，胡麻的病虫害防治与当地大田相同。向日葵田结合播种用40%辛硫磷乳油7.5千克/公顷进行土壤处理，防治地下害虫。菜青虫、烟青虫、向日葵螟等害虫，用95%敌百虫晶体500倍液喷雾防治，每隔7天喷1次，连续喷3~4次，或用2.6%爱诺虫清乳油500倍液喷雾防治。向日葵黑斑病（亦称菌核病）用50%多菌灵可湿性粉剂500~800倍液，或用70%三唑酮可湿性粉剂 500 倍液喷雾防治，每隔 7~10 天喷 1 次，连喷 2 次。农药使用要求符合 GB 4285—1989 和 GB/T 8321 的相关规定。

12 适时收获

待向日葵盘苞叶变黄，植株下部叶片干枯，籽粒变硬，含水量低于 14%时，及时收获，收获期过晚易造成籽粒脱落。胡麻的收获同当地大田。

轻度盐碱地豌豆套种向日葵
高产栽培技术规程

1 范围

本规程规定了轻度盐碱地豌豆套种向日葵高产栽培技术的技术术语、技术参数、操作规程和实施规范。

2 规范性引用文件

下列文件对于本文件的应用是必不可少的。凡是注日期的引用文件，仅所注日期的版本适用于本文件。凡是不注日期的引用文件，其最新版本（包括所有的修改单）适用于本文件。

GB 4285—1989　农药安全使用标准

GB/T 8321.1~9　农药合理使用准则（1~9）

GB 4404.2—2010　粮食作物种子　豆类

GB 4407.2—2008　经济作物种子　油料类

GB 16151—2008　农业机械运行安全技术条件

NY/T 496—2002　肥料合理使用准则

3 产地环境

西北沿黄灌区，区域范围明确，排灌方便，地力水平中等及以上，春季播前0~20厘米土层土壤全盐含量在0.2%以下，土壤pH值为7.00~8.50的地块。豌豆、向日葵均要求4年以上轮作，不种重茬、迎茬（包括其他豆茬）。

轻度盐碱地豌豆套种向日葵模式可充分利用光能和土地，投入少，效益高，而且有利于轮作倒茬，培肥地力。豌豆套种向日葵能利用较多的时间差，改善了田间的通风透光条件，利于作物生长。两作物的高度差适中，除了能有效发挥和利用边际效应、光能效应和密植效应外，还能较好地解决共生期间的矛盾，相互协调生长，促成互补。该模式豌豆和向日葵每亩保苗数接近其单种时的苗数，不拥挤，为个体发育提供了较好的条件。豌豆是豆科作物，根瘤菌可以固定空气和土壤中的游离态氮，供向日葵后期利用，亦利于培肥地力。豌豆成荚后，向日葵植株高出豌豆，为喜温凉湿润环境的豌豆遮阴、搭架，避免豌豆因高温而早衰。

4 整地与施肥

土壤肥力是农作物获得高产的基础。豌豆套种向日葵的地块，在上一年秋季，结合翻地，施有机肥22.5吨/公顷，碳铵450千克/公顷（或等氮量尿素）。机械作业要求符合GB 16151—2008的相关要求。肥料施用要求符合NY/T 496—2002的相关要求。

5 选用良种

豌豆品种采用具有早熟、高产、粒大、千粒重在200克以上、蛋白含量高等特点的优良品种，如大粒白豌豆，美国针叶豌豆等。向日葵品种采用具有株高中等，茎秆粗壮，无杈，花盘大而厚、微凸或平，籽实排列紧密，籽宽而长，产量高等特点的优良品种，如星火三道眉、星火二道眉等。豌豆种子质量与检验方法应符合GB 4404.2—2010的相关要求。向日葵种子质量与检验方法应符合GB 4407.2—2008的相关要求。

6 带型与密度

采用1米带型，豌豆4行，行距20厘米，向日葵1行，向日葵与豌豆的间距20厘米。豌豆播量150千克/公顷，保苗4 770万株/公顷；向日葵保苗2.25万株/公顷。

7 播种

7.1 播种时间

根据豌豆、向日葵的植物学特性和生物学特性，安排播种时间，既要注意到缩短共生期的时间，又要考虑到有利于缓解共生期间的矛盾，使每种作物产量最大限度地接近其单种时的产量，获得高产值、高效益。据此，豌豆宜4月1—5日播种，向日葵在豌豆苗齐后的10~12天内播完，一般是5月2—8日。

7.2 播种

豌豆采用播幅较宽的七行播种机，按要求尺码调匀行距后，将第五行（从右数）堵塞（不播豌豆，待种向日葵），每往返（向左转）播种一趟，播12行豌豆，构成3个带形，再播时，与邻近的豌豆垄行间隔40厘米（待种向日葵），照此类推。

向日葵采用大、小株距间隔排列法，小株距29厘米，大株距58厘米。可用人力点播器点播，也可用自制的间距为29厘米的双锹式工具点播，即一铲两穴，一穴下种2~3粒。

7.3 施种肥

播种豌豆时，带种肥磷酸二铵120千克/公顷，磷酸二铵与豌豆种子分层分布。肥料施用要求符合NY/T 496—2002的相关要求。

8 田间水肥管理

8.1 间、定苗

豌豆出苗后要疏苗。向日葵出苗后，要及时查苗，用刚生出芽的籽粒补种空穴，或坐水移栽；两对真叶时，间苗，三对真叶时，定苗。确保苗全、苗匀、苗壮。

8.2 中耕除草

一般在向日葵出苗前或后，进行人工锄草1次；豌豆封垄后，要拔大草2次。

8.3 合理灌溉

当豌豆即将进入蕾期时，旱则浅浇，并马上排水，做到水过地湿，无积水，不旱则不浇。豌豆收获后，雨季即将来临，一般情况下，向日葵不需要灌溉。

8.4 合理追肥，控制长势

向日葵幼苗期要培土或追肥。豌豆收获后，及时给向日葵田追施二铵105千克/公顷，尿素75千克/公顷，钾肥37.5千克/公顷。追施可将肥播入行间，同时起到中耕、除草、培土的作用。肥料施用要求符合NY/T 496—2002的相关要求。

向日葵植株将要在豌豆盛花期高出豌豆时，要喷施0.01%~0.02%多效唑溶液。

9 病虫害防治

豌豆发生蚜虫时，用40%乐果乳剂或氧化乐果乳剂1 500~2 000倍液，喷1~2次防治。喷用乐果溶液的同时，可在药液中加入0.05%的钼酸铵和0.2%硼砂溶液混合喷施。发现向日葵发生菌核病，需拔除病株。农药使用要求符合GB 4285—1989和GB/T 8321的相关规定。

10 及时收获

豌豆与向日葵成熟后，及时抢收，及时晾晒，颗粒归仓。

轻度盐碱地甜玉米套种甜豌豆栽培技术规程

1　范围

本规程规定了轻度盐碱地甜玉米套种甜豌豆栽培技术的技术术语、技术参数、操作规程和实施规范。

2　规范性引用文件

下列文件对于本文件的应用是必不可少的。凡是注日期的引用文件，仅所注日期的版本适用于本文件。凡是不注日期的引用文件，其最新版本（包括所有的修改单）适用于本文件。

GB 4285—1989　农药安全使用标准

GB/T 8321.1~9　农药合理使用准则（1~9）

GB 4404.1—2008　粮食作物种子　禾谷类

GB 4404.2—2010　粮食作物种子　豆类

GB 4455—1994　农业用聚乙烯吹塑薄膜

GB 13735—1992　聚乙烯吹塑农用地面覆盖薄膜

GB 16151—2008　农业机械运行安全技术条件

NY/T 496—2002　肥料合理使用准则

3　术语和定义

下列术语和定义适用于本文件。

3.1　甜玉米

甜玉米是玉米的一个种，又称蔬菜玉米，禾本科，玉米属。因有营养丰富、甜、鲜、脆、嫩等特色而深受消费者青睐。甜玉米由于含糖量高、适宜采收期长而得到广泛种植。

3.2 甜豌豆

甜豌豆，别名香甜豌豆、花豌豆、麝香豌豆、香豆花、麝香连理草、广叶山豌豆、小豌豆等。被子植物门，双子叶植物纲，蔷薇亚纲，豆目，豆科植物。为一、二年生蔓性攀缘草本植物，全株被白色毛，茎棱状有翼，羽状复叶，仅茎部两片小叶，先端小叶变态形成卷须，花具总梗，长 20 厘米，腋生，着花 1~4 朵，花大蝶形，旗瓣色深艳丽，有紫、红、蓝、粉、白等色，并具斑点、斑纹，具芳香。花萼呈钟状，荚果长圆形，内 5~6 粒种子，种子球形、褐色。

甜玉米和甜豌豆因其品质优、口感好、风味独特、加工性能好，从而具有较高的营养价值、经济价值及开发利用价值。西北沿黄灌区光热资源丰富，土壤疏松肥沃，灌溉条件便利，适宜种植甜玉米、甜豌豆。

4 产地环境

西北沿黄灌区，区域范围明确，海拔 1 300~2 300 米，远离工矿区 5 000 米以上，距医院及生活污染源 2 000 米以上，距公路主干线 500 米以外，土层深厚，理化性能良好，富含有机质，排灌方便，地力水平中等及以上，春季播前 0~20 厘米土层土壤全盐含量在 0.3%以下，土壤 pH 值为 7.00~8.50 的沙壤土地块。

为避免串粉而降低果实品质和产量，甜玉米应与普通玉米、特用玉米、糯玉米、高油玉米等具有不同遗传背景的玉米品种隔离种植，一般空间隔离不少于 400 米，屏障隔离（如树林、公路等）不少于 200 米，时间隔离不少于 30 天。

5 整地施肥

前茬作物收获后，深耕灭茬，施有机肥 30~45 吨/公顷、过磷酸钙 750~1 125 千克/公顷作底肥。甜玉米顶土能力弱，播前整地应做到地平、土细、上虚下实、足墒。播前结合整地，再深施（15~20 厘米）尿素 225 千克/公顷、硫酸钾（含 K_2O 50%）225 千克/公顷作基肥。机械作业要求符合 GB 16151—2008 的相关要求。肥料施用要求符合 NY/T 496—2002 的相关要求。

6 选用良种

可选用甜豌豆品种中豌 6 号，甜玉米品种甜单 8 号、甜单 10，种子需包衣处理。玉米种子质量与检验方法应符合 GB 4404.1—2008 的相关要求。豌豆种子质量与检验方法应符合 GB 4404.2—2010 的相关要求。

7 适时分期播种

由于甜玉米、甜豌豆以鲜食和加工为主，因此要根据市场需求量和企业加工能力分期、分批播种。可从4月中旬开始，分期播种到6月中旬，露地穴播或地膜覆盖穴播均可，有条件的地方可育苗移栽。地膜覆盖种植时，由于甜玉米籽粒发芽率低、顶土能力弱，播深不宜超过3厘米。地膜要求符合GB 4455—1994和GB 13735—1992的相关要求。

8 种植规格

套种的总带幅为120厘米，播2行甜玉米，大行距90厘米，小行距30厘米，株距25厘米，在大行的空带中种3行甜豌豆，行距15厘米，甜豌豆距甜玉米30厘米。甜玉米播量为120~150千克/公顷，保苗6.75万~7.50万株/公顷；甜豌豆播种量为23~30千克/公顷，保苗数不低于45.00万株/公顷。

9 灌水追肥

利用符合标准的地上水源或地下水源灌溉，杜绝灌污染水或盐碱含量高的水。水肥管理以甜玉米为主，在甜玉米拔节期、小喇叭口期、大喇叭口期、抽穗期，各灌水一次，并结合灌水，于拔节期追施尿素150千克/公顷，大喇叭口期追施尿素300千克/公顷。在肥水条件较好的情况下，如出现分蘖应及时除去，只留一个主茎，否则会导致减产。肥料施用要求符合NY/T 496—2002的相关要求。

10 病虫害防治

10.1 甜豌豆病虫害防治

甜豌豆病害主要有白粉病，可用70%甲基托布津可湿性粉剂600~1 000倍液或50%硫黄悬浮剂200倍液喷雾防治；害虫主要是潜叶蝇、蚜虫和白粉虱，可选用1.8%爱福丁乳油1 500~3 000倍液、蚜虱净2 000倍液喷雾防治，严禁使用高毒高残留农药。农药使用要求符合GB 4285—1989和GB/T 8321的相关规定。

10.2 甜玉米病虫害防治

甜玉米病害主要是玉米大斑病、玉米小斑病。可在抽雄前后，对发病田块用

50%多菌灵可湿性粉剂 500~600 倍液或 70%甲基托布津可湿性粉剂 800~1 000 倍液喷雾治防。虫害主要是地下害虫和玉米螟。地下害虫可在苗期用 50%辛硫磷乳油 800 倍液灌根防治，玉米螟采用 5%辛硫磷颗粒剂，在心叶末期施入心叶内，或用 40%速灭杀丁水剂 4 000 倍液喷雾防治。农药使用要求符合 GB 4285—1989 和 GB/T 8321 的相关规定。

11 适时收获

甜豌豆一般在花后 7~10 天，嫩荚充分长大、厚度 1.5 厘米时，及时采摘加工，错过鲜荚采摘期的可加工干粒。甜玉米在授粉后 20~25 天，含糖量最高、口质及风味最佳时，及时采收鲜穗，并于采后立即上市销售或加工。

轻度盐碱地青贮玉米高产栽培技术规程

1 范围

本规程规定了轻度盐碱地青贮玉米高产栽培技术的技术术语、技术参数、操作规程和实施规范。

2 规范性引用文件

下列文件对于本文件的应用是必不可少的。凡是注日期的引用文件，仅所注日期的版本适用于本文件。凡是不注日期的引用文件，其最新版本（包括所有的修改单）适用于本文件。

GB 4285—1989 农药安全使用标准
GB/T 8321. 1~9 农药合理使用准则（1~9）
GB 4404. 1—2008 粮食作物种子 禾谷类
GB 16151—2008 农业机械运行安全技术条件
NY/T 496—2002 肥料合理使用准则
NY/T 1853—2010 除草剂对后茬作物影响试验方法
NY/T 1997—2011 除草剂安全使用技术规范 通则

3 术语和定义

下列术语和定义适用于本文件。

3.1 青贮玉米

青贮玉米（又称饲料玉米）是将新鲜玉米存放到青贮窖中，经发酵制成饲料或工业原料。青贮玉米是鉴于农业生产习惯，对一类用途玉米的统称，并不指玉米品种。青贮玉米与普通籽实玉米不同，主要区别是：（1）青贮玉米植株高大，为2.5~3.5米，最高可达4米，以生产鲜秸秆为主，而籽实玉米则以产玉米籽实为主。（2）收获期不同，青贮玉米的最佳收获期为籽粒的乳熟末期至蜡熟前期，此时产量最高，营养价值也最好，而籽实玉米的收获期必须在完熟期以后。(3) 青贮玉米主要用于饲料，而籽实玉米除用于饲料外，还是重要的粮食和工业原料。

4 产地环境

西北沿黄灌区，区域范围明确，地块平整，有灌溉条件，远离厂矿、道路，排灌方便，地力水平中等及以上，春季播前 0~20 厘米土层土壤全盐含量在 0.35%以下，土壤 pH 值为 7.50~9.50 的地块。

5 灌水洗盐

冬前或春季灌水 22 500 立方米/公顷左右，进行洗盐压碱。

6 整地施肥

播前施农家肥 45~60 立方米/公顷、尿素 375 千克/公顷、磷肥 750 千克/公顷和硫酸钾 150 千克/公顷（或氮、磷养分含量基本相同的三元复合肥 1 000~1 200 千克/公顷）作底肥，翻地前均匀撒于地面（如机播，化肥可在播种时随机器施入），旋耕时翻入地下 15 厘米深处，然后整平待播。机械作业要求符合 GB 16151—2008 的相关要求。肥料施用要求符合 NY/T 496—2002 的相关要求。

7 轮作倒茬

以豆茬、苜蓿茬为最理想的茬口。并要求前茬未施用过磺酰脲类和咪唑啉酮类除草剂；避免连续重茬，重茬时间过长易导致黑穗病高发。

8 品种选择

可选用瑞德 2 号。种子质量符合国家二级以上良种要求，纯度不低于 96%、净度不低于 95%、发芽率不低于 85%、水分不高于 10%。玉米种子质量与检验方法应符合 GB 4404.1—2008 的相关要求。

9 播种

9.1 播种时间

以 5 厘米土层日平均温度稳定通过 12℃，即可开始播种。

9.2 播种方式

采用机播或耧播。

9.3 播种量

播种量45.0~52.5千克/公顷。

9.4 播种要求

播深4~6厘米，要求播行端直，接行准确，下籽均匀，深浅一致，覆土良好，镇压严密。种子和种肥要分别播下，严防混合。

10 播后化学除草

播种后出苗前，用38%莠去津悬浮液4.50~5.25千克/公顷，对水450~750千克/公顷，用喷雾器均匀喷洒于地表，防除杂草。除草剂使用要求符合GB 4285—1989、GB/T 8321.1~9、NY/T 1853—2010和NY/T 1997—2011的相关规定。

11 田间管理

11.1 中耕培土

拔节期，深中耕并锄草，保证土壤疏松、田间无杂草。结合中耕，进行培土，以防倒伏。

11.2 浇水

青贮玉米以收获绿体为主，群体较大，需水较多，若拔节期至抽穗期遇干旱，应及时灌水。

11.3 追肥

根据生长情况，在拔节至大喇叭口时期，追施尿素225~300千克/公顷。肥料施用要求符合NY/T 496—2002的相关要求。

12 病虫害防治

苗期注意地老虎为害，如有地老虎发生，可用菊酯类农药与青菜或麸皮拌成毒饵，进行诱杀。禁止应用高毒、高残效的农药。生育期内以防治玉米螟为主，在喇叭口期，当虫株率达到10%时，用3%呋喃丹30千克/公顷加75千克/公顷细砂，拌匀后进行灌心。农药使用要求符合GB 4285—1989和GB/T 8321的相关规定。

13 收获

青贮玉米最适收获期为授粉后40天左右，籽粒1/2乳线期至3/4乳线期，植株含水量为60%~70%，是最理想的青贮期，可用机械整秆收割，或使用收割兼切碎的大型收割机快速收获。

14 青贮

14.1 青贮场地

应选在地势干燥、易排水、地下水位低，取用方便的地方。

14.2 秸秆粉碎

收回的青贮玉米，应该检查是否受到泥土等杂物的污染，并做相应处理，整秆收获的青贮玉米，用切草机切成2厘米左右的碎段后青贮。

14.3 调节水分

青贮玉米的水分含量是决定青贮成败的重要因素之一。一般青贮适宜含水量为65%左右。

14.4 填装与压实

青贮时需一边切碎，一边填装，要层层压实，排出空气，为青贮窖创造厌氧乳酸。

14.5 密封

原料装填完后，应立即进行严密封窖，用塑料覆盖，然而覆盖30厘米的潮湿土，踩紧、压实，以防渗水、漏气，顶部做成馒头形，以利于排水。

轻度盐碱地啤酒大麦栽培技术规程

1 范围

本规程规定了轻度盐碱地啤酒大麦栽培技术的产地环境、产量指标及产量结构、技术术语、技术参数、操作规程和实施规范。

2 规范性引用文件

下列文件对于本文件的应用是必不可少的。凡是注日期的引用文件，仅所注日期的版本适用于本文件。凡是不注日期的引用文件，其最新版本（包括所有的修改单）适用于本文件。

GB 4285—1989　农药安全使用标准
GB/T 8321.1~9　农药合理使用准则（1~9）
GB 16151—2008　农业机械运行安全技术条件
NY/T 496—2002　肥料合理使用准则
NY/T 1853—2010　除草剂对后茬作物影响试验方法
NY/T 1997—2011　除草剂安全使用技术规范 通则

3 术语和定义

下列术语和定义适用于本文件。

3.1 啤酒大麦

大麦，别名牟麦、饭麦、赤膊麦，与小麦的营养成分近似，但纤维素含量略高。禾本科、大麦属一年生禾本植物，秆粗壮，光滑无毛，直立，叶鞘松弛抱茎，多无毛或基部具柔毛；两侧有两披针形叶耳；叶舌膜质，具坚果香味，碳水化合物含量较高，蛋白质、钙、磷含量中等，含少量 B 族维生素。啤酒大麦是酿造啤酒的主要原料。用啤酒大麦制造啤酒时要先浸麦，令其发芽。而后焙干，随后磨去其麦芽根，制成干麦芽，再经糖化、发酵等复杂工艺才能酿成啤酒。啤酒大麦是典型的耐盐碱、耐干旱、适应性强的禾谷类作物。在通常情况下，不需要人工灌溉，仅靠天然降水就能获得较好的收成。

4 产地环境

西北沿黄灌区，区域范围明确，排灌方便，肥力水平中下等，集中连片，春季播前0~20厘米土层土壤全盐含量在0.3%以下，土壤pH值为6.00~8.50的沙土、黏土、壤土田块。

5 合理轮作倒茬

选择玉米、甜菜、油菜、马铃薯、豆类、瓜类及向日葵等中耕作物作为前茬。

6 精细整地

要对选好的地块进行深翻、灌溉、施肥和土壤灭虫处理，做到地平墒好，肥力充足。前茬作物收获后，立即深耕晒垡或深耕灭茬。早春及时耙耱保墒，一般应在午后地表开始解冻时，进行顶凌早耙。冬灌未耙地块，如果墒情充足，可于早春浅耕1次，或者用圆盘耙、钉字耙耙地；早春积雪多的地区，可以趁冻耱雪，促使积雪早融，以便按时播种。机械作业要求符合GB 16151—2008的相关要求。

7 选用优良品种

西北沿黄灌区适宜选择的啤酒大麦优良品种主要有甘啤4号、甘啤6号等。

8 种子处理

播前选用3%敌委丹包衣剂，按种子量的0.2%包衣，或直接购买包衣种子，可预防大麦条纹病的发生，并对根腐叶斑病和黑穗病有一定的防效。防治金针虫可用50%辛柳磷乳油1 000倍液，或90%敌百虫可湿性粉剂1 000倍液，按种子量的0.2%拌种。农药使用要求符合GB 4285—1989和GB/T 8321的相关规定。

9 适期早播

当土壤表层解冻10厘米左右时，即可顶凌播种。海拔1 500米以下的地区，应于3月上旬播种；海拔1 500~2 000米地区，以3月中旬播种为宜；海拔2 000米以上地区，3月下旬播种。播深3~4厘米。

10 合理密植

海拔 2 000 米以下的区域，适宜播量为 262.5～300.0 千克/公顷；海拔 2 000 米以上地区，适宜播量为 300.0～375.0 千克/公顷。土壤肥力较高、管理措施较好、土壤墒情充足时，可取播量的中下限；盐碱较重或土壤瘠薄、水肥条件较差、土壤墒情欠佳时，可取播量的上限。有效穗数 825 万～900 万穗/公顷，平均每穗粒数 20～22 粒，千粒重 43～45 克。

11 科学施肥

宜使用啤酒大麦专用肥，施肥量 600 千克/公顷，加上 75～150 千克/公顷尿素，最好全部作基肥。肥料施用要求符合 NY/T 496—2002 的相关要求。

12 节水灌溉

根据啤酒大麦发育快、幼穗分化早的特点，适期早灌头水可促进分蘖成穗和增加穗粒数。应于 2 叶 1 心至 3 叶 1 心期灌头水，最晚不应迟于分蘖初期；挑旗前至挑旗灌二水，与头水间隔 25～30 天；开花至灌浆初期灌三水。有条件地区还可灌麦黄水 1 次。

13 防杂除草

大麦作为啤酒原料作物，应将防止品种混杂和防除田间杂草等措施贯穿于生产的全过程，以保持啤酒原料大麦的纯度和净度。一个生产单位或一个产区应选用一个品种。

田间双子叶杂草用 2,4-D 丁酯 750～1 050 克/公顷加水 450 千克，在大麦苗期 3～4 叶时，叶面喷洒防治。野燕麦可用 5%唑啉草酯乳油 900 克/公顷对水 300 千克，或 8.9%大瑞骠水乳剂 900 克/公顷对水 300 千克，或 6.9%大骠马水乳剂 750 克/公顷对水 450 千克，在大麦 2～3 叶期，叶面喷雾防治，均能收到良好的防治效果。6.9%大骠马水乳剂的用量应严格控制在 750 克/公顷以下，否则容易对大麦造成药害。野燕麦较多的地块，还应采取轮作倒茬等综合农业措施，以减轻杂草危害。除草剂使用要求符合 GB 4285—1989、GB/T 8321.1～9、NY/T 1853—2010 和 NY/T 1997—2011 的相关规定。

14 适时收获，充分晾晒

成熟后要适时收获，人工收获应在蜡熟末期（即 75%以上的植株茎叶变成黄色，籽粒具有该品种正常的色泽)，机械收获应在完熟期（即所有的植株茎叶变黄)。收获期应避免雨淋受潮，以保证大麦籽粒具有鲜亮的光泽、较高的发芽势和发芽率。收获后，应在晴朗天气尽快脱粒晾晒，籽粒含水量降到 13% 时及时包装入库，避免受潮、霉变和粒色加深，影响酿造品质。

轻度盐碱地大白菜高产栽培技术规程

1 范围

本规程规定了轻度盐碱地大白菜高产栽培技术的技术术语、技术参数、操作规程和实施规范。

2 规范性引用文件

下列文件对于本文件的应用是必不可少的。凡是注日期的引用文件，仅所注日期的版本适用于本文件。凡是不注日期的引用文件，其最新版本（包括所有的修改单）适用于本文件。

GB 4285—1989	农药安全使用标准
GB/T 8321.1~9	农药合理使用准则（1~9）
GB 16715.2—1999	瓜菜作物种子　白菜类
GB 16151—2008	农业机械运行安全技术条件
NY/T 496—2002	肥料合理使用准则

3 术语和定义

下列术语和定义适用于本文件。

3.1 大白菜

大白菜，是一种原产于中国的蔬菜。为二年生草本植物，高 40~60 厘米，白菜全株无毛，有时叶下面中脉上有少数刺毛。基生叶多数，大形，倒卵状长圆形至宽倒卵形，长 30~60 厘米，宽不及长的一半，顶端圆钝，边缘皱缩，波状，有时具不显明牙齿，中脉白色，很宽；叶柄白色，扁平，长 5~9 厘米，宽 2~8 厘米，边缘有具缺刻的宽薄翅；上部茎生叶长圆状卵形、长圆披针形至长披针形，长 2.5~7 厘米，顶端圆钝至短急尖，全缘或有裂齿，有柄或抱茎，有粉霜。花鲜黄色，直径 1.2~1.5 厘米；花梗长 4~6 毫米；萼片长圆形或卵状披针形，长 4~5 毫米，直立，淡绿色至黄色；花瓣倒卵形，长 7~8 毫米，基部渐窄成爪。

长角果较粗短，长 3~6 厘米，宽约 3 毫米，两侧压扁，直立，喙长 4~10 毫米，宽约 1 毫米，顶端圆；果梗开展或上升，长 2.5~3 厘米，较粗。种子球形，直径 1~1.5 毫米，棕色。花期 5 月，果期 6 月。

4 产地环境

西北沿黄灌区，区域范围明确，排灌方便，地力水平中等及以上，春季播前 0~20 厘米土层土壤全盐含量在 0.3%以下，土壤 pH 值为 7.50~8.50。

5 选地

选择符合产地环境要求的地块。大白菜不能连作，也不能与其他十字花科蔬菜轮作。

6 土壤处理与施足底肥

春季播前，进行整地，时间宜迟不宜早，采用旋耕机、耙耱机或激光平地仪等机械，进行土地平整，以碎土犁将土垡松碎，打堰作埂，进行农田耙耱，及时镇压，防止跑墒。做到农田局地无起伏、低洼存在，无漏耕、无坷垃，地表有 25~30 厘米的活土层，同一地块高度差控制在 5 厘米以内。在春旱严重的年份，采用压、耙、耱连续作业，使土壤紧实，更有利于提墒保墒，抑制返盐。机械作业要求符合 GB 16151—2008 的相关要求。

在整地基础上施足底肥、种肥。一般每公顷施腐熟的优质农肥 60~75 吨，并加过磷酸钙 225~300 千克，硫酸钾 255 千克或草木灰 1 500 千克。对土壤肥力较差的地块，还应适当施用一部分人畜粪尿。结合耕耙，使土肥混合均匀，比较黏重的土壤，可以将一部分腐熟厩肥用作盖籽肥。这样既可避免因土壤板结而出苗困难，又可使种子发芽后及时得到养分的供给。肥料施用要求符合 NY/T 496—2002 的相关要求。

7 选择优良品种

应选择抗性强、高产且耐贮藏的中晚熟品种，主要优良品种有：秋丰 75、津绿 75、津绿 78 等。种子质量与检验方法应符合 GB 16715.2—1999 的相关要求。

8 直播或育苗

直播大白菜一般 7 月中旬播种，行株距 60 厘米×45 厘米，定植 3.6 万株/

公顷。

移栽育苗大白菜一般在 7 月 10 日左右播种为宜，高温年份可推迟 7 天。抗病、生长期长的晚熟品种可以适当早播，生长期限短的中熟品种可适当晚播。

播种前，开挖 5~10 厘米深的沟。先顺沟浇水，水渗透后，将种子均匀撒在沟内，并撒盖 0.8~1.0 厘米厚的细土，用种量 3 千克/公顷左右。

9 苗期管理

大白菜幼芽出土后，采取勤浇小水，保持地面湿润而降低地表温度的措施。在无雨的情况下，一般于播种当日或次日浇水 1 遍，务求将垄面湿透。播种第三日浇第二遍水，促使大部分幼芽出土。苗期应及时间苗，并在 2~3 片或 4~5 片真叶时，各间苗 1 次，并除去杂草、病苗和弱苗。6 片真叶（团棵）时定苗，并及时中耕，中耕宜浅不宜深。

10 定植与移栽

直播大白菜一般于 5~6 片真叶时定植。

育苗移栽大白菜移栽最适期一般为苗龄 15~20 天，幼苗有 5~6 片真叶时。移栽最好在下午进行。根据品种的特性确定适宜的密度。栽后立即浇水，以后每天早晚各浇 1 次水，连续 3~4 天，以利于缓苗保活。

11 追肥

大白菜产量高，需肥量大，在施足底肥的基础上，要根据不同的生长时期和苗情追肥。幼苗期一般不追肥。若底肥不足，第一次可在 3~4 片真叶期，施尿素 225 千克/公顷，撒施于幼苗两侧，并立即浇水，称“提苗肥”；第二次在定苗或育苗移栽后，施碳酸氢铵 225~300 千克/公顷，于垄两侧开沟施入，称“发棵肥”；第三次在莲座期，施碳酸氢铵 375~450 千克/公顷，过磷酸钙 150~225 千克/公顷，将肥料施入沟内或穴内，再稍加培土扶垄，然后浇水，称“大追肥”；第四次在结球中期，施碳酸氢铵 225~300 千克/公顷，可随水冲施，称“灌心肥”。肥料施用要求符合 NY/T 496—2002 的相关要求。

12 浇水

大白菜从团棵到莲座期，气温日渐下降，天气温和，此间可适当浇水，莲座末期可适当控水数天，到第三次追肥后再浇水。

大白菜在进入结球期后，需水分最多，因此，刚结束蹲苗就要浇一次透水。

然后隔 2~3 天再接着浇第二次水。以后，一般 5~6 天浇 1 次水，使土壤保持湿润。

13 常见病害防治

贯彻“预防为主，综合防治”的植保方针，采用以抗（耐）病虫品种为主，以栽培防治为重点，生物防治、生态防治、物理防治与化学防治相结合的综合防治措施。

大白菜主要病害为霜霉病、黑斑病、白斑病、软腐病。防治霜霉病采用 70%锰锌·乙膦铝可湿性粉剂 1 050~1 575 克/公顷喷雾；1.5 亿活孢子/克木霉菌 WP 3 000~4 500 克/公顷喷雾；45%代森铵水剂 525 克/公顷喷雾。防治黑斑病、白斑病可选用 70%甲硫·硫 WP 250~1 500 克/公顷喷雾；4%农抗 120 水剂 100 毫克/千克喷雾。防治软腐病可用 88%土霉素 WP 440~528 克/公顷喷雾；24%农用链霉素 WP 200~300 克/公顷喷雾。

常见虫害为小菜蛾、菜青虫、蚜虫等。其中防治小菜蛾、菜青虫可选用 100 亿活孢子/克苏云金杆菌 WP 1 500~4 500 克/公顷喷雾；0.26%苦参碱水剂 3.12~3.9 克/公顷喷雾；40%阿维·敌畏乳油 240~360 克/公顷喷雾；0.8 马钱·烟水剂 5.04~7.56 克/公顷喷雾。蚜虫可选用 1.5%苦·氰乳油 6.75~11.25 克/公顷喷雾；21%啶虫脒 WP18.9~25.2 克/公顷喷雾；25%吡·辛乳油 37.5 克/公顷喷雾；0.4%阿维·苦微乳 40.5 克/公顷喷雾。

农药使用要求符合 GB 4285—1989 和 GB/T 8321 的相关规定。

14 采收及后续管理

大白菜生长后期，要及时捆扎，一般在收获前 10~16 天，停止浇水，将莲座叶扶起，抱住叶球，然后用草绳或谷草将叶捆住，使包心更紧实并继续生长。

根据不同品种所需求的采收适期采收。及时收获后在田间晾晒，待外叶萎蔫，即可运输、贮藏。收获后禁止用污水洗涤。采收、包装、运输、贮藏过程中所用的工具要清洁、卫生、无污染。

轻度盐碱地洋葱栽培技术规程

1 范围

本规程规定了轻度盐碱地洋葱栽培技术的技术术语、技术参数、操作规程和实施规范。

2 规范性引用文件

下列文件对于本文件的应用是必不可少的。凡是注日期的引用文件，仅所注日期的版本适用于本文件。凡是不注日期的引用文件，其最新版本（包括所有的修改单）适用于本文件。

GB 4285—1989	农药安全使用标准
GB/T 8321.1~9	农药合理使用准则（1~9）
GB 16715.2—16H5.5—1999	瓜菜作物种子
GB 4455—1994	农业用聚乙烯吹塑薄膜
GB 13735—1992	聚乙烯吹塑农用地面覆盖薄膜
GB 16151—2008	农业机械运行安全技术条件
NY/T 496—2002	肥料合理使用准则
NY/T 1853—2010	除草剂对后茬作物影响试验方法
NY/T 1997—2011	除草剂安全使用技术规范 通则

3 术语和定义

下列术语和定义适用于本文件。

3.1 洋葱

洋葱，别名球葱、圆葱、玉葱、葱头、荷兰葱、皮牙子等，是百合科葱属中，以肉质鳞片和鳞芽构成鳞茎的，二年生草本植物。根弦线状，浓绿色圆筒形中空叶子，表面有蜡质；叶鞘肥厚呈鳞片状，密集于短缩茎的周围，形成鳞茎（俗称葱头）；伞状花序，白色小花；蒴果。根茎外边包着一层薄薄的皮（白、黄或红色)，里面是一层一层的肉，一般是白色或淡黄色。既可以食用，又有保健功能，洋葱含有前列腺素 A，可用于降低血压、提神醒脑、缓解压力、预防感冒。此外，洋葱还能清除体内氧自由基，增强新陈代谢能力，抗衰老，预防骨质疏松，是一种保健食物。

4　产地环境

西北沿黄灌区，区域范围明确，地势平坦，土层深厚、疏松、肥沃，排灌方便，地力水平中等及以上，3 年内未种过葱、蒜类蔬菜，土壤有机质含量在 15 克/千克以上，碱解氮含量 70 毫克/千克以上，速效磷含量 50 毫克/千克以上，速效钾含量 100 毫克/千克以上，春季播前 0~20 厘米土层土壤全盐含量在 0.3%以下，土壤 pH 值为 6.00~8.00，土壤中农药、有毒物质、重金属、硝酸盐及亚硝酸盐不超标的壤土地块。

5　育苗

5.1　苗床制作

5.1.1　施肥与整地

育苗地要施足底肥，苗床施用腐熟的优质圈肥 60 000~75 000 千克/公顷，可施 N 154.5~168.0 千克/公顷、P_2O_5 121.5~159.0 千克/公顷、K_2O 88.5~172.5 千克/公顷，翻地使土肥混匀，然后耙细、整平、作畦。肥料施用要求符合 NY/T 496—2002 的相关要求。

5.1.2　做畦

采用高畦育苗，畦面宽 1.2 米，畦背 0.6 米，做好畦后，踏实，畦背中间要留沟以便排水。灌足底水，待水分下渗后播种。

5.1.3　土壤消毒

用 40%福尔马林 100 倍液喷洒苗床土。喷药后用地膜闷盖 4~5 天后，撤膜中耕，14 天后播种。农药使用要求符合 GB 4285—1989 和 GB/T 8321 的相关规定。

5.2　品种选择及种子处理

5.2.1　品种选择

根据当地气候条件和目标市场需求，选用抗病性强、优质高产、商品性好的品种。应选用当年新种子，种子纯度≥95%，净度≥97%，发芽率≥80%，水分≤10%。种子质量与检验方法应符合 GB 16715.2—16H5.5—1999 的相关要求。

5.2.2 种子处理

选择温汤浸种、药剂消毒、药粉拌种等方法进行种子处理。温汤浸种是用50℃温水温汤，浸种30分钟，不断搅拌，然后常温浸种3~5小时。药剂消毒用40%福尔马林300倍液浸种3小时，然后用清水淘洗干净。药粉拌种则是按照1：4的药种比例，用50%福美双可湿性粉剂进行拌种，然后进行干籽直播。农药使用要求符合GB 4285—1989和GB/T 8321的相关规定。

5.3 播种

日光温室育苗在1月中旬前后播种。育苗地需用种子60~75千克/公顷，苗床播种量5~6克/平方米。播种时，将种子掺入细土，均匀撒在畦面上，均匀覆土0.8厘米，然后覆盖秸秆。畦两边插上弓杆，弓杆上覆薄膜或遮阳网，幼苗出土前要保持苗床湿润。

5.4 苗期管理

一般播种后7天开始出苗，60%以上的种子出苗后及时撤除覆盖物。齐苗后浇水1次，保持畦面湿润。定植前15天左右，适当控水，促进根系生长。秧苗2~3片真叶时，追施尿素45~60千克/公顷作提苗肥。

1~2叶期用3.2%恶霉·甲霜水剂800倍液，或25%甲霜灵可湿性粉剂600倍液喷雾，防治猝倒病、立枯病；用48%毒死蜱乳油1 000倍液和90%敌百虫晶体800倍液灌根，每株50毫升，防治地下害虫。农药使用要求符合GB 4285—1989和GB/T 8321的相关规定。

6 定植

6.1 选苗

一般选择苗龄50~60天、株高15~18厘米、茎粗5~8毫米、具有5~6片叶、无病虫害的壮苗定植。

6.2 定植前准备

根据土壤肥力确定施肥量。中等肥力土壤，施尿素90千克/公顷、磷酸二铵150千克/公顷或重过磷酸钙（P_2O_5≥18%）390千克/公顷、硫酸钾120千克/公顷，同时施精制有机肥4 500~6 000千克/公顷，或腐熟农家肥45 000~60 000千克/公顷。精制有机肥以沟施为主，农家肥以撒施为主，深翻25~30厘米。整平畦面后，覆黑色地膜，两膜间留20~25厘米走道，然后浇水。肥料施用要求符合 NY/T 496—2002 的相关要求。

6.3 定植

适宜定植期为5月中旬。选择好的幼苗，定植前用50%多菌灵可湿性粉剂500~800倍液蘸根，按照株距13~15厘米、行距16~18厘米打定植孔，将幼苗栽入定植孔内，定植深度2~3厘米，以埋没小鳞茎部位为准。栽植密度为45万株/公顷。农药使用要求符合 GB 4285—1989 和 GB/T 8321 的相关规定。

7 定植后管理

7.1 肥水管理

幼苗定植后5~7天，浇定根水，水量宜小。6月初适当加大浇水量，每7~10天浇水1次，结合浇水，追施尿素150~225千克/公顷，促进叶片迅速生长。鳞茎膨大期，要保持土壤湿润，每5~7天浇水1次。第1次追肥在鳞茎膨大初期，即6月中下旬，结合浇水，追施尿素150~180千克/公顷；第2次追肥在鳞茎膨大中期，即7月中旬，结合浇水，追施尿素120~150千克/公顷、硫酸钾120千克/公顷。采收前7~10天，即8月下旬，停止浇水。肥料施用要求符合 NY/T 496—2002 的相关要求。

7.2 摘除花薹

发现早期抽薹植株，应及时摘除花薹。

7.3 中耕培土

定植后，返苗到鳞茎膨大前，中耕2~3次，耕深3~4厘米。

8 病虫草害防治

田间可采用蓝板诱杀葱蓟马，黄板诱杀葱斑潜蝇、蚜虫等，以及灯光杀虫。将糖、醋、酒、水和90%敌百虫晶体按3.0：3.0：1.0：10：0.5的比例配成糖醋液，按15~45盆/公顷的密度放置，诱杀蝇类害虫。保护利用洋葱田内的瓢虫、小花蝽、寄生蜂和蜘蛛等天敌。

基盘腐烂病可用40%菌核净可湿性粉剂600.0~900.0克/公顷，对水450~600千克喷雾防治，间隔7~10天喷1次，连喷3~4次。细菌性软腐病可用2%氨基寡糖素水剂56.2~75.0克/公顷，或72%农用硫酸链霉素可溶性粉剂150.0~300.0克/公顷，对水450~600千克喷雾防治，间隔7~10天喷1次，连喷 3~4 次。霜霉病可选用 50%烯酰吗啉可湿性粉剂 450.0~600.0 克/公顷，或 40%三乙膦酸铝可湿性粉剂 1 410.0~2 820.0 克/公顷，对水 450~600 千克喷雾防治，间隔 7~10 天喷 1 次，连喷 3~4 次。紫斑病可用 50%异菌脲可湿性粉剂 562.5~750.0 克/公顷，对水 450~600 千克喷雾防治，间隔 7~10 天喷 1 次，连喷 3~4 次。灰霉病可用 50%异菌脲可湿性粉剂 375.0~750.0 克/公顷，对水 450~600 千克喷雾防治，间隔 7~10 天喷 1 次，连喷 3~4 次。菌核病用 40%多菌灵可湿性粉剂 1 024.5~1 500.0 克/公顷，对水 450~600 千克喷雾防治，间隔 7~10 天喷 1 次，连喷 3~4 次。

根蛆发生时可用 25%马拉·辛硫磷乳油 2 812.5~3 750.0 克/公顷，对水 300~450 千克灌根防治，间隔 7~10 天灌根 1 次，连灌 3~4 次。蓟马发生时可选用 25%噻虫嗪水分散粒剂 30.0~56.2 克/公顷，对水 450~600 千克喷雾防治，也可用 10%吡虫啉可湿性粉剂 1 000 倍液喷雾防治，间隔 7~10 天喷灌 1 次，连喷 3~4 次。种蝇发生时可用 2.5%溴氰菊酯乳油 3 000 倍液喷雾，或 90%晶体敌百虫 1 000 倍液灌根，间隔 7~10 天喷灌 1 次，连续防治 1~2 次。斑潜蝇发生时可用 50%灭蝇胺可溶性粉剂 112.5~150.0 克/公顷喷雾防治，间隔 7~10 天喷 1 次，连喷 3~4 次。

禾本科杂草和阔叶杂草发生时，可用 960 克/升精异丙甲草胺乳油 756.0~936.0 克/公顷喷雾防治，间隔 7~10 天喷 1 次，连喷 1~2 次。

农药使用要求符合 GB 4285—1989 和 GB/T 8321 的相关规定。除草剂使用要求符合 GB 4285—1989、GB/T 8321.1~9、NY/T 1853—2010 和 NY/T 1997—2011 的相关规定。

9　采收与贮藏

洋葱收获的适宜时期是 2/3 以上的植株地上部倒伏、下部 1~2 片叶枯黄、第 3~4 片叶尚带绿色、鳞茎外层鳞片变干时。采收应在晴天进行，收获时连根整株拔出，在田间晾晒 3~4 天，晾晒时应用叶子遮住葱头。待葱头表皮充分干燥后，在假茎 2 厘米处剪掉上部茎叶，抖落泥土，分级装袋，码垛待售或贮藏。葱头多在阴凉、避雨、通风处进行贮藏，也可在恒温库中长期贮藏，要求温度保持在 0℃，相对湿度为 65%左右。在收获和贮藏过程中尽量避免葱头损伤。

10　清洁田园

收获后将残枝败叶和杂草及时清理干净，集中进行无害化处理，保持田间清洁。

轻度盐碱地辣椒膜下滴灌栽培技术规程

1 范围

本规程规定了轻度盐碱地辣椒膜下滴灌栽培技术的技术术语、技术参数、操作规程和实施规范。

2 规范性引用文件

下列文件对于本文件的应用是必不可少的。凡是注日期的引用文件，仅所注日期的版本适用于本文件。凡是不注日期的引用文件，其最新版本（包括所有的修改单）适用于本文件。

GB 4285—1989	农药安全使用标准
GB/T 8321. 1~9	农药合理使用准则（1~9）
GB 16715. 3—1999	瓜菜作物种子　茄果类
GB 4455—1994	农业用聚乙烯吹塑薄膜
GB 13735—1992	聚乙烯吹塑农用地面覆盖薄膜
GB 16151—2008	农业机械运行安全技术条件
NY/T 496—2002	肥料合理使用准则
NY/T 1853—2010	除草剂对后茬作物影响试验方法
NY/T 1997—2011	除草剂安全使用技术规范　通则

3 术语和定义

下列术语和定义适用于本文件。

3.1 膜下滴灌技术

膜下滴灌是将覆膜种植与滴灌相结合的一种灌水方式。即在滴灌带或滴灌毛管上覆盖一层地膜。这种技术是通过可控管道系统供水，将加压的水经过过滤设施滤“清”后，和水溶性肥料充分融合，形成肥水溶液，进入输水干管-支管-毛管（铺设在地膜下方的灌溉带），再由毛管上的滴水器一滴一滴地均匀、定时、定量浸润作物根系发育区，供根系吸收。

辣椒膜下滴灌栽培技术是利用滴灌灌溉系统实现辣椒精准施肥、精准用药，适时为辣椒提供所需的水分、养分，提高产量、品质和减轻病虫害的一项节本增效技术。

4 产地环境

西北沿黄灌区，区域范围明确，排灌方便，土壤肥力好，地势平坦，土层深厚，地力水平中等及以上，春季播前0~20厘米土层土壤全盐含量在0.3%以下，土壤pH值为7.50~8.50。

5 选地整地

选择符合产地环境要求，前茬以棉花、小麦、豆类作物为宜的地块。辣椒主根不发达，根量少，根群大多分布在15~20厘米的表土层中，其根系既不耐旱，又不耐涝，需深耕冬灌以洗盐并蓄水保墒。春季土壤解冻后，及时耙耱镇压，保持地表平整，整地标准达到平、齐、松、墒、碎、净。机械作业要求符合GB 16151—2008的相关要求。

6 施肥及土壤处理

结合秋耕整地，深施优质农家肥45立方米/公顷以上。播前结合春季整地，施硝铵磷150~225千克/公顷、磷酸二铵300~375千克/公顷、硫酸钾75~120千克/公顷、硫酸亚铁15~30千克/公顷。杂草严重的地块，结合整地用50%乙草胺乳油750~1 050克/公顷，或48%地乐胺乳油3 000毫升/公顷，或48%氟乐灵乳油2 250毫升/公顷，对水450千克，均匀对地面喷雾，并纵横耙耱入土，切忌重喷或漏喷。肥料施用要求符合NY/T 496—2002的相关要求。农药使用要求符合GB 4285—1989和GB/T 8321的相关规定。除草剂使用要求符合GB 4285—1989、GB/T 8321.1~9、NY/T 1853—2010和NY/T 1997—2011的相关规定。

7 铺设滴灌带及覆膜

选择耐晒、无粘连、无滴漏渗漏的内镶式滴管带，滴头间距25厘米，流量2.5升/小时。播种前7天，全面检查调试覆膜、铺管机具，安装调试好铺设装置。地膜选择幅宽145厘米、厚0.008毫米的聚乙烯超强力膜，用量65千克/公顷左右。通常采用1膜2管宽窄行种植（30厘米+60厘米+30厘米），毛管铺设在窄行内，机械覆膜、覆土、铺设毛管一次性完成，膜边覆土压实，毛管末梢打结防漏。每幅膜下铺毛管 2 条，膜间距 30 厘米。地膜要求符合 GB 4455—1994 和 GB 13735—1992 的相关要求。

8　品种选择

选择丰产、抗病、商品性较好的辣椒品种，如新红美、美国红、航椒 4 号、航椒 7 号等。种子质量与检验方法应符合 GB 16715. 3—1999 的相关要求。

9　适期播种

一般于 3 月下旬至 4 月下旬，膜下 5 厘米地温稳定在 10~12℃时，即可采用人力穴播器播种，按 30 厘米+60 厘米+30 厘米的宽窄行种植模式（1 膜 4 行）直播，穴距 25 厘米，播深 2~3 厘米，播种量 18. 0~22. 5 千克/公顷。

10　田间管理

幼苗出土后及时放苗，3~4 片真叶时，定苗，除去小、弱苗，留壮苗，每穴留 1 株，保苗 97 500 株/公顷。发现杂草要及时人工拔除，拔草时做到不伤苗、不埋苗。

11　灌水

全生育期共滴水 10~12 次，总滴水量为 4 200~4 800 立方米/公顷。播种后可根据土壤墒情滴出苗水，滴水量 180~225 立方米/公顷，墒情较好时可免滴出苗水。苗期至初花期共滴水 2 次，6 月 5 日左右滴水 1 次，滴水量 330 立方米/公顷；6 月 15 日左右滴水 1 次，滴水量 375 立方米/公顷。果实膨大期是需水高峰期，6 月 25 日滴水 1 次，滴水量 375 立方米/公顷；7 月 5 日滴水 1 次，滴水量 375 立方米/公顷；7 月 13 日至 8 月 7 日共滴水 4 次，滴水间隔期为 8 天，每次滴水量为 375~450 立方米/公顷。果实成熟期气温逐渐下降，辣椒需水量逐渐减少，8 月 17 日至 9 月 8 日，可视土壤墒情滴水 2~3 次，每次滴水量为 300 立方米/公顷。

12　追肥

追肥掌握“两头少中间多”的原则，分别于第 3 至第 8 次滴水时，每次随水滴施尿素 45~60 千克/公顷、磷酸二氢钾 15~30 千克/公顷。肥料施用要求符合 NY/T 496—2002 的相关要求。

13 病虫害防治

辣椒疫病防治应严格执行“预防为主、综合防治”的植保方针，抓好农业、生态和化学等综合防治措施。一是实行轮作、深翻整地，增施有机肥料及磷钾肥和微肥，适量施用氮肥，改善土壤结构，促进植株健壮。二是种子严格消毒，培育无菌壮苗。三是合理滴水、滴药。7—8 月辣椒开花结果期，要特别注意选择连续有 3~4 个晴天时滴水，滴水时地面绝不能出现汪水和流动水，每次随水滴施硫酸铜 7.50~11.25 千克/公顷。四是施药时“上喷下灌”。发现少量发病叶、果，立即摘除深埋，茎秆发病时立即用 64%杀毒矾可湿性粉剂 400~500 倍液，或 25%瑞毒霉可湿性粉剂 800 倍液，或 53%金雷多米尔锰锌水分散粒剂 800 倍液喷雾防治，每隔 7 天喷 1 次，连喷 3 次；发病初期可用 25%甲霜灵可湿性粉剂灌根，田间出现中心病株时用 50%瑞毒铜可湿性粉剂 250 倍液灌根；开花盛期可用 58%瑞毒锰锌可湿性粉剂 500 倍液灌根防治。病毒病可于播前用 100 克/千克磷酸三钠溶液浸种 20~30 分钟防治，发病初期可用 15%植病灵乳剂 1 000 倍液喷雾防治。疫霉病可用辣椒灵 150~225 克/公顷，对水 750 千克喷雾，或用 25%甲霜灵可湿性粉剂 500~700 倍液喷雾防治。细菌性角斑病可用 65%代森锌可湿性粉剂 600 倍液喷雾防治，每隔 7~10 天喷 1 次，共喷 2~3 次。小地老虎 3 龄前，可选用 2.5%溴氰菊酯乳油 2 000 倍液，在晴天傍晚进行喷雾防治。蚜虫可于苗期及花期各喷洒 1 次 1~3 克/千克硫酸锌溶液，中后期随滴灌用 20%康福多可溶性液剂 1 050~3 000 毫升/公顷滴施防治。农药使用要求符合 GB 4285—1989 和 GB/T 8321 的相关规定。

14 采收与晾晒

一般于 9 月底至 10 月初，辣椒果实充分红熟、色泽鲜亮时，即可采收，初霜（气温在 10℃以上）前收完，收获时避免挤压。收获后选择干燥、通风、透气的场所进行晾晒，摊晒厚度不可超过 20 厘米，晾晒时要勤翻动。7~10 天后进行小垄翻晒，翻晒 7~10 天后逐渐增厚堆闷，堆闷时要保持蓬松透气，不可用力挤压，辣椒含水量达 16%~18%时，筛选分级，上市或贮存。采收后及时对整个滴管系统进行检查维护，并将支管、毛管等相关设备回收入库。

轻度盐碱地茴香栽培技术规程

1 范围

本规程规定了轻度盐碱地茴香栽培技术的技术术语、技术参数、操作规程和实施规范。

2 规范性引用文件

下列文件对于本文件的应用是必不可少的。凡是注日期的引用文件，仅所注日期的版本适用于本文件。凡是不注日期的引用文件，其最新版本（包括所有的修改单）适用于本文件。

GB 4285—1989 农药安全使用标准
GB/T 8321.1~9 农药合理使用准则（1~9）
GB 4455—1994 农业用聚乙烯吹塑薄膜
GB 13735—1992 聚乙烯吹塑农用地面覆盖薄膜
GB 16151—2008 农业机械运行安全技术条件
NY/T 496—2002 肥料合理使用准则
NY/T 740 田间开沟机械作业质量
NY/T 1853—2010 除草剂对后茬作物影响试验方法
NY/T 1997—2011 除草剂安全使用技术规范 通则

3 术语和定义

下列术语和定义适用于本文件。

3.1 茴香

茴香即小茴香，又名香丝菜、谷茴香，为伞形科多年生宿根草本植物，高0.6~2米，全株平滑无毛，有粉霜，有强烈香气。根生叶，丛生，有长柄，茎直立，中空，上部多分枝。叶互生，较小，2~4回羽状分裂，最终裂片丝状，下部叶具长柄，基部扩大呈鞘状抱茎。复伞形花序，顶生，无总苞和小总苞；花小，黄色。双悬果，成熟时开裂为二分果，有特异芳香气。小茴香根、茎、叶、种子皆可食用，也可入药，茎叶是一种特殊香菜，可防治鼻炎、咽喉炎、头痛。种子可作调味品，茴香油能刺激胃肠神经血管，促进消化液分泌，增加胃肠蠕动，排除积存的气体，有健胃、行气、利胆、抗溃疡、松弛气管平滑肌和抗菌的功效，另外挥发油对肿瘤细胞有较强抑制作用，能升高白细胞，增强机体抵抗力。

小茴香适应性很强，对气候、土壤要求不严，抗干旱，耐盐碱、耐瘠薄，喜高温强光，怕阴雨。在西北沿黄灌区种植不能露地越冬，可当年播种，当年开花结实，作为蔬菜栽培。

4 产地环境

西北沿黄灌区，区域范围明确，排灌方便，地力水平中等及以上，春季播前0~20厘米土层土壤全盐含量在0.3%以下，土壤pH值为7.50~8.50的略偏黏重土壤、轻度盐碱土或者土层深厚、脱盐良好、通透性强、排水好的沙壤或轻沙壤土。

5 选地洗盐与土壤处理

选择符合产地环境要求的地块，合理轮作，可采用茴香—棉花—小杂粮等为主的轮作制，前茬作物收获后，及时深翻灭茬。

灌足播前底墒水，压碱洗盐。播前每公顷用2.25~2.7千克施田补，对水450千克，进行土壤封闭化学除草，也可使用氟乐灵加新高脂膜，喷施于地表，及时耙地，使土药均匀混合，耙地深度6~8厘米，耙地后及时耥平地表，保墒待播。农药使用要求符合GB 4285—1989和GB/T 8321的相关规定。除草剂使用要求符合GB 4285—1989、GB/T 8321.1~9、NY/T 1853—2010和NY/T 1997—2011的相关规定。

6 整地施肥

茴香种子小，发芽后的幼苗顶土力弱，应精细适墒整地，铲高垫低，达到细碎松软，平整如镜，以备待播。整地一般需要达到墒、平、松、碎、净、齐标准，其中，墒指土壤含水率14%~18%，即手握成团，落地即散；平指无土包、洼坑，一播幅内高低不超过2厘米；松指土壤松碎，上虚下实，虚土层5~6厘米；碎指土壤细碎，无大于直径5厘米的土块；净指地表干净无草根、残茬、茎秆、残膜杂物；齐指整地到头，整到边，使条田边成线，角成方。机械作业要求符合 GB 16151—2008 和 NY/T 740 的相关要求。

茴香生育期长，需肥量大，喜磷钾肥，施肥应以基肥为主，以小茴香单产指标及土壤测土结果进行配方施肥。一般播前结合整地，每公顷施有机肥 30 吨左右、尿素 150~225 千克、磷酸二铵 100~150 千克、硫酸钾或复合肥 75~120 千克，均匀混施于土壤深处做底肥，耕翻深度 22~25 厘米。肥料施用要求符合 NY/T 496—2002 的相关要求。

有留种需要的小茴香种田，每公顷施有机肥 30~45 吨。秋翻整地，秋灌后待早春播种。

7 品种选择

宜选择分枝能力强、丰产、抗倒伏且经提纯复壮、筛选过的籽粒饱满的莎车小茴香。挑选籽粒饱满，色泽鲜艳，无病虫的种子，进行人工精选，除去杂物，并于播种前用辛硫磷和新高脂膜拌种待播。种子质量符合国家二级以上良种要求，纯度不低于 96%、净度不低于 95%、发芽率不低于 85%、水分不高于 10%。农药使用要求符合 GB 4285—1989 和 GB/T 8321 的相关规定。

8 播种

菜用栽培的小茴香生长期为 50~60 天。阳畦及拱棚栽培，于 3 月中下旬播种，5 月上旬收获；春季露地栽培，于 4 月中下旬播种，6 月上中旬收获；秋播于 7 月中下旬播种，9 月初供应市场，可延续到 10 月初。冬季温室生产，可插茬栽培。

小茴香播种有条播和穴播两种。冬播以穴播（行距 20~30 厘米，穴距 9~12 厘米）为主，春播以条播（30 厘米等行距、株距 5~8 厘米）为主。套播用穴播。播深 1.5~2.5 厘米，播后镇压。条播行距 13~15 厘米，开沟深度 2 厘米，播种后需覆土镇压，墒情不好需浅灌水保全苗。在墒情较好的情况下，播种后 7~8 天出齐苗。畦面平整，开沟深浅一致，覆土均匀，墒土湿润是保证全苗的关键。条播覆膜则采用 1.2 米宽塑料，一膜五行，地面 2~3 厘米土干了以后，可以铺膜。

穴播时应匀播和适当稀播，一般按行距 30~40 厘米，株距 12~15 厘米穴播，每穴播 10 粒左右种子，播后拂平地表。每公顷用种量 22.5~30 千克（千粒重 1.3~1.8 克）。条播保苗 150 万~180 万株，穴播每公顷 30 万~50 万穴，保苗 140 万~200 万株。穴播覆膜采用 1.4 米宽幅地膜，每膜 5 行。

小茴香留种田则必须进行早播，一般在 4 月初，清明前 10 天内播种。早播种幼苗可充分通过春化阶段，提早抽薹开花结实，种子质量也高。种株喜欢通风透光，因此密度要合理。一般行距为50~60厘米，株距30~35厘米，每公顷留苗5.25万~5.70万株。若土质肥沃，分枝较多，可适当稀些；若土壤肥力差，可适当密植。

9 田间管理

苗前宜进行浅耙镇压，苗前遇雨及时耙地，破除板结，以利保墒、出苗、早发。浅耙方向与播种方向垂直，耙深不大于2厘米，且带碎土镇压器。

幼苗出齐后，应及时除草，人工拔草配合间定苗，间苗要早，定苗禁留双苗，以利于形成壮苗。茴香长出2~3片真叶，苗高4~5厘米时，应进行间苗，并适度浇水，喷施新高脂膜保护幼苗，提高抗病能力；苗高5~6厘米时，应进行中耕1~2次，促进根系发育。当幼苗长到20厘米高时，植株开始分枝，要控水控肥，防止植株徒长。

花果期田间管理以防积雨淹害为重点，养根保叶，促粒实，增粒重。小茴香较耐旱但不耐涝，5—6月如遇降雨，田间积水超过8小时，会形成淹害，造成植株死亡，甚至绝收。故遇中至大雨，及时排涝。

10 施肥

小茴香施肥应以底肥为主、追肥为辅。茴香幼苗2~4叶期，喷施叶面肥1次，喷施1%~2%的磷酸二氢钾与0.5%~1%尿素。幼苗5~8叶期，对生长过旺田块，局部喷施0.15%~0.3%缩节胺，增强旺苗基部节间粗度，降低植株高度，防止后期倒伏。当苗高10~12厘米时，每公顷随灌水追施速效氮肥，如尿素10~15千克。在茴香分枝现蕾期，用缩节胺水剂90克/公顷，对水750千克喷施，连喷1~2次，矮化植株，增强植株抗倒伏能力，提高结籽率。茴香花果期可叶面喷施浓度为0.2%~0.4%的硼、锌微肥，提高结实率。茴香生长中后期，有脱肥早衰（叶色发黄）的点片，可喷施1.5%~3%尿素叶肥，提高植株根叶吸收养分的能力，促使果实正常成熟。对叶色浓绿、有贪青晚熟趋势的点片，可喷施0.2%~0.4%的磷酸二氢钾，提高千粒重，达到整体收获期一致。肥料施用要求符合NY/T 496—2002的相关要求。

此外，在茴香幼苗期喷施壮茎灵，使植物茎秆粗壮，天然品味浓；在生长期适时喷施促花王3号，抑制主梢疯长，促进花芽分化；在开花前喷施菜果壮蒂灵，增强授粉质量，提高循环坐果率，无空壳、无秕粒。

留种田，在7月中旬，当植株开始开花时，进行追肥灌水，每公顷追施磷酸二铵或尿素300~375千克。如灌水追肥过早，植株徒长，开花后小花序出现变黄变褐则枯死。

11 灌溉

浇灌头水以茴香分枝期为宜，此后分别在现蕾期、盛花期、籽粒灌浆期各浇水一次，全生育期灌水 4 次。

留种田，则需要在 7 月下旬至 8 月初，视天气情况灌溉，如果天旱少雨，进行灌溉，防止干热风袭击而出现早衰，影响结实。

12 病虫草害防治

茴香生长期间突出的病害有小茴香软腐病、枯萎病等。软腐病主要发生在叶柄基部或茎上，先生水渍状不规则形凹陷斑，褐色至浅褐色，后呈湿腐状，变黑发臭。防治方法主要是：加强田间管理，注意通风透光，浇水改在上午，雨后及时排水，防止湿气滞留。发现病株及时拔除，全田喷洒 30%氧氯化铜悬浮剂 800 倍液或 30%绿得保悬浮剂 400 倍液、77%可杀得可湿性微粒粉剂 500 倍液、1：1：200 倍式波尔多液、47%加瑞农可湿性粉剂 900 倍液、60%琥·乙磷铝可湿性粉剂 500 倍液或硫酸链霉素及 72%农用硫酸链霉素可溶性粉剂 4 000 倍液。采收前 3 天停止用药。枯萎病会导致叶片发黄、植株瘦弱矮小，有时在花期出现烂根现象，叶色淡黄，中午呈萎蔫状，顶部叶片萎垂，后期叶片变黄枯，根部发黑，侧根少。采种株易发病。防治方法主要是：4—5 年进行一次轮作；在发病初期灌浇 50%多菌灵或甲基硫菌灵可湿性粉剂 1 000 倍液。

茴香易发草害为菟丝子。可在播种前用 48%地乐胺乳油 3 千克/公顷，对水 750 千克，喷施地表土壤，防除苗期田间杂草，在菟丝子转株期，田间用 48%地乐胺乳油 3 千克/公顷，对水 750 千克喷施。

农药使用要求符合 GB 4285—1989 和 GB/T 8321 的相关规定。除草剂使用要求符合 GB 4285—1989、GB/T 8321. 1～9、NY/T 1853—2010 和 NY/T 1997—2011 的相关规定。

13 适时收获

当小茴香植株高达到 30～40 厘米时，进行浅灌水，待 1～2 天后，将全株连根拔起，用清水冲洗净根部泥土后，捆成小捆上市。

根据小茴香再生力强的特点，进行一次播种，分次收获，单产可提高 1～2 倍，供应期长达 90～120 天。其方法是：4 月中旬播种，播种后 55～60 天开始第一次收割；以后每隔 30～35 天进行第二次、第三次、第四次收割。进行分次收割时应注意三个环节：一是每次收割时，必须5厘米以上的根茬，保3个以上腋芽，以便抽生新侧芽（枝）；二是每次收割的伤口愈合后，再进行追肥灌水，满足茴香生长的需要；三是每次收割后，要及时除草，防止草荒。

14 留种

小茴香留种田在西北沿黄灌区种植一般不能进行露地越冬，均采用当年直播采种法。9月初，种子开始成熟，由于种子成熟期不一致，宜在茴香单株整体叶片呈橙黄，果皮微黄时，分两次收获，防止种子落粒。如无单独的留种田，则应在大田收获时选择生长健壮、籽粒饱满、无病虫害的植株或田块留下，等完全成熟时才割回。收割的种株，进行晾晒阴干，防止雨淋和种株发霉变暗，提高种子的产量和质量。种株脱粒后，可扬去瘦小颗粒，并在通风干燥地方，密封、阴凉、避光保存。小茴香以颗粒均匀、质地饱满、色泽黄绿、芳香浓郁、无柄梗者为佳品。

15 小茴香的初加工

15.1 茎叶的加工

茴香茎叶可加工成香菜或香烟。其中香菜是指幼嫩的植株采收后，用清洁水洗净，装袋，进入市场销售，是上等的特殊香菜。茴香烟是采用茴香植物在生长过程中还未开花结果的茎叶，进行烘烤发酵等程序后，替代烟叶，用于制造茴香烟。

15.2 根的加工

小茴香长到3~4年后，在秋季将宿根挖出，去掉根部表皮和根中部的木质层，用洁清水洗净，晒干，装袋，再销售。

15.3 籽实的加工

在籽实八九成熟时，用剪刀剪下果实，枝梗长6~10厘米，在通风处及时阴干，用塑料袋内放干燥剂袋装，配备部分茶叶，制成茴香茶，再用外包装装好，进行销售，其茶味鲜美无比。回味无穷。

在籽实九成或十成熟时，用刀割一下果实，并在通风少阳处晒干，不能暴晒，再打下籽粒（商品茴香籽）直接销售。

轻度盐碱砂田西瓜栽培技术规程

1 范围

本规程规定了轻度盐碱砂田西瓜栽培技术的技术术语、技术参数、操作规程和实施规范。

2 规范性引用文件

下列文件对于本文件的应用是必不可少的。凡是注日期的引用文件，仅所注日期的版本适用于本文件。凡是不注日期的引用文件，其最新版本（包括所有的修改单）适用于本文件。

GB 4285—1989	农药安全使用标准
GB/T 8321.1~9	农药合理使用准则（1~9）
GB 16715.1—1996	瓜菜作物种子　瓜类
GB 4455—1994	农业用聚乙烯吹塑薄膜
GB 13735—1992	聚乙烯吹塑农用地面覆盖薄膜
GB 16151—2008	农业机械运行安全技术条件
NY/T 496—2002	肥料合理使用准则

3 术语和定义

下列术语和定义适用于本文件。

3.1 西瓜

西瓜，一年生蔓生藤本；茎、枝粗壮，具明显的棱。卷须较粗壮，具短柔毛，叶柄粗，密被柔毛；叶片纸质，轮廓三角状卵形，带白绿色，两面具短硬毛，叶片基部心形。雌雄同株。雌、雄花均单生于叶腋。雄花花梗长3~4厘米，密被黄褐色长柔毛；花萼筒宽钟形；花冠淡黄色；雄蕊近离生，花丝短，药室折曲。雌花：花萼和花冠与雄花同；子房卵形，柱头肾形。果实大型，近于球形或椭圆形，肉质，多汁，果皮光滑，色泽及纹饰各式。种子多数，卵形，黑色、红色，两面平滑，基部钝圆，通常边缘稍拱起，花果期夏季。西瓜为夏季之水果，果肉味甜，能降温去暑；种子含油，可作消遣食品；果皮药用，有清热、利尿、降血压之效。

4 产地环境

西北沿黄灌区，区域范围明确，气候干旱、半干旱，年平均降水量200~250毫米，排灌方便，地力水平中等及以上，耕层深厚、富含有机质、砂龄在10年之内，春季播前0~20厘米土层土壤全盐含量在0.3%以下，土壤pH值为7.50~8.50的轻度盐碱砂田。

5 品种选择

选择抗病性强、抗逆性好、生长势中等或偏强、易坐果、耐贮运的品种。例如高抗冠龙、陇抗9号、郑抗10、陇丰早成、美抗9号等品种。种子质量与检验方法应符合GB 16715.1—1996的相关要求。

6 整地施肥

播种前一次性施足基肥，基肥一般采用宽窄行条施的方法，先按窄行0.5米、宽行1.0米在砂田上画线，将窄行砂砾扒在宽行，扫净窄行砂子，拍实两边砂砾，以防砂砾在施肥等操作过程中滚落下来，然后在窄行施优质腐熟的土粪82 500千克/公顷、沤过的饼肥1 500千克/公顷、尿素225千克/公顷、磷肥1 500千克/公顷、硫酸钾750千克/公顷，并用50%多菌灵可湿性粉剂800倍液和50%辛硫磷乳油2 000倍液喷洒消毒，再深翻使肥料与土壤充分混匀，耙细整平土表，压实后将砂砾还原盖好，并在施肥行上做标记，以备播种时识别。机械作业要求符合GB 16151—2008的相关要求。肥料施用要求符合NY/T 496—2002的相关要求。

7 种子处理

播种前先将种子晒1~2天，然后用50%的多菌灵可湿性粉剂600倍液浸种30分钟，再用清水冲洗。于4月中旬气温稳定回升后，选晴天上午播种。

8 播种

播种的株行距根据品种特性和整枝方式而定，早熟品种株距0.5米、行距

1.5米，中晚熟品种株距0.6米、行距1.7米，每穴平放1~2粒种子，播后先覆土，再薄覆细砂，然后覆盖地膜，密封保墒。

9 放苗封孔与定苗

幼苗出土顶膜时，要及时放苗，用刀片将地膜划成“十”字形，将幼苗从地膜下轻轻放出。因当地风沙大，气候干燥，蒸发量大，因此放苗后要用细砂封平孔口，以利增温保墒。宜在3叶期定苗，每穴留1株健壮苗。

10 合理追肥

基肥充足时，苗期一般不追肥。伸蔓前期根据植株长势，叶面喷施2克/千克的尿素和2克/千克的磷酸二氢钾混合溶液，以促进茎蔓生长和提高花芽分化质量；膨瓜期是决定产量的关键时期，应喷施1克/千克的尿素溶液和2克/千克磷酸二氢钾溶液；果实成熟期分两次喷施3克/千克的磷酸二氢钾溶液，以提高果实品质。肥料施用要求符合NY/T 496—2002的相关要求。

11 压蔓疏果垫瓜

沿黄灌区盐碱砂田西瓜生育期因无法保证充足的水分供给，一般不整枝，但是当地风沙大，必须压蔓，且要压紧，否则刮风翻蔓易出现畸形果，并损伤叶片、果面。第一次压蔓应在蔓长0.4~0.5米时进行，以后每隔4~6节位压一次，压蔓时要使各条瓜蔓在田间均匀分布，主、侧蔓都要压。西瓜长到鸡蛋大时，要及时疏果，摘除畸形果，一般选留形状周正的果1~2个，其余摘除。为保证瓜皮色泽一致，商品性好，坐果15~20天后，应及时翻瓜垫瓜，一般翻动3~4次，翻瓜应在下午进行。

12 病虫害防治

常见病害有枯萎病和炭疽病，一般多发生于植株生长后期。枯萎病发生时，可用50%的多菌灵可湿性粉剂600倍液和70%的甲基托布津可湿性粉剂500倍液灌根防治，每株用量250克，每隔10天灌一次。炭疽病可用2%的农抗120水剂200倍液或70%代森锰锌可湿性粉剂500倍液喷雾防治。常见的虫害为瓜蚜，可用20%杀灭菊酯乳油4 000倍液喷雾防治。农药使用要求符合GB 4285—1989和GB/T 8321的相关规定。

13 适时采收

一般可根据果实发育期及销售情况决定采收期，若外运销售，在八九成熟即可采收包装，若就近销售，以九成或十成熟采收为宜。

轻度盐碱地华莱士蜜瓜栽培技术规程

1　范围

本规程规定了轻度盐碱地华莱士蜜瓜栽培技术的技术术语、技术参数、操作规程和实施规范。

2　规范性引用文件

下列文件对于本文件的应用是必不可少的。凡是注日期的引用文件，仅所注日期的版本适用于本文件。凡是不注日期的引用文件，其最新版本（包括所有的修改单）适用于本文件。

GB 4285—1989　农药安全使用标准
GB/T 8321.1~9　农药合理使用准则（1~9）
GB 4455—1994　农业用聚乙烯吹塑薄膜
GB 13735—1992　聚乙烯吹塑农用地面覆盖薄膜
GB 16151—2008　农业机械运行安全技术条件
NY/T 496—2002　肥料合理使用准则

3　术语和定义

下列术语和定义适用于本文件。

3.1　华莱士蜜瓜

华莱士蜜瓜属早熟厚皮甜瓜品种，香味浓郁，口感香甜，是西北黄灌区重要的特色经济作物之一，原产于美国。华莱士蜜瓜一般重量为1.5~2千克，皮厚瓜甜，汁丰肉嫩。其形呈圆球状，每只重1.5~2.5千克。皮白且硬，阳面有淡黄色，瓜瓤呈绿色，内腔小，含糖量高达13%~16%，并富含钙、磷、铁及多种维生素，耐贮藏，宜于储运。瓜肉翠绿，囊厚汁丰，脆而细嫩，含糖量高达15%左右，享有“香如桂花，甜似蜂蜜”之誉。这种瓜不仅香甜可口，富有营养，还有清暑、解渴、开胃、利尿之功效。

4 产地环境

西北沿黄灌区，区域范围明确，排灌方便，地力水平中等及以上，春季播前0~20厘米土层土壤全盐含量在0.3%以下，土壤pH值为7.50~8.50的沙壤或壤土地块。

5 选地整地施基肥

华莱士蜜瓜为虫媒花异花授粉作物，所以选择的良种繁育田地块必须与其他瓜类作物田保持1 000米以上的隔离距离，且实行5年以上轮作，前茬以小麦等大田作物为好。

结合整地，每公顷施入30吨以上腐熟农家肥，450千克三元复合肥，450千克磷肥和112.5千克硫酸钾作为基肥，集中均匀施于起垄地，并翻耕，其上起垄，垄宽70厘米，垄高10厘米，覆90厘米宽地膜，地膜两边要拉紧、压实，以防被风吹起，并减少杂草生长。机械作业要求符合GB 16151—2008的相关要求。肥料施用要求符合NY/T 496—2002的相关要求。地膜要求符合GB 4455—1994和GB 13735—1992的相关要求。

6 播前种子处理

选用优良华莱士蜜瓜品种，种子播前用55~60℃的温水充分搅拌10分钟，自然冷却后，搓洗干净，再用0.1%的高锰酸钾浸泡30分钟，进行种子消毒，捞出洗净后，浸种5~6小时。

7 播种

7.1 播种时间

西北黄灌区露地覆膜直播一般在4月中下旬进行。

7.2 播种密度

采取双行种植，按0.3~0.4米的株距打孔，每公顷种植密度为3.0万~3.3万株。

7.3 播种方法

坐水播种，每穴浇足水，待水充分渗入，进行点种，每穴点3~5粒种子，上覆2厘米细土，稍稍压实，以防种子戴帽出土，再覆1层干土，覆土层不能厚，土层厚影响种子拱土出苗，可在播种穴周围围成一个小土圈，防止风吹干表土，出苗后可保护幼苗。

8 苗期管理

播种后5~10天，开始出苗，出苗后分2次间苗，当幼苗长到2叶1心时，进行第一次间苗，选留2~3株壮苗；当幼苗长到4片叶时，选优除劣进行定苗，如遇缺苗，相邻的幼苗选留2株。同时及时进行中耕除草。

9 整枝打杈及留瓜

整枝打杈是调控营养生长和生殖生长的关键时期，要及时进行，确保早坐果、坐好果。当主蔓长到4片叶时，进行摘心，选留2条健壮的子蔓，子蔓长到6~7片叶时，进行子蔓摘心，子蔓抽生出的第一或第二孙蔓坐瓜，坐瓜孙蔓前留2~3片叶摘心，无瓜孙蔓留2片叶摘心。注意打杈时不要将雄花除去，尽量保证雄花的授粉量。瓜坐住后，停止整枝打杈。及时去除畸形瓜和杂瓜，每株选留1~2个优良留种瓜。

10 肥水管理

在抽蔓开花前，视墒情轻浇1水，促进茎叶生长，为开花坐果打好基础；在瓜膨大期浇1水，充分保证果实发育期对水分的需求。在果实定个后，进行叶面喷肥，喷施0.2%~0.3%磷酸二氢钾2次，促进果实发育和种子充分成熟饱满。肥料施用要求符合NY/T 496—2002的相关要求。

11 病虫害防治

华莱士蜜瓜病虫害防治应以预防为主，采取农业综合措施与药剂防治相结合的方法。华莱士蜜瓜常见病害主要有霜霉病、白粉病、叶枯病和细菌性角斑病、叶斑病等，可用75%的百菌清500倍液或72%克露1 000倍液防治霜霉病和叶枯病；可用72%的链霉素2 000倍液防治细菌性角斑病和叶斑病；重点要在坐瓜后的果实发育期，进行白粉病的预防和防治，可用25%睛菌噢2 500倍液，或15%粉锈宁1 000倍液，或百菌清500倍液，或特普噢500倍液交替喷施。虫害主要有蚜虫等，可用吡虫琳或抗蚜威或功夫进行防治。农药使用要求符合GB 4285—1989和GB/T 8321的相关规定。

12 采瓜、留种

商品瓜要及时采收。

留种瓜必须充分成熟采收，可根据开花坐果期和外观来判断，一般要比成熟的商品瓜略晚采收 2~3 天。采收后进行选择，去除杂瓜和劣瓜，按照华莱士蜜瓜品种标准选留种瓜，然后取种。取种时连同瓜瓤一起取出，放入非金属容器中，沤制 12~24 小时，时间不能长，然后在清水中淘洗干净，同时去除瘪种，然后捞出晾晒，待种子含水量达到 7%以下时，收起封存入库，专人严格管理。在整个采种、洗种、晾晒和装袋等过程中，要严格防止机械混杂。

轻度盐碱地塑料棚甜瓜栽培技术规程

1 范围

本规程规定了轻度盐碱地塑料棚甜瓜栽培技术的技术术语、技术参数、操作规程和实施规范。

2 规范性引用文件

下列文件对于本文件的应用是必不可少的。凡是注日期的引用文件，仅所注日期的版本适用于本文件。凡是不注日期的引用文件，其最新版本（包括所有的修改单）适用于本文件。

GB 4285—1989 农药安全使用标准
GB/T 8321.1~9 农药合理使用准则（1~9）
GB 16715.1—1996 瓜菜作物种子 瓜类
GB 4455—1994 农业用聚乙烯吹塑薄膜
GB 13735—1992 聚乙烯吹塑农用地面覆盖薄膜
GB 16151—2008 农业机械运行安全技术条件
NY/T 496—2002 肥料合理使用准则
NY/T 740 田间开沟机械作业质量

3 术语和定义

下列术语和定义适用于本文件。

3.1 甜瓜

甜瓜是葫芦科、甜瓜属一年生蔓性草本植物。茎、枝有棱，有黄褐色或白色的糙硬毛和疣状突起。卷须纤细，单一，被微柔毛。叶柄长 8~12 厘米，具槽沟及短刚毛；叶片厚纸质，近圆形或肾形，长、宽均 8~15 厘米，上面粗糙，被白色糙硬毛，背面沿脉密被糙硬毛，边缘不分裂或 3~7 浅裂，裂片先端圆钝，有锯齿，基部截形或具半圆形的弯缺，具掌状脉。花单性，雌雄同株。雄花：数朵簇生于叶腋；花梗纤细，长0.5~2厘米，被柔毛；花萼筒狭钟形，密被白色长柔毛，长6~8毫米，裂片近钻形，直立或开展，比筒部短；花冠黄色，长2厘米，裂片卵状长圆形，急尖；雄蕊3，花丝极短，药室折曲，药隔顶端引长；退化雌蕊长约1毫米。雌花：单生，花梗粗糙，被柔毛；子房长椭圆形，密被长柔毛和长糙硬毛，花柱长1~2毫米，柱头靠合，长约2毫米。果实的形状、颜色因品种而异，通常为球形或长椭圆形，果皮平滑，有纵沟纹，或斑纹，无刺状突起，果肉白色、黄色或绿色，有香甜味；种子污白色或黄白色，卵形或长圆形，先端尖，基部钝，表面光滑，无边缘。花果期夏季。中国各地广泛栽培，为盛夏的重要水果；全草药用，有祛炎败毒、催吐、除湿、退黄疸等功效。

4 产地环境

西北沿黄灌区，区域范围明确，水源有保证，四周无遮挡物，排灌方便，土层深厚，土壤肥沃，地力水平中等及以上，春季播前0~20厘米土层土壤全盐含量在0.2%以下，土壤pH值为7.50~8.50的无污染的壤土或沙壤土地块。种植地块的轮作年限至少3年，理想的茬口有糜子、谷子、小麦、玉米、豆类等。

5 施肥起垄

土壤解冻后，先按宽40厘米、深30厘米的规格开沟，施入农家肥75~85吨/公顷、油渣3 000~4 000千克/公顷、过磷酸钙700千克/公顷、尿素100~200千克/公顷、磷酸二铵300~350千克/公顷。埋土填沟后，再向沟的两线间覆土起垄，垄距80厘米，垄面宽30厘米，垄底宽40厘米，垄高10厘米，并在垄中央挖深10厘米的定植穴。机械作业要求符合GB 16151—2008和NY/T 740的相关要求。肥料施用要求符合NY/T 496—2002的相关要求。

6 建棚覆膜

竹木结构塑料拱棚的建造规格为跨度4.0~4.5米，弧长5.5米，脊高1.3~1.4米，棚长30~40米，拱棚以南北走向为好，棚间距1.0米，棚头间距1.5~2.0米，要求拱棚架在3月中旬建成，建成后尽快盖上棚膜和地膜。地膜要求符合GB 4455—1994和GB 13735—1992的相关要求。

7 选用良种

应选用产量高、品质好、生育期短的早熟品种，要求生育期在90~100天。适宜种植的甜瓜优良品种有灯笼红、甜红玉、特大红城脆、龙甜1号、运密2号等。种子质量与检验方法应符合 GB 16715.1—1996 的相关要求。

8 育苗

8.1 苗床准备

在日光温室内制作厩肥温床，先起深 30 厘米、宽 120 厘米、长 6 米的坑，并在坑底铺上一层地膜，地膜上铺 10 厘米厚的厩肥，覆营养土 20 厘米厚，再盖一层地膜，过 10 天后使用。苗床的数量以育苗量而定。地膜要求符合 GB 4455—1994 和 GB 13735—1992 的相关要求。

8.2 浸种催芽

于 2 月上中旬在日光温室内育苗。把准备好的甜瓜种子晒种 1~2 天，然后将 55℃热水倒入盛有种子的容器中，且边倒边搅拌，待水温降到 30℃时停止搅拌，再继续浸泡 2~4 小时后，捞出种子，在 28~30℃温度条件下催芽，经过 24 小时即可播种。

8.3 营养土配制与育苗方式

用 8 厘米×8 厘米或 10 厘米×10 厘米的营养钵育苗，营养土由未过筛的非瓜类田园土、农家肥和河沙混配而成，其比例为 5：3：1，并且在营养土内掺入 50%多菌灵可湿性粉剂 1 千克/立方米，装钵后，每个营养钵内点饱满种子 1~2 粒。

8.4 苗床管理

早春日光温室内气温低，加盖小拱棚提温是一项有效措施。从育苗开始实行大温差管理，利于培育壮苗，白天温度控制在 25~28℃，夜晚温度控制在 12℃以上，地温应保持在 20~22℃，湿度保持在 7%~8%。

9 移栽

9.1 适时移栽

3 月中下旬，将苗龄 35~45 天的甜瓜苗，移栽到搭建好的竹木结构塑料拱棚内。先向挖好的定植穴灌水，每穴 3~4 千克，避免大水漫灌，待水下渗后栽植，每穴栽 1 株，株距 35~40 厘米，栽后覆土压实。

9.2 移栽后的管理

9.2.1 缓苗期管理

秧苗移栽后，浇足定植水、密闭拱棚，创造高温高湿环境，促进幼苗生长。棚内温度白天控制在25~30℃，夜温控制在15℃以上，当棚内温度上升到30℃时通风换气，温度降到22℃以下时关闭风口。移栽30~40天后，应及时在行间灌1次透水。

9.2.2 伸蔓与蕾期管理

从5叶期至第1结瓜部位开花约需20天，开花期白天温度控制在25~28℃，夜间温度控制在13~15℃，此期间宜少量浇水，并进行整枝摘心。生产中采用的是双蔓整枝法，其具体做法是：在主蔓4片叶展开时摘心，促使各叶腋均发生子蔓，摘除第1条子蔓，留2、3节叶腋处伸出的子蔓，在8片叶长出后，选留结果部位，每条蔓上选留1个瓜，坐瓜后，在瓜前留2~3片叶摘心，留1~2条孙蔓任其生长。主蔓长到25~30片叶时，打顶，后期及时摘除侧枝。

9.2.3 结果期管理

结果期温度白天控制在28~30℃，夜间保持在15~18℃，空气相对湿度控制在50%~60%，土壤湿度控制在60%~70%，少浇水，不施肥。大棚栽培的甜瓜必须进行人工授粉，宜在9:00~11:00将当天开放的雄花摘下，先去掉花瓣，露出雄蕊，再将花粉轻轻涂抹在雌花柱头上，每朵雄花可授3~4朵雌花。在瓜长到鸡蛋大小时，注意选留形状周正、无病伤、无畸形的幼瓜，每蔓留1个瓜，每株最多留2个瓜，对根瓜、雌花及其他多余幼瓜需全部摘除，选留的瓜要放在垄上，并翻动2~3次。果实膨大期及时灌足水，一般隔15~20天灌1次水，灌水量不宜太多，否则会因棚内湿度过大而诱发病害；后期果实积累糖分时应控制灌水。结合灌水追施尿素150~225千克/公顷、磷酸二铵150~225千克/公顷。随着植株生长，应陆续摘去植株下部不能进行光合作用的老化叶片，每次摘除1~2片即可，不宜过多。

10 病虫防治

病虫害防治要坚持无害化防治原则，严禁使用高毒、高残留农药。白粉病用10%苯醚甲环唑水分散粒剂1 000~1 500倍液，或50%硫黄悬浮剂200倍液与2%农抗120水剂200倍液（混合比例为1∶1）的混合液喷雾防治；霜霉病可用64%恶霜·锰锌可湿性粉剂500倍液，或68%精甲霜·锰锌水分散粒剂800倍液喷雾防治；疫病可用72.2%普力克水剂800倍液或用64%杀毒矾可湿性粉剂500倍液交替喷雾防治；炭疽病可用80%炭疽福美可湿性粉剂800倍液喷雾防治；病毒病用20%病毒A 500倍液，或5%菌毒清水剂400倍液喷雾防治。

美洲斑潜蝇可用30%虫螨净烟剂进行熏杀，或用40%绿菜宝乳油1 000~1 500倍液喷雾防治；蚜虫用50%避蚜雾可湿性粉剂2 000~3 000倍液，或20%唑蚜威可湿性粉剂1 500倍液喷雾防治；白粉虱用10%吡虫啉可湿性粉剂1 000倍液，或25%噻虫嗪水分散粒剂5 000倍液喷雾防治。

农药使用要求符合GB 4285—1989和GB/T 8321的相关规定。

11 适时收获

甜瓜6月下旬采收完毕。注意适时采收，防止盲目抢早，以免影响品质。

轻度盐碱地红提葡萄栽培技术规程

1 范围

本规程规定了轻度盐碱地红提葡萄栽培技术的技术术语、技术参数、操作规程和实施规范。

2 规范性引用文件

下列文件对于本文件的应用是必不可少的。凡是注日期的引用文件，仅所注日期的版本适用于本文件。凡是不注日期的引用文件，其最新版本（包括所有的修改单）适用于本文件。

GB 4285—1989　农药安全使用标准

GB/T 8321.1~9　农药合理使用准则（1~9）

GB 16151—2008　农业机械运行安全技术条件

NY/T 496—2002　肥料合理使用准则

NY/T 740　田间开沟机械作业质量

3 术语和定义

下列术语和定义适用于本文件。

3.1 红提葡萄

红提葡萄又名红地球，是葡萄科、葡萄属植物。果形美观，果肉脆硬，色泽鲜艳，汁多味甜、口感好。整个生育期160~180天，属抗寒、抗病能力较强的一个葡萄品种，萌芽期适宜温度为10~12℃，开花、新梢生长和花芽分化期温度以25~30℃为宜，低于12℃新梢不能正常生长，低于16℃不能正常开花，成熟期温度以28~32℃为宜。原产于美国加州，自我国1987年引入该品种以来，华北及西北大部分地区栽培表现极好，果实品质优，晚熟，耐贮运，丰产，是效益很高的经济水果。

红提葡萄宜选择在年降水量300毫米以下，有灌溉及排水条件的地区进行栽培，喜光照，不耐阴湿，在光照充足条件下植株健壮、品质好、产量高；喜肥沃而通透性良好的土壤。除重盐碱土、沼泽地，地下水位不足1米，土壤黏重，通风性不良的地方外，各类土壤均能栽培，比较适应西北沿黄灌区栽培种植。

4 产地环境

西北沿黄灌区，区域范围明确，排灌方便，地力水平中等及以上，春季播前0~20厘米土层土壤全盐含量在0.3%以下，土壤pH值为7.50~8.50。

5 灌水洗盐与平整土地

冬季灌水洗盐。春季平整土地。机械作业要求符合GB 16151—2008和NY/T 740的相关要求。

6 定栽时间

采用营养袋育苗，在晚霜结束后带叶移栽，栽植时应避开大风天或干旱期，保持袋内土壤完整性，栽后立即灌水和遮阴覆盖。红提葡萄具体定植时间以5月中下旬为宜。

7 栽植方法

7.1 小棚架栽培

小棚架栽培，果穗较好，行距4~6米，株距75~100厘米。

7.2 篱架栽培

适合于设施温室栽培红提，行距2.5~3.0米，株距50~60厘米。

7.3 陆地栽植

行距2.8~3.0米，株距60~80厘米。选用2年生大苗嫁接抗寒砧木，建园时采用深沟培肥和浅沟定植，分别为80~100厘米培肥，栽培深度14~20厘米，其中，栽植营养袋苗时，深度为14~16厘米，栽植自耕苗时，深度为16~20厘米。

7.4 沟栽

单种葡萄带比为1.5∶1.3或1.6∶1.2。采用放线沟栽植方法，沟边地头留

6~8 米的路。采用施肥沟的方式进行施肥，沟深、沟宽各 0.8~1.0 米。先将地面 30 厘米以上的地表土与地下土分开堆放在沟两侧，然后将部分地下土填入沟底，施肥时与地表土和基肥混合施入沟中，多余土分别在沟两侧 30 厘米左右处堆放。机械作业要求符合 GB 16151—2008 和 NY/T 740 的相关要求。

7.5 小麦套种葡萄

小麦套种葡萄带比约为 1：1，即 1.4 米：1.4 米或 1.4 米：1.3 米。与沟栽一样，在葡萄带进行放线沟栽植。

8 放埋土前的要求

采用开沟施肥以弥补上年秋肥的不足。沟深 30~60 厘米，距葡萄主根 50 厘米以外，施入各种腐熟的有机肥 5~8 立方米在沟中。及时做好补充架杆拉丝的准备和上丝工作。开始新建园的农户要求进行开沟施肥，施肥以 120 立方米/公顷农家肥为宜，浸泡栽植沟后进行定植，在预留葡萄沟中间放线定植。肥料施用要求符合 NY/T 496—2002 的相关要求。

9 出土、催芽

西北沿黄灌区冬季寒冷，春季栽培采取勤灌小水来提高地温，降低盐分，保持土壤水分，有利成活，促使发芽。红提葡萄在外界温度稳定通过 10℃时，开始出土为宜；当地桃花盛开或杏花开放时，气温处于基本稳定，此时可首先撤去枝蔓上的覆盖物，直至葡萄枝蔓露出为止。为了防止枝蔓条中下部芽眼不能萌发抽枝，出土后可将枝蔓暂时平放于地面，进行“甩条”，待各部分芽眼都已经膨大萌动时，再将枝蔓均匀绑缚到架面上。此后喷施 1 次 3~5 波美度石硫合剂，从而杀灭枝蔓上残存的越冬病虫。催芽后可同时萌发许多冬芽，应留好预备枝(作更新用)，其他芽眼根据花穗分化质量和栽培密度，留 1~3 个结果蔓，均匀分布在架面上，其余萌芽全部抹掉，以减少养分消耗的能量。农药使用要求符合 GB 4285—1989 和 GB/T 8321 的相关规定。

10 整形、套袋

红提葡萄整形的目的在于把树冠培养成一定的形状，使枝蔓均匀分布、合理生长，充分利用空间、光照，形成能高产优质的树体骨架结构。一般从 5 月中旬开始到 6 月底，进行 2~3 次抹芽、修剪整形，同时，从 5 月中下旬开始至套袋前，进行 3 次以上的病虫害防治工作，以上工作结束后，及时采取葡萄套袋。

11 冬季压埋与防寒

每年葡萄下架，埋土防寒，应适时掌握枝蔓压埋良机。从 10 月下旬开始埋土，到次年 3 月底做好冬季压埋防寒，压土宽度 120 厘米，厚度 35～40 厘米，并管护好架杆拉丝等材料，及时防治鼠害、检查埋土情况，适时进行第 2 次复埋。同时，及时收听收看天气预报，做好预防早晚霜侵害的防治工作。

轻度盐碱地甘草栽培技术规程

1 范围

本规程规定了轻度盐碱地甘草栽培技术的技术术语、技术参数、操作规程和实施规范。

2 规范性引用文件

下列文件对于本文件的应用是必不可少的。凡是注日期的引用文件，仅所注日期的版本适用于本文件。凡是不注日期的引用文件，其最新版本（包括所有的修改单）适用于本文件。

GB 4285—1989　农药安全使用标准
GB/T 8321.1~9　农药合理使用准则（1~9）
GB 4455—1994　农业用聚乙烯吹塑薄膜
GB 13735—1992　聚乙烯吹塑农用地面覆盖薄膜
GB 16151—2008　农业机械运行安全技术条件
NY/T 496—2002　肥料合理使用准则
NY/T 740　田间开沟机械作业质量

3 术语和定义

下列术语和定义适用于本文件。

3.1 甘草

中药名，别名国老、甜草、甜根子、红甘草、粉甘草。被子植物门，双子叶植物纲，豆目，蝶形花科（豆科），甘草属。根和根状茎供药用，是一种常用中药材，具有祛痰、利尿、清肺、止咳、解毒、抗癌、延缓衰老之功效，应用范围十分广泛。甘草的茎叶是发展畜牧的优质饲料，蛋白含量达15%。近年来又广泛用于食品、烟草、化工等行业，市场前景广阔。为多年生草本植物，高40~80厘米，茎直立，全株可见白色短柔毛和腺毛。地下根茎圆柱形，主根粗壮，长达

1 米以上，皮为黄褐色，少数为深褐色，木质部为黄色，味甜。奇数羽状复叶，叶互生，小叶 7~17 片，卵圆形或椭圆形，顶端一小叶较大，小叶两面和边缘均密布棕色腺体及白色短柔毛，具短柄，两侧托叶成披针形。总状花序腋生，花梗极短，花密集，红色及蓝紫色。荚果扁平，多数密集排列成球状、镰刀状或环状弯曲，表面密生黄褐色刺状毛腺体和少数非腺毛，荚壳坚硬。种子 2~8 粒，扁圆形或肾形，褐绿色。花期在 6—8 月，果期在 7—9 月。甘草适宜在海拔 1 600~2 500 米，年均气温≥6.0℃，1 月平均气温≥-8℃，≥0℃积温 1 800~2 500℃，年降水量 400 毫米左右，无霜期 130~180 天的条件下生长。

甘草喜光照充足、昼夜温差大的环境，适种土壤包括风沙土、灌淤土、灰钙土、灰漠土、黄绵土、红黏土、黑垆土、盐渍土等，但不宜在土质黏重、重度盐碱地及排水不良的土壤中种植。

4 产地环境

西北沿黄灌区，区域范围明确，排灌方便，地力水平中等及以上，春季播前 0~20 厘米土层土壤全盐含量在 0.3%以下，土壤 pH 值为 7.00~8.50。丰产栽培时应选择土层深厚，土质疏松，透水透气性较好，平整的地块，忌强盐碱和积水地栽植，应避免与豆科作物轮作，忌连作。

5 育苗

5.1 育苗地选择

宜选择有多年耕种史，无病虫或严重草害史，土层深厚、结构疏松、地势平坦、土壤肥力较好、灌溉条件良好的沙壤或壤土地，且处于种植区或靠近种植区，最好交通方便，有防风林网的区域。

5.2 育苗地整地施肥

育苗前必须细致整地。秋翻深度 25~30 厘米，随翻、随耙，清除残根、石块，耙平耙细。灌冬水或早灌春水，洗盐保墒，结合整地施商品农家肥 6.0 万~7.5 万千克/公顷、过磷酸钙 450 千克/公顷、尿素 150 千克/公顷，或施商品农家肥 6.0 万~7.5 万千克/公顷、磷酸二铵 112.5 千克/公顷、尿素 111.0 千克/公顷，然后精细耙耱。耙平后做长 10 米、宽 2~3 米的水畦，灌足底墒水待播，播前再施入磷酸二铵 300 千克/公顷作种肥。机械作业要求符合 GB 16151—2008 的相关要求。肥料施用要求符合 NY/T 496—2002 的相关要求。

5.3 精选良种

种子质量指标要求为品种纯度≥99.0%，种子净度≥98.0%，发芽率≥60%，水分≤14.0%。

5.4 种子处理

精选合格种子，然后将其在农用碾米机上碾1~2遍，见种脐擦伤或种皮微破且不碾碎种子为宜。也可用80%硫酸浸泡处理种子4~7小时，每100千克种子加入浓硫酸2 500~3 000毫升，待每粒种子都出现酸蚀黑斑约1小时，即可取出种子，用清水冲洗干净，晾干后保存。

墒情较好的育苗地，播前10小时左右，用60~70℃左右热水倒入种子内，边倒边搅拌至常温，再浸泡2~3小时，待种子吸水膨胀后取出，滤干水分，放置8小时左右即可播种。易造成板结的黏重土壤宜采用灌水后播种。易干旱的沙质轻壤土宜采用播后灌水。旱地或土壤墒情较差的育苗地，宜干籽播种。

5.5 播种

当土壤5厘米地温稳定通过10℃时，即可播种，4月中旬至5月上旬为甘草适播期，在适播期内播种越早，当年生长期越长，培育的苗子主根粗壮而长，有利于移栽成活和根的生长。可采用覆膜播种方式，采用宽窄行种植，宽行110厘米，窄行30厘米，播前1~2天覆0.008毫米、幅宽120厘米的黑膜，膜两边用土压实。用手持打孔器在地膜上并排打孔，孔直径6厘米，深2~3厘米，株距10~11厘米，行距8~10厘米，每穴点入处理过的种子17~20粒，稍覆细土，再覆洁净细河沙，增温、保墒、防板结。播量为150~165千克/公顷。地膜要求符合GB 4455—1994和GB 13735—1992的相关要求。

部分地区也可采用露地撒播方式，指将种子撒在耙耱平的地表，再耙耱1次，使种子入土2~3厘米，镇压后，覆盖1厘米细砂或麦草保墒。露地播种最适宜播期为3月下旬至4月中旬，播量为240~300千克/公顷。

5.6 适时灌水，中耕施肥

苗期一般灌水2~3次，锄草松土3次。苗出齐后灌第1次水，待苗高7~10厘米时，灌第2次水，地面稍干时，锄草松土，分枝期灌第3次水，再次锄草、松土。以利于增温和蓄墒、保墒，促进主根纵深发育。每次灌水定额为900~1 200立方米/公顷。渍水时应及时排出田间积水，防止甘草苗因土壤含水率过高诱发病害。年内没有起苗，可灌足冬水。

苗期追肥不宜过多，以追施尿素 120~150 千克/公顷为宜。叶面肥宜选择磷酸二氢钾型叶面肥；喷施时期在苗高 10 厘米以上和幼苗分枝期，全年喷 2~3 次；喷施浓度为 20~25 克原药对水 15 千克。肥料施用要求符合 NY/T 496—2002 的相关要求。

幼苗生长高度达 10 厘米时，中耕，疏松土壤，耕深 5 厘米；生长期间，每月中耕 1 次。

6 移栽地选择与整地施肥

移栽地要及早蓄墒、保墒，要求移栽时土壤相对含水量不低于 70%~80%。前茬以禾谷类作物最佳。选土层深厚、疏松肥沃的沙壤土或壤土地块，要求有机质含量≥1.0%，速效磷含量≥5 毫克/千克，土层深 1~2 米，地下水位≤3.5 米，土壤 pH 值为 7.2~8.5，总盐量≤0.3%。选定地块后，前作收获后，及时机械深翻 20~30 厘米，充分暴晒，秋季精细耙耱，保证地表平整，土壤疏松。结合耙耱用 50%辛硫磷乳油 3 750 毫升/公顷拌入细沙土 300 千克，制成毒土，施入土内以杀灭地下害虫。按照有机与无机相结合，基施和追肥相结合的原则，实行配方施肥。结合整地基施农家肥 60~75 吨/公顷、磷酸二铵 112.5 千克/公顷、尿素 111.0 千克/公顷。肥料施用要求符合 NY/T 496—2002 的相关要求。

7 移栽定植

7.1 栽植时间

大田栽植的适宜时间为 4 月，在适宜栽植期内应适当早栽。

7.2 种苗处理

移栽前，对种苗集中喷施 40%辛硫磷乳油 800~1 000 倍液，或 10%杀灭菊酯乳油 800~1 000 倍液，用塑料薄膜覆盖，放置 1~2 天后移栽；或用 50%多菌灵可湿性粉剂 600 倍液、27%皂素烟碱可溶性浓剂 600 倍液混合液浸苗 10~30 分钟后移栽，可防治甘草根部病虫害。农药使用要求符合 GB 4285—1989 和 GB/T 8321 的相关规定。

7.3 起苗

当种苗苗龄达到 1 年，根茎长>20 厘米，横径>2 毫米时，采挖移栽。土壤解冻后采挖越早越好，一般在翌年 3 月中旬至 4 月中旬。挖苗时要保持苗圃潮湿松软，以确保苗体完整，起苗前1天，育苗小畦应灌水。采挖先从地边开始，紧靠苗垄开一深沟到甘草苗根部底端，并顺垄逐行采挖全苗。挖出的种苗要及时覆盖，以防失水。将采挖出的种苗按标准分级打捆，扎成直径10厘米的带土小把，根长40厘米为一类苗，根长30~40厘米为二类苗，根长20~30厘米为三类苗，不足20厘米为四类苗，每捆200~300株。

7.4 科学移栽

平地按南北行向、缓坡地沿等高线种植。移栽时先用山地犁开30厘米以上的深沟，在沟内施入磷酸二铵300千克/公顷、过磷酸钙450千克/公顷，然后顺垄沟，呈35°~40°倾斜，插放甘草移栽苗，要求根头同方向，根尾部顺沟平放，不要打弯，株距10~15厘米，甘草根头发芽部低于土表2~3厘米，切忌暴露在土层外部。栽完一行后，再按行距35~40厘米，用山地犁开翻第二行，使翻出的土壤恰好将第一行甘草移栽苗整株覆埋。苗头覆土厚度10~15厘米并压实。要求边开沟、边摆苗、边覆土、边耙磨。栽植密度为22.5万~30.0万株/公顷。同一地块移栽同一等级的甘草苗，以利于甘草生长整齐，便于统一管理，同期采挖。移栽定植完后要耙耱平整，对个别外露根头要人工补埋。肥料施用要求符合NY/T 496—2002的相关要求。

8 灌溉

土壤湿度对甘草生长影响较大，应视土壤墒情确定灌水时间和灌水量。灌足底水是确保出苗的关键，随旱随浇，有条件的地方可采用滴灌或喷灌。一般苗出齐后灌第1水，苗高10厘米灌第2水，后期若干旱灌第3水。如遇降水，可适当减少灌溉次数。秋季雨水较多时，要注意排水。

9 追肥

分枝期结合灌水和降水施尿素150~225千克/公顷，在苗高10厘米以上和幼苗分枝期，分别叶面喷施1.5~2.0克/千克磷酸二氢钾1次，以利地上茎叶生长，增加叶面积，促进根系发育。苗高20厘米时，再进行一次追肥，追施磷酸二铵375千克/公顷；收获前30天内不得追施无机肥。水浇地随灌水施入，旱地可结合中耕除草或雨后进行旱追施，具体方法为在根系两侧开沟追施，或将肥料均匀撒入地表，结合中耕除草使肥土混合。肥料施用要求符合NY/T 496—2002的相关要求。

10　中耕除草与培土

幼苗生长高度10厘米时，及时中耕除草，疏松土壤，中耕深度5厘米。除草要除早、除小、除净，此后每月中耕1次，直至封冻。田间杂草防治应做到早除、勤除。生长期内至少除草5次。尤其是在第2、第3年，要及时中耕锄草，以保证甘草的旺盛生长，提高产量。

每年越冬前培土，以免造成顶部干枯或中空。

11　病虫害防治

甘草生长期经常发生的病害有锈病、褐斑病、白粉病、立枯病、猝倒病、根腐病、灰斑病等。病害发生时，应及时消灭和封锁发病株与发病中心，清除地上病株，尤其是秋季刈割、清洁田园病枝落叶，可减少翌年的病原。锈病发生时，可采用波美0.3~0.4波美度石硫合剂、20%三唑酮可湿性粉剂300~500倍液，叶面喷雾防治，每隔10天喷1次，连喷2~3次，防效可达80%以上；褐斑病选用70%甲基托布津可湿性粉剂1 500~2 000倍液、70%代森锰锌可湿性粉剂1 000~1 200倍液，叶面喷雾防治，防效可达85%以上；白粉病选用50%硫黄悬乳剂600~800倍液叶面喷雾防治，防效可达85%以上；选用50%多菌灵可湿性粉剂10倍液、64%杀毒矾可湿性粉剂10倍液拌种，可防治立枯病发生。猝倒病主要表现为幼苗根茎基部水浸状，局部形成缢缩，猝倒死亡，预防方法同立枯病。根腐病可用50%甲基托布津可湿性粉剂800倍液，或75%百菌清可湿性粉剂600倍液灌根防治。灰斑病用50%多菌灵可湿性粉剂500~600倍液，或75%百菌清可湿性粉剂500~600倍液喷雾防治，间隔10天喷1次，连喷3次。

甘草生长期的主要虫害有蚜虫、蛴螬、甘草叶甲、金针虫、地老虎、甘草豆象、种籽小蜂、甘草胭蚧等。甘草蚜虫5~8月为发生盛期，可用20%氰戊菊酯乳油2 000~3 000倍液，或10%大功臣可湿性粉剂1 000倍液喷洒防治。防止蛴螬可翻耕整地，压低越冬虫量；施用腐熟的厩肥、堆肥，施后覆土，减少成虫产卵量；覆膜前用50%辛硫磷乳油15千克/公顷，拌土600千克制成毒土，均匀翻入土中，进行土壤处理等。甘草叶甲采用40%毒死蜱乳油1 000倍液喷雾防治，并采用冬季灌水、秋季刈割、清除田间枯枝落叶等措施，减少越冬虫源与翌年虫口基数。金针虫可将棉籽饼、油渣、麦麸等粉碎炒香后制成饵料，将5千克饵料与150毫升90%敌百虫晶体30倍液拌匀，加适量水拌湿，傍晚按30.0~37.5千克/公顷撒于行间防治。防治地老虎可于早春清除田间及周围根际杂草，以防止成虫产卵，如发现幼虫，可将灰条、苦苣、旋花等杂草铡碎放在90%敌百虫晶体100倍液中浸泡10分钟后撒于行间诱杀。甘草种子小蜂1年发生1.5代，播种前筛种，除去有虫的种子，在盛花期或种子乳熟期喷施敌百虫800~1 000倍液。甘草豆象1年发生1代，防治重点在甘草种荚收获脱粒后入仓贮藏期，应定期用熏蒸剂熏蒸。甘草胭蚧可选用40%水胺硫磷乳油1 000倍液地面喷雾防治。

农药使用要求符合GB 4285—1989和GB/T 8321的相关规定。

12 采收

育苗移栽甘草2~3年后便可采挖。在土壤墒情较好的情况下，挖开地表20~30厘米，便可将甘草主根逐个拔出。春秋两季皆可采挖，但秋末冬初（10—11月）最适宜采挖，此时根部甘草酸和甘草次酸含量最高，其他物质积累也丰富。土壤冻结前全部挖完。采挖时，先割去地上部分枯萎茎蔓，然后从地边贴苗开70厘米深沟，然后逐渐向里挖，尽量保全根，严防伤皮断根。

13 晾晒、包装、贮藏

采挖后根据主根直径大小和长度分类，除去残茎、枝杈、须根后，去掉泥土，依据直径大小加工成规定的长度。捋直、捆扎，选择地势高、干燥、通风、硬实，且经防潮处理的平台堆放晾干，晾至折断有松脆声，即可捆把，按等级分别剪切修整，扎成大捆保管，勿暴晒。堆放前，应对场地进行全面清理，以防止杂草、杂质和有毒物质混入，雨雪天及时用防雨布遮盖。

按级称重并扎成25千克的大捆，然后装箱封口打包，箱外标注产地、等级、采收时间、生产日期、含水量、净重等。

贮于干燥、通风良好的专用贮藏库，相对湿度应控制在70%以内，温度不超过25℃。贮存1~3年内不使用任何保鲜剂和防腐剂。贮藏期间要勤检查、勤翻动、常通风，以防发霉和虫蛀。

轻度盐碱地红花栽培技术规程

1 范围

本规程规定了轻度盐碱地红花栽培技术的技术术语、技术参数、操作规程和实施规范。

2 规范性引用文件

下列文件对于本文件的应用是必不可少的。凡是注日期的引用文件，仅所注日期的版本适用于本文件。凡是不注日期的引用文件，其最新版本（包括所有的修改单）适用于本文件。

GB 4285—1989　农药安全使用标准
GB/T 8321.1~9　农药合理使用准则（1~9）
GB 16151—2008　农业机械运行安全技术条件
NY/T 496—2002　肥料合理使用准则
NY/T 740　田间开沟机械作业质量

3 术语和定义

下列术语和定义适用于本文件。

3.1 红花

中药名，又名红蓝花、草红花、杜红花等，是菊科一年生草本植物，可直接烹调食用，也可以花入药，常用于妇科，具有通经活血，消肿止痛的功效。高50~100厘米，茎直立，上部多分枝，下部木质化。单叶互生，几乎无柄，抱茎，卵状披针形或长椭圆形，边缘有不规则的锐锯齿，齿端有刺，长1毫米左右；向上的叶渐少，成苞片状围绕头状花序，头状花序顶生，总苞片数层，外层卵状披针形，边缘具尖刺，内层卵状椭圆形，边缘为白色透明膜质无刺；全部为两性管状花，花管约1.5厘米，先端5裂，裂片狭线形，长5~8毫米，雄蕊5个，花药黄白色，合成管状，高出裂片之外，中央有柱头露出，柱头细长圆锥形，柱头

2裂，裂片舌状。初开放时黄色，渐变淡红色，成熟时为橘红色，有特异香气。药用时以花冠长，色红，质柔状者为佳。瘦果白色，倒卵形，长约5毫米，无冠毛，具4棱。红花喜温暖和稍干燥的气候，耐寒、耐旱、耐盐碱、耐瘠薄，根系发达，适应性强，怕高温、怕涝，尤其花期忌涝。生育期为120天，为长日照作物，适期早播有利于促其营养生长，生长后期如有较长的日照，能促进开花结果。

4 产地环境

西北沿黄灌区，区域范围明确，土层深厚，肥沃，排灌方便，地力水平中等及以上，春季播前0~20厘米土层土壤全盐含量在0.3%以下，土壤pH值为7.50~8.50的壤土或沙壤土，前茬以豆科、禾本科作物为好，忌连作。

5 整地

播前浇地，每公顷施有机肥60吨作底肥，翻耕20厘米深，整细耙平，作平畦，畦宽1.5~2.0米。机械作业要求符合GB 16151—2008的相关要求。肥料施用要求符合NY/T 496—2002的相关要求。

6 播种

春播，3—4月地温达5℃时，就可播种，宜早不宜迟。播前用50~55℃温水浸种10分钟，转入冷水中冷却后，取出晾干播种。一般采用穴播，行距40厘米，株距25厘米，穴深6厘米，每穴放4~5粒种子后覆土，稍加镇压、搂平，用种量52.5~60千克/公顷。

7 田间管理

种子繁殖出苗后，应及时间苗，当幼苗具2~3片真叶时，去掉弱苗，当苗高8~10厘米时，定苗，每穴留壮苗2株，如需补苗，选择在阴雨天或傍晚时进行。生长期需中耕除草3次，结合追肥培土进行，防止倒伏。4—8月，应分次追施农家肥45吨/公顷，第2次追肥应加入硫酸铵150千克/公顷，第3次在植株封垄现蕾前进行，增施过磷酸钙225千克/公顷，此外可用0.3%的磷酸二氢钾喷施植株，可促使花蕾多而大，抽薹后打顶，可使分枝和花蕾增多。肥料施用要求符合NY/T 496—2002的相关要求。

8 病虫害防治

红花常发炭疽病，发病时植株各器官均可被感染，叶上病斑近圆形或纺锤形，呈红褐色逐渐扩大，使花枝枯萎，花蕾不能开放。防治方法：用 50%可湿性甲基托布津粉剂 500~600 倍液或代森锰锌 500~600 倍液喷施，7~10 天 1 次，连续 2~3 次。农药使用要求符合 GB 4285—1989 和 GB/T 8321 的相关规定。

9 采收与加工

一般 6—7 月开花，当花盛开即花冠顶端由黄变红时，于晴天早晨采摘，采收时留下子房，使其继续生长结实。花采后置于通风阴凉处阴干，也可在 40~50℃下烘干，未干时不能堆放，以免发霉变质，以表面深红微带黄色，无枝、叶杂质者为佳。

10 留种技术

将生长健壮、株高适中、分枝多、花序大、花冠长、开花早、花色橘红，早熟无病的植株作为采种母株，并挂牌做记号。待种子充分成熟后单独采收，去除杂质，筛选大粒、色白、饱满的种子晾干贮藏作种。

轻度盐碱地黄芪栽培技术规程

1 范围

本规程规定了轻度盐碱地黄芪栽培技术的技术术语、技术参数、操作规程和实施规范。

2 规范性引用文件

下列文件对于本文件的应用是必不可少的。凡是注日期的引用文件，仅所注日期的版本适用于本文件。凡是不注日期的引用文件，其最新版本（包括所有的修改单）适用于本文件。

GB 4285—1989　农药安全使用标准
GB/T 8321.1~9　农药合理使用准则（1~9）
GB 4455—1994　农业用聚乙烯吹塑薄膜
GB 13735—1992　聚乙烯吹塑农用地面覆盖薄膜
GB 16151—2008　农业机械运行安全技术条件
NY/T 496—2002　肥料合理使用准则

3 术语和定义

下列术语和定义适用于本文件。

3.1 黄芪

中药名，又名绵芪、黄耆、独椹、蜀脂、百本、百药棉、黄参、血参等。有增强机体免疫功能、保肝、利尿、抗衰老、抗应激、降压和较广泛的抗菌作用。被子植物门，双子叶植物纲，豆目，蝶形花科，黄芪属，分布区域为华北、东北、内蒙古和西北。为多年生草本植物，高 50~100 厘米。主根肥厚，木质，常分枝，灰白色。茎直立，上部多分枝，有细棱，被白色柔毛。羽状复叶，有 13~27 片小叶，长 5~10 厘米；叶柄长 0.5~1 厘米；托叶离生，卵形，披针形或线状披针形，长 4~10 毫米，下面被白色柔毛或近无毛；小叶椭圆形或长圆状卵形，长7~30毫米，宽3~12毫米，先端钝圆或微凹，具小尖头或不明显，基部圆形，上面绿色，近无毛，下面被伏贴白色柔毛。总状花序稍密，有10~20朵花；总花梗与叶近等长或较长，至果期显著伸长；苞片线状披针形，长2~5毫米，背面被白色柔毛；花梗长3~4毫米，连同花序轴稍密被棕色或黑色柔毛；小苞片2；花萼钟状，长5~7毫米，外面被白色或黑色柔毛，有时萼筒近于无毛，仅萼齿有毛，萼齿短，三角形至钻形，长仅为萼筒的1/4~1/5；花冠黄色或淡黄色，旗瓣倒卵形，长12~20毫米，顶端微凹，基部具短瓣柄，翼瓣较旗瓣稍短，瓣片长圆形，基部具短耳，瓣柄较瓣片长约1.5倍，龙骨瓣与翼瓣近等长，瓣片半卵形，瓣柄较瓣片稍长；子房有柄，被细柔毛。荚果薄膜质，稍膨胀，半椭圆形，长20~30毫米，宽8~12毫米，顶端具刺尖，两面被白色或黑色细短柔毛，果颈超出萼外；种子3~8颗。花期6—8月，果期7—9月。

4 产地环境

西北沿黄灌区，区域范围明确，土层深厚、疏松、肥沃，排灌方便，地力水平中等及以上，春季播前0~20厘米土层土壤全盐含量在0.2%以下，土壤pH值为7.00~8.50的沙壤地块，忌连作，不宜与马铃薯、胡麻轮作。

5 选地整地

移栽前15天（4月初）整地，一般深翻30~40厘米，结合整地施优质农家肥22 500~37 500千克/公顷、磷酸二铵450~600千克/公顷，整地后要注意保墒，整平耙细后待用。机械作业要求符合GB 16151—2008的相关要求。肥料施用要求符合NY/T 496—2002的相关要求。

6 种苗选择

选取条长、粗壮、无断损、无病虫害的种苗进行移栽。

7 覆膜移栽

地膜一般选用幅宽70厘米、厚0.007毫米的强力膜。采取畦上平栽方法，先栽植后覆膜。畦面宽70厘米，畦沟宽50厘米，在畦面上横向开深7~10厘米的沟，将黄芪头朝向畦沟，尾对尾错位栽植，株距15~20厘米，同畦两行黄芪头相距75厘米，栽植密度82 500~112 500株/公顷。栽完后，整平畦面，镇压后覆膜，覆膜时要把种苗放出，以防烧苗，然后用畦面开沟时挖起的土将地膜边沿和黄芪头压严。最后在地膜上每隔2米压土腰带，防止大风揭膜。地膜要求符合 GB 4455—1994 和 GB 13735—1992 的相关要求。

8 田间管理

播种后要经常检查地膜，发现有破口或未埋严的地方要及时用土封好。苗期及时放苗，否则会出现烧芽现象。一般选择在 17:00 以后或晴天 9:00 以前放苗。出苗后，田间杂草要及时拔除干净并运出田外。幼苗生长缓慢，需要足够的水分，遇到干旱时要及时灌溉，有灌溉条件的地方可根据土壤墒情适时灌水 2~3 次。雨季应特别注意排水，否则易烂根。

9 病虫害防治

9.1 农业防治

黄芪病害主要有白粉病、白绢病、根结线虫病、根腐病等，虫害主要有食心虫、蚜虫等。加强田间管理、合理密植、注意株间通风透光可减少发病。采取 3~5 年轮作、及时拔除病株、整地时进行土壤消毒、对带病种苗进行消毒后再播种、及时消除田内杂草和枯枝落叶等措施也有理想的防效。

9.2 化学防治

白粉病主要为害黄芪叶片，发病时选用 25%粉锈宁可湿性粉剂 800 倍液，或 50%多菌灵可湿性粉剂 500~800 倍液，或 75%百菌清可湿性粉剂 500~600 倍液，或 30%固体石硫合剂 150 倍液喷雾防治，每隔 7~10 天喷 1 次，连喷 3~4 次。白绢病主要危害黄芪根，发病时选用 50%混杀硫悬浮剂 500 倍液，或 30%甲基硫菌悬浮剂 500 倍液，或 20%三唑酮乳油 2 000 倍液灌穴防治，每隔 5~7 天灌穴 1 次；也可用 20%利克菌（甲基立枯磷）乳油 800 倍液，于发病初期灌穴或淋施 1~2 次，每隔 10~15 天 1 次。根结线虫病主要为害黄芪根部，一般在 6 月上中旬至 10 月中旬均有发生，发病时用 30%甲基硫菌悬浮剂 500 倍液，或 20%三唑酮乳油 2 000 倍液进行灌穴防治，每隔 5~7 天浇 1 次。根腐病常于 5 月下旬至 6 月初开始发病，7 月以后严重发生，常导致植株成片枯死。发病时可用 30%氟菌唑可湿性粉剂 2 000~3 000 倍液，或 70%甲基硫菌灵可湿性粉剂 1 000 倍液喷雾防治；若病情严重，隔 7 天再喷 1 次，交替用药。食心虫主要有黄芪籽蜂、豆荚螟、苜蓿夜蛾、棉铃虫、菜青虫等，为害黄芪的种荚。盛花期和结果期，用 40%乐果乳油 1 000 倍液各喷雾防治 1 次，种子采收前，用 5%西维因粉 1 000 倍液喷雾防治。蚜虫主要以槐蚜为主，多集中为害枝头幼嫩部分及花穗等，一般用

40%乐果乳油 1 500~2 000 倍液，或 1.5%乐果可湿性粉剂 1 500~2 000 倍液，或 2.5%敌百虫可湿性粉剂 1 500~2 000 倍液喷雾防治，每 3 天喷 1 次，连喷 2~3 次。农药使用要求符合 GB 4285—1989 和 GB/T 8321 的相关规定。

10 采收与加工

10.1 采收

黄芪移栽后 1 年即可采收，在 10 月中下旬，枝叶枯萎后，选晴天采收，采挖前 3~5 天，可先割除地上部分，揭去地膜，采挖时用钢叉将根部挖出，除去泥土。黄芪根深，采收时注意不要将根挖断，以免造成减产和商品质量下降。

10.2 加工

将采收的黄芪根去净泥土，趁鲜剪掉芦头，晒至七八成干时，剪去侧根及须根，分等级捆成小捆，再阴干。以根条粗长，表面淡黄色，断面外层白色，中间淡黄色，粉性足、味甜者为佳。干品放通风干燥处贮藏。

轻度盐碱地板蓝根种植技术规程

1 范围

本规程规定了轻度盐碱地板蓝根种植技术的技术术语、技术参数、操作规程和实施规范。

2 规范性引用文件

下列文件对于本文件的应用是必不可少的。凡是注日期的引用文件，仅所注日期的版本适用于本文件。凡是不注日期的引用文件，其最新版本（包括所有的修改单）适用于本文件。

GB 4285—1989　农药安全使用标准
GB/T 8321.1~9　农药合理使用准则（1~9）
GB 16151—2008　农业机械运行安全技术条件
NY/T 496—2002　肥料合理使用准则
NY/T 1853—2010　除草剂对后茬作物影响试验方法
NY/T 1997—2011　除草剂安全使用技术规范 通则

3 术语和定义

下列术语和定义适用于本文件。

3.1 板蓝根

中药名，常用别名菘蓝、山蓝、大蓝根、马蓝根、靛青根、蓝靛根、大青根。被子植物门，双子叶植物纲，十字花科，菘蓝属。具有清热解毒，凉血利咽之功效。二年生草本植物，植株高 50~250 厘米。光滑被粉霜。根肥厚，近圆锥形，直径 2~7.5 厘米，长 20~75 厘米，表面土黄色，具短横纹及少数须根。基生叶莲座状，叶片长圆形至宽倒披针形，长 5~37 厘米，宽 1.5~10 厘米，先端钝尖，边缘全缘，或稍具浅波齿，有圆形叶耳或不明显；茎顶部叶宽条形，全缘，无柄。总状花序顶生或腋生，在枝顶组成圆锥状；萼片 4，宽卵形或宽披针形，长 2~3 毫米；花瓣 4，黄色，宽楔形，长 3~4 毫米，先端近平截，基部具不明显短爪；雄蕊 6，4 长 2 短，长雄蕊长 3~3.2 毫米，短雄蕊长 2~2.2 毫米；雌蕊 1，子房近圆柱形，花柱界限不明显，柱头平截。短角果近长圆形，扁平，无毛，边缘具膜质翅，尤以两端的翅较宽，果瓣具中脉。种子 1 颗，长圆形，淡褐色。花期 4—5 月，果期 5—6 月。

4 产地环境

西北沿黄灌区，区域范围明确，土壤疏松，排灌方便，地力水平中等及以上，春季播前 0~20 厘米土层土壤全盐含量在 0.3%以下，土壤 pH 值为 7.00~8.50。板蓝根系深根植物，适宜温暖湿润的气候，抗旱耐寒，怕涝，水浸后容易烂根，一般的土壤都可以种植，但是最好选择土壤疏松，排水良好的地块种植。

5 深翻整地合理施肥

可以结合深翻整地合理施肥，每公顷可以施农家肥 45~60 吨，磷酸二铵 225 千克，生物钾肥 60 千克，均匀地撒到地内，并深翻 30 厘米以上，再做成 1 米宽的平畦，这样有利于根部的生长，顺直、光滑，杈少。然后选择适宜时间播种。机械作业要求符合 GB 16151—2008 的相关要求。肥料施用要求符合 NY/T 496—2002 的相关要求。

6 播种的时间与方法

板蓝根在西北沿黄灌区适宜春播，并且应适时迟播，如果播种时间过早，抽薹开花早，不仅造成减产而且板蓝根的品质也会下降，最适宜的时间是 4 月 20—30 日。播种前种子用 40~50℃温水浸泡 4 小时左右，捞出用草木灰拌匀，在畦面上开一条行距 20 厘米，深 1.5 厘米的浅沟，将种子均匀地撒在沟中，覆土 1 厘米左右，略微镇压，适当浇水保湿。温度适宜，7~10 天即可出苗。一般每公顷用种量为 30~37.5 千克。

7 田间管理

7.1 间苗定苗

出苗后，当苗高 7~8 厘米时，按株距 6~10 厘米定苗，去弱留壮，缺苗补齐。苗高 10~12 厘米时，结合中耕除草，按照株距 6~9 厘米，行距 10~15 厘米定苗。

7.2 中耕除草

幼苗出土后浅耕，定苗后中耕。在杂草 3~5 叶时，可以选择精禾草克类化学除草剂喷施，除去禾本科杂草，每公顷用药 600 毫升，对水 750 千克喷雾。除草剂使用要求符合 GB 4285—1989、GB/T 8321.1~9、NY/T 1853—2010 和 NY/T 1997—2011 的相关规定。

8 追肥浇水

收大青叶为主的，每年要追肥 3 次，第 1 次是在定植后，在行间开浅沟，每公顷施入 150~225 千克尿素，及时浇水保湿。第 2、第 3 次是在收完大青叶以后追肥，为使植株生长健壮旺盛，可以用农家肥适当配施磷钾肥；收板蓝根为主的，在生长旺盛的时期不割大青叶，并且少施氮肥，适当配施磷钾肥和草木灰，以促进根部生长粗大，提高产量。肥料施用要求符合 NY/T 496—2002 的相关要求。

9 主要病虫害防治方法

9.1 霜霉病

该病在 3—4 月始发，在春夏雨季尤其严重，主要为害板蓝根的叶部，病叶背面产生白色或灰白色霉状物，严重时叶鞘变成褐色，甚至枯萎。主要防治方法：排水降湿，控制氮肥用量。发病初期用 70%代森锰锌 500 倍液喷雾防治，或用杀毒矾 800 倍液喷雾防治，每隔 7~10 天一次，连喷 2~3 次。

9.2 叶枯病

主要为害叶片，从叶尖或叶缘向内延伸，呈不规则黑褐色病斑迅速蔓延，至叶片枯死。在高温多雨季节发病严重。发病前期可用 50%多菌灵 1 000 倍液喷雾防治，每隔 7~10 天一次，连喷 2~3 次。该时期应多施磷钾肥。

9.3 根腐病

5 月中下旬开始发生，6—7 月为盛期。常在高温多雨季节发生，雨水浸泡致根部腐烂，整株枯死。发病初期可用 50%多菌灵 1 000 倍液或甲基托布津粉剂 1 000 倍液淋穴，并拔除残株。

9.4 主要虫害的防治

菜粉蝶，俗称小菜蛾，主要为害叶片，5 月开始发生，尤以 6 月为害严重。可以用菊酯类农药喷雾防治。

农药使用要求符合 GB 4285—1989 和 GB/T 8321 的相关规定。

10 收获加工

春播板蓝根在收根前，可以收割 2 次叶子，第一次可在 6 月中旬，当苗高 20 厘米左右时，从植株茎部距离地面 2 厘米处收割，有利于新叶的生长；第二次可在 8 月中下旬。高温天气不宜收割，以免引起成片死亡。收割的叶子晒干后即成药用的大青叶，以叶大、颜色墨绿、干净、少破碎，无霉味者为佳。板蓝根应在入冬前，选择晴天采挖，挖时一定要深刨，避免刨断根部。起土后，去除泥土茎叶，摊开晒至七八成干以后，扎成小捆再晒至全干。以根条长直、粗壮均匀、坚实粉足为佳。

11 留种技术

春播板蓝根应在入冬前采挖，选择无病、健壮的根条按照株行距 30 厘米×40 厘米移栽到留种地里。留种地应选择避风、排水良好、阳光充足的地块。来年发棵时，加强肥水管理，于 6—7 月种子由黄转黑时，整株收割，晒干脱粒。收完种子的板蓝根已经木质化，不能再做药用。

轻度盐碱地树型金银花种植技术规程

1 范围

本规程规定了轻度盐碱地树型金银花种植技术的技术术语、技术参数、操作规程和实施规范。

2 规范性引用文件

下列文件对于本文件的应用是必不可少的。凡是注日期的引用文件，仅所注日期的版本适用于本文件。凡是不注日期的引用文件，其最新版本（包括所有的修改单）适用于本文件。

GB 4285—1989　农药安全使用标准
GB/T 8321.1~9　农药合理使用准则（1~9）
GB 16151—2008　农业机械运行安全技术条件
GB 4455—1994　农业用聚乙烯吹塑薄膜
GB 13735—1992　聚乙烯吹塑农用地面覆盖薄膜
NY/T 496—2002　肥料合理使用准则
NY/T 1853—2010　除草剂对后茬作物影响试验方法
NY/T 1997—2011　除草剂安全使用技术规范 通则

3 术语和定义

下列术语和定义适用于本文件。

3.1 金银花

金银花，中药名，又名金银藤、二色花藤、二宝藤、右转藤、子风藤、鸳鸯藤、二花。被子植物门，双子叶植物纲，忍冬科，忍冬属。以花蕾或带初开的花入药，有清热解毒的功效。为多年生半常绿缠绕及匍匐茎的灌木。小枝细长，中空，藤为褐色至赤褐色。卵形叶子对生，枝叶均密生柔毛和腺毛。夏季开花，苞片叶状，唇形花有淡香，外面有柔毛和腺毛，雄蕊和花柱均伸出花冠，花成对生于叶腋，花色初为白色，渐变为黄色，黄白相映，球形浆果，熟时黑色。金银花幼枝橘红褐色，密被黄褐色、开展的硬直糙毛、腺毛和短柔毛，下部常无毛。叶纸质，卵形至矩圆状卵形，有时卵状披针形，稀圆卵形或倒卵形，极少有 1 至数个钝缺，长 3~5 厘米，顶端尖或渐尖，少有钝、圆或微凹缺，基部圆或近心形，有糙缘毛，上面深绿色，下面淡绿色，小枝上部叶通常两面均密被短糙毛，下部叶常平滑无毛而下面多少带青灰色；叶柄长 4~8 毫米，密被短柔毛。总花梗通常单生于小枝上部叶腋，与叶柄等长或稍较短，下方者则长达 2~4 厘米，密被短柔后，并夹杂腺毛；苞片大，叶状，卵形至椭圆形，长达 2~3 厘米，两面均有短柔毛或有时近无毛；小苞片顶端圆形或截形，长约 1 毫米，为萼筒的 1/2~4/5，有短糙毛和腺毛；萼筒长约 2 毫米，无毛，萼齿卵状三角形或长三角形，顶端尖而有长毛，外面和边缘都有密毛；花冠白色，有时基部向阳面呈微红，后变黄色，长（2~）3~4.5（~6）厘米，唇形，筒稍长于唇瓣，很少近等长，外被多少倒生的开展或半开展糙毛和长腺毛，上唇裂片顶端钝形，下唇带状而反曲；雄蕊和花柱均高出花冠。花蕾呈棒状，上粗下细。外面黄白色或淡绿色，密生短柔毛。花萼细小，黄绿色，先端 5 裂，裂片边缘有毛。开放花朵筒状，先端二唇形，雄蕊 5，附于筒壁，黄色，雌蕊 1，子房无毛。气清香，味淡，微苦。以花蕾未开放、色黄白或绿白、无枝叶杂质者为佳。果实圆形，直径 6~7 毫米，熟时蓝黑色，有光泽；种子卵圆形或椭圆形，褐色，长约 3 毫米，中部有 1 凸起的脊，两侧有浅的横沟纹。花期 4—6 月（秋季亦常开花），果熟期 10—11 月。

树型金银花茎叶粗大，叶色浓绿，光合作用强，除具有高产、优质等经济性状外，还具有极强的适应性和抗逆性，具有极强的抗旱、耐盐、耐瘠薄能力，同时耐阴，耐寒性强，也耐干旱和水湿，对土壤要求不严，但以湿润、肥沃的深厚沙质壤上生长最佳，每年春夏两次发梢。根系繁密发达，萌蘖性强，茎蔓着地即能生根。喜阳光和温和、湿润的环境，在荫蔽处，生长不良。生于山坡灌丛或疏林中、乱石堆、山足路旁及村庄篱笆边。

4　产地环境

西北沿黄灌区，区域范围明确，排灌方便，地力水平中等及以上，春季播前 0~20 厘米土层土壤全盐含量在 0.3%以下，土壤 pH 值为 7.00~8.50。

5　选地整地

要选择地面开阔、土层疏松、排灌方便、富含腐殖质的沙质壤土地块，作为栽植园地。也可利用房前屋后，沟边、池塘边等零星地块，进行深翻，将地整平、耙细，整成1.2米宽的地畦。机械作业要求符合GB 16151—2008和NY/T 740的相关要求。

6 盐碱地改良措施

6.1 灌溉洗盐

土壤含盐量高，可利用淡水冲洗；把土壤中过多的易溶性有害盐类淋洗掉，由排水沟流走，使土壤脱盐。早春和晚秋为返盐季节，以灌2~3次水为宜。灌水时，必须掌握适宜的灌水量，使水在畦内分布均匀。水流不宜太慢，否则压碱效果不好；但水流过快则易冲坏畦埂而跑水。要先灌距渠道近、距排水沟远的畦。

6.2 深耕晒盐

深耕晒盐是在种植前一年的秋末进行深耕晒田，不但能加速盐分淋洗，而且能杀死田间的病虫。

7 施肥深翻

增施有机肥料可使盐碱板结的土壤变得疏松，孔隙度大，容重低，土壤的水分、物理性能得到改善。施足底肥，每公顷施磷酸二铵750千克、腐熟的厩肥45~60吨，深翻30~40厘米。施肥在早春植物发芽前，或初冬寒潮前进行。在植株旁开条沟或环状沟，每株施腐熟有机肥10千克、硫酸铵0.1千克、过磷酸钙0.1千克。肥料施用要求符合NY/T 496—2002的相关要求。

8 选择适宜品种

可选择金花三号，为树型小乔木，叶大、厚、顶部尖，毛多。花大、花壁厚，毛长约0.22厘米。花针多数一雌五雄；花长一般5.2~6.1厘米，最长6.6厘米，千针鲜花重322克。大多裸芽也为短花枝，大水大肥也不徒长枝蔓；节间短，多数从第一节间开花，直立度与地面成45°角；生长快，50天可长到0.5厘米粗；采收省工，产量是传统品种的2倍。

9 育苗

9.1 播种期及播种前苗床准备、播种方法

春季土壤返盐影响育苗成活率。为了提高成活率，要采用保护地育苗的方法。3 月上旬，选择土质疏松、土壤肥沃、透气性好的壤土或沙质壤土，深翻 30 厘米以上，每公顷施基肥 90~112.5 吨、碳酸氢铵 600~750 千克，与土壤混匀，拌成富含有机质的培养土，然后整平、做畦，畦长 10 米、宽 12 米，耙平畦面，准备播种。为防治地下害虫，每公顷撒施甲敌粉 22.5~30 千克，或辛硫磷乳剂 2.25~3.75 千克，适当施些硫酸锌或硫酸亚铁，防止苗期病害。播种前必须先催芽，将金银花种子先用清水漂洗，洗去秕种和虫蛀种，再用 40℃温水浸泡 24 小时，捞出后，与 3 倍的湿沙层积催芽，当有 50%的种子裂口露白时，即可筛出种子进行条播。浇透水，待表土稍干时，平整畦面，在畦面上按行距 20 厘米开横沟，沟深 3~5 厘米，播幅宽 10 厘米，将催芽的种子均匀地撒入沟内，覆细土 1 厘米厚并压紧，然后盖地膜。每公顷播种量 15~22.5 千克。地膜要求符合 GB 4455—1994 和 GB 13735—1992 的相关要求。

9.2 育苗管理

播种后水分的管理很重要，直接影响出苗率。金银花种粒细小，幼苗出土前，要严防土壤板结开裂，应每日检查，对缺水的地块进行挑膜喷水。当幼苗出土 30%左右时，揭去地膜。苗出齐后要经常灌水，保持土壤湿润。幼苗生长期要经常除草、松土和浇水。视苗情，可追施氮肥，每公顷 105~150 千克。

当苗高 15~20 厘米时摘心，待发新枝，以后连续进行 2~3 次，7 月每株可有 4~8 个分枝，秋季可出圃栽植。

10 移栽定植

移栽应在早春新芽萌发前，或秋冬季休眠期进行。在整好的栽植地上，按行距 150 厘米、株距 120 厘米挖穴，宽、深各 30~40 厘米，每穴施入土杂肥 5 千克并与底土拌匀，然后栽壮苗 1 株，填细土，压紧、踏实、浇透定根水，水渗完后，再用土封严。

11　田间水肥管理措施

11.1　缓苗

金银花定植后，要及时浇水缓苗。结合浇水，分次覆土，将定植穴填平。发现缺苗，尽早补苗。

11.2　中耕除草

移栽成活后，特别是在浇水和降雨后，要适墒进行中耕松土，以破除地面板结，防止水分蒸发，改善土壤的通气状况，促进根系的发育。中耕时，植株根际周围宜浅，远处可稍深，以避免伤根。其次要特别重视春季和夏季的中耕除草工作。每年中耕除草 3~4 次。第 1 次在春季萌芽发出新叶时进行，第 2 次在 6 月，第 3 次在 7—8 月，第 4 次在秋末、冬初进行。秋末、冬初中耕时还应注意植株根际培土，以利越冬。第 3 年以后，视杂草生长情况，可适当减少中耕除草次数。

11.3　追肥

大田水、肥管理和苗期水、肥管理一致，适时、适量浇水，喷施叶面肥，促进根系生长。在开花前期，应增施有机肥和氮肥，促使植株充分长叶，以满足营养生长的需要。每年早春萌发后和每次采花蕾后，都应进行 1 次根外追肥。春、夏季使用腐熟的人畜粪尿或尿素等氮肥，于植株旁开浅沟撒入，施入后覆土；冬季每墩施腐熟厩肥或堆肥 5~10 千克、硫酸铵 100 克、过磷酸钙 200 克，在花墩周围开环状沟施入，施入后用土盖肥并进行培土。

5—6 月追施腐熟稀薄有机肥水 2~3 次，加速幼苗生长。成年植株为增加采花茬数，提高花质及产量，在每茬花的花芽分化期还可用 0.5%~1%的磷酸二氢钾喷施叶面。

肥料施用要求符合 NY/T 496—2002 的相关要求。

11.4　灌水

大田移栽地灌水时间、次数应依照金银花的生长发育状况进行。一般来说，金银花每年至少要灌水 2 次。第 1 次在早春与施催芽肥结合，灌催芽水；第 2 次在初冬土壤结冻之前，灌封冻水，以保证土壤含有充足水分，以利于金银花早春萌发。金银花蕾期若供水过多，会造成金银花的有效成分绿原酸的降低，所以蕾期要严格控制水分，宁旱勿涝，以免降低花的质量。雨季更要注意排水防涝。

12 整形修剪

移栽成活后，每穴只留壮株 1 株，栽后的 1~2 年内，主要是培育直立粗壮的主干。当主干高度在 30~40 厘米时，剪去顶梢，促进侧芽萌发成枝。第 2 年春季萌发后，保留分布均匀、粗度相当的枝条 4~5 个，再剪去各级分枝的上半部。每年修剪于霜降后至封冻前进行。将花枝剪去 1/2，并剪去枯枝、老枝、病虫枝和交叉扰乱树形的长枝等，使养分集中于抽生新枝和形成花蕾。春天发芽后及时剪去从树基部和粗壮枝上长出的徒长枝。一般入春后在二级分枝中或原来的老花枝上萌发出的节密而短、叶细的幼枝均是花枝，应予保留。采完头茬花后进行第 2 次修剪，将老花枝截去 2/3，并疏去下部阴枝和内部弱枝，使其通风透光，同时追肥、浇水。第 2 茬花采摘未结束时，树中、树下部已萌发枝芽，修剪时要细剪，留芽剪截，保留所有新花枝，疏去阴枝、内堂弱枝和徒长枝，一般第 2 茬花采摘后树冠郁闭，应采取回缩大枝组的办法，使其通风透光。每年冬剪于霜降后至封冻前进行，还应剪除枯老枝、病虫枝、细弱枝、交叉扰乱树形的长枝等，使养分集中于抽生新枝和形成花蕾。在每茬采花后，同样进行夏季修剪。每次修剪后，都应追肥 1 次。

也可采取立杆辅助整形，即将茎蔓攀援在高 1.3~1.6 米的立杆上，插杆后将地上部分全部剪去，只从根部生长的分枝中选留 1~3 个生长旺盛的枝，将其缠绕在立杆上，让其在辅助杆上向上生长，以形成直立的中心杆。

通过整形修剪，金银花便从原来缠绕生长改为枝条疏朗、分布均匀、通风透光、主干粗壮直立的伞形灌木状树形。由于金银花具有当年新生枝条能发育成花枝的特性，通过上述修剪措施，能促进多发新枝，多形成花蕾，从而达到增产的目的。

13 病虫害防治

13.1 病害

金银花的主要病害有褐斑病、白粉病、炭疽病、锈病等，其中褐斑病危害最重。病害防治应以预防为主，应用无毒高效的生物农药或其他高效低毒农药防治病害。防治方法：冬剪时剪除病枝、清除落叶，减少病源。春季展叶后，用 50%的退菌特 600~800 倍液或等量式波尔多液 200 倍液，每半月喷施 1 次，连续喷 2~3 次。白粉病为害金银花叶片和嫩茎。叶片发病初期，出现圆形白色绒状霉斑，后不断扩大，连接成片，形成大小不一的白色粉斑。最后引起落花、凋叶，使枝条干枯。防治用药：胶体硫、敌百虫、乐果、粉锈宁、杜邦易保等。农药使用要求符合 GB 4285—1989 和 GB/T 8321 的相关规定。

13.2 虫害

主要有中华忍冬圆尾蚜、金银花尺蠖、天牛和金银花吃虎虫等。对中华忍冬圆尾蚜、金银花尺蠖的防治可用扑蚜净 2 000~2 500 倍液或灭幼脲 3 号 1 500~2 000 倍液，喷 2~3 次，对天牛和吃虎虫可将其为害的枝叶剪下烧掉；同时冬、春整穴清墩，清除枯枝落叶，减少虫源。蚜虫一般在清明前后开始发生，多在叶子背面。立夏前后阴雾天，刮东风时，危害极为严重，能使叶片和花蕾卷缩，生长停止，造成严重减产。一般于清明和谷雨时，各喷 1 次 40%乐果乳剂 800~1 000 倍液即可控制。农药使用要求符合 GB 4285—1989 和 GB/T 8321 的相关规定。

14 采收加工与贮藏

14.1 采收

金银花最好的药用部分是未开放的花蕾，所以采收时期必须在花蕾尚未开放之前进行。生产中应掌握花蕾上部膨大，但未开放呈青白色时，采摘最适宜。此时的金银花称“二白花”，花蕾完全变白色时采收的花称“大白针”。1 天之内，以清早至 9 时前所采摘的花蕾质量最好，此时露水未干，不会损伤未成熟的花蕾，而且金银花香气浓，好保色。过早采摘，质量差、产量低；过迟采摘药效降低。

14.2 加工

采摘后要及时进行加工，防止堆沤发酵。可晾干或烘干。晾干指将采下来的花蕾放在晒盘、筐架等物上，厚度以不超过 3 厘米为宜，以当天能晒干为原则。不要任意翻动，否则会变黑或烂花。最好当天晾干，当天晒不干，晚上搬至室内勿翻，翌日再晒至全干。烘干指利用烤房烘干。一般在 30~35℃初烘 2 小时后，可升至 40℃左右。烘 5~10 小时后，保持室温 45~50℃，烘 10 小时后，鲜蕾水分大部分排出，再将室温升高至 55℃，使花速干。一般烘 12~20 小时即可全部干燥，超过 20 小时，花色变黑，质量下降，故以速干为宜。烘干比晾干质量好、产量高。烘干时不能翻动，也不能中途停烘，否则会变质。当干花捏而有声、抓而即碎、色泽纯正、香气浓郁时即可。

14.3 贮藏

金银花贮藏时用木箱或纸板箱，箱内先衬上防潮纸，然后装花，压实，密封箱口，置通风干燥处，防受潮、霉变和虫蛀。

盐碱地中药材柴胡与孜然混作高效栽培技术规程

1 范围

本规程规定了盐碱地中药材柴胡与孜然混作高效栽培技术的技术术语、技术参数、操作规程和实施规范。

2 规范性引用文件

下列文件对于本文件的应用是必不可少的。凡是注日期的引用文件，仅所注日期的版本适用于本文件。凡是不注日期的引用文件，其最新版本（包括所有的修改单）适用于本文件。

GB 4285—1989　农药安全使用标准
GB/T 8321.1~9　农药合理使用准则（1~9）
GB 16151—2008　农业机械运行安全技术条件
NY/T 496—2002　肥料合理使用准则
NY/T 1853—2010　除草剂对后茬作物影响试验方法
NY/T 1997—2011　除草剂安全使用技术规范 通则

3 术语和定义

下列术语和定义适用于本文件。

3.1 柴胡

中药名，别名地熏、山菜、菇草、柴草，性味苦、微寒，归肝、胆经。被子植物门，双子叶植物纲，伞形目，伞形科，柴胡属。多年生草本植物，高 30~60 厘米。叶互生，线形或狭线形，长 7~17 厘米，宽 2~6 毫米，先端渐尖，具短芒，基部最窄，有 5~7 条纵脉，具白色骨质边缘。复伞形花序多数，集成疏松圆锥花序；总苞片 1~3，条形；伞幅 3~8；小总苞片 5，狭披针形；花梗 6~15；花黄色。双悬果宽椭圆形。花期 7—9 月，果期 8—10 月。为《中国药典》收录的草药，药用部位为干燥根。春、秋二季采挖，除去茎叶及泥沙，干燥。有和解表里、疏肝升阳之功效。分布区域广泛，可在东北、华北、西北、华东、湖北、四川等地种植。

3.2 孜然

又名枯茗、孜然芹、小茴香。被子植物门，双子叶植物纲，原始花被亚纲，伞形目，伞形科，孜然芹属。一年生或二年生草本植物，高 20~40 厘米，全株（除果实外）光滑无毛。叶柄长 1~2 厘米或近无柄，有狭披针形的鞘；叶片三出式 2 回羽状全裂，末回裂片狭线形，长 1.5~5 厘米，宽 0.3~0.5 毫米。复伞形花序多数，多呈二歧式分枝，伞形花序直径 2~3 厘米；总苞片 3~6，线形或线状披针形，边缘膜质，白色，顶端有长芒状的刺，有时 3 深裂，不等长，长 1~5 厘米，反折；伞辐 3~5，不等长；小伞形花序通常有 7 花，小总苞片 3~5，与总苞片相似，顶端针芒状，反折，较小，长 3.5~5 毫米，宽 0.5 毫米；花瓣粉红或白色，长圆形，顶端微缺，有内折的小舌片；萼齿钻形，长超过花柱；花柱基圆锥状，花柱短，叉开，柱头头状，分生果长圆形，两端狭窄，长 6 毫米，宽 1.5 毫米，密被白色刚毛；每棱槽内油管 1，合生面油管 2，胚乳腹面微凹。花期 4 月，果期 5 月。孜然为调味品之王，适宜肉类烹调，也可以作为香料使用。孜然的果实可入药，用于治疗消化不良和胃寒腹痛等症。

4 产地环境

西北沿黄灌区，区域范围明确，通风良好，土层深厚，土壤疏松，排灌方便，地力水平中等及以上，春季播前 0~20 厘米土层土壤全盐含量在 0.3%以下，土壤 pH 值为 7.00~8.50 的沙壤土或壤土田块。一般前茬以小麦、玉米、豆类、番茄、棉花作物为宜，忌胡麻和瓜类。

5 选地整地

选地，前茬作物收获后，及时深翻晒地，封冻前浇透冬水，结合深耕施优质农家肥 37.5~45.0 吨/公顷、过磷酸钙 600~700 千克/公顷、磷酸二铵 113~150 千克/公顷，将地耙耱整平。肥料施用要求符合 NY/T 496—2002 的相关要求。

第 2 年早春解冻时整地，要求地块大小以 1 亩（约 667 平方米）左右为宜，要求地面平整，土壤细绵、无土块。若水口和地块落差大，要沿水口开毛渠，让水在浇灌时沿毛渠多水口进地，以减缓水流速度，保证灌水均匀。在地角处备足粒小、无盐碱、无草籽的干净沙子（120~150 立方米/公顷）。机械作业要求符合 GB 16151—2008 的相关要求。

6 选用优质种子

柴胡选择优质高产、抗性强、无病虫害、籽粒饱满的当年生种子。孜然品种选用新疆大粒孜然，使用农户自留的饱满种子。种子质量符合国家二级以上良种要求，纯度不低于96%、净度不低于95%、发芽率不低于85%、水分不高于10%。

7 精细播种

7.1 种子处理

在人工选种的基础上，柴胡种子用40~50℃的温水浸泡8~12小时，做到边搅拌边放籽，除去浮在水面上的秕籽，捞出沉底的饱满种子，晾干后播种。孜然种子用50~55℃的温水浸泡15分钟，并不停搅拌，除去浮在水面的秕粒和杂质，然后在常温下浸泡8~12小时，将沉底的种子捞出晾干后播种。

7.2 适期早播

一般在3月上中旬，地表解冻5厘米时，即可播种，用种量孜然为22.5~30.0千克/公顷，柴胡为37.5~45.0千克/公顷。先将两种作物的种子充分混合，然后在种子中掺入与种子重量相当的细沙，均匀地撒播在整好的土地上，轻微耙耱1~2遍，再均匀覆盖一层细沙，厚度为2~3厘米，并轻轻填压地面。

8 田间管理

8.1 孜然的田间管理

8.1.1 定苗和补充

当孜然幼苗长到8厘米左右时，结合锄草，按株距6~8厘米定苗，拔除黄苗、病苗、弱苗和生长稠密处的部分苗，缺苗时要及时补苗。

8.1.2 防除杂草

早春用48%地乐胺乳油1 500~2 250千克/公顷，或48%氟乐灵乳油112.5~150.0千克/公顷，对水600千克喷洒地表，并立即进行浅耕耙耱，镇压，以防除阔叶杂草。在孜然、柴胡生长过程中，及时人工拔除各类杂草。除草剂使用要求符合 GB 4285—1989、GB/T 8321.1~9、NY/T 1853—2010 和 NY/T 1997—2011 的相关规定。

8.1.3 追肥与灌水

5月中旬灌水一次，灌水时不许积水，结合灌水，追施尿素450千克/公顷，6月上旬，孜然接近成熟时，灌水一次，降水多时可免灌。

8.1.4 病虫害防治

孜然主要病害为立枯病和枯萎病，发病初期，叶面喷绿亨2号0.75千克/公顷，每10天喷1次，连喷2~3次。虫害主要是蚜虫，常聚集在孜然嫩枝、嫩茎、幼叶上吸取叶液，使植株枯萎，可用45%乐果乳油800~1 500倍液喷雾防治。农药使用要求符合GB 4285—1989和GB/T 8321的相关规定。

8.1.5 孜然的收获

6月中下旬，大部分孜然枝叶发黄时，即可收获。收获时拔出植株，抖净泥土，扎成小捆，待晾至七八成干时便可脱粒，扬筛干净后，存放或出售。

8.2 柴胡的田间管理

孜然收获后，应及时对柴胡进行锄草，结合灌水，追施尿素150~225千克/公顷。第二年柴胡返青后，间苗一次，去弱留强，去小留大，缺苗时应将稠密处的苗带土移栽补苗，并追施人畜粪肥22 500千克/公顷；灌头水前，应将地内杂草锄净，结合灌头水，追施尿素225~300千克/公顷、过磷酸钙150~225千克/公顷、磷酸二铵75~105千克/公顷，以促进根部肥大。

8.2.1 间苗与打薹

待苗高9厘米左右时，结合锄草，按株距6~8厘米定苗，苗高15厘米时，追施过磷酸钙225千克/公顷、尿素75千克/公顷。在锄草时，注意勿碰伤茎秆，以免影响产量。除留种田外，在开花期应及时打薹，以减少养分消耗，以利根系生长，提高产量和品质。

8.2.2 病虫害防治

柴胡病害主要是锈病，为害茎叶，防治方法是清洁田园，处理残根，发病初期，用25%粉锈宁可湿性粉剂1 000倍液喷雾防治。虫害主要是蚜虫，常聚集在柴胡嫩枝、嫩茎、幼叶上吸取叶液，使植株枯萎，可用45%乐果乳油800~1 500倍液喷雾防治。采收前7~10天禁止使用任何农药，整个生产季节严禁使用高毒农药。农药使用要求符合GB 4285—1989和GB/T 8321的相关规定。

8.2.3 收获与加工

一般地上植株开始枯萎时，采挖，挖时不可伤根。根挖出后抖净泥土，除去茎叶，晒干即可供药用。产品以根粗长、整齐、质坚硬、不易折断、无残茎和须根者为佳。

轻度盐碱地食品梨栽培技术规程

1 范围

本规程规定了轻度盐碱地食品梨栽培技术的技术术语、技术参数、操作规程和实施规范。

2 规范性引用文件

下列文件对于本文件的应用是必不可少的。凡是注日期的引用文件，仅所注日期的版本适用于本文件。凡是不注日期的引用文件，其最新版本（包括所有的修改单）适用于本文件。

GB 4285—1989　农药安全使用标准
GB/T 8321.1~9　农药合理使用准则（1~9）
GB 16151—2008　农业机械运行安全技术条件
NY/T 496—2002　肥料合理使用准则
NY/T 740　田间开沟机械作业质量

3 术语和定义

下列术语和定义适用于本文件。

3.1 梨

梨，通常品种是一种落叶乔木或灌木，属于被子植物门，双子叶植物纲，蔷薇科，苹果亚科。叶片多呈卵形，大小因品种不同而各异。花为白色，或略带黄色、粉红色，有五瓣。果实形状有圆形的，也有基部较细尾部较粗的，即俗称的“梨形”；不同品种的果皮颜色大相径庭，有黄色、绿色、黄褐色、绿褐色、红褐色、褐色，个别品种亦有紫红色；野生梨的果径较小，为1~4厘米，而人工培植的品种果径可达8厘米，长度可达18厘米。梨的果实通常用来食用，不仅味美汁多，甜中带酸，而且营养丰富，含有多种维生素和纤维素。除了作为水果食用以外，梨还可以作观赏之用。

4 产地环境

西北沿黄灌区，区域范围明确，交通方便，灌排方便，地力水平中等及以上，土层厚度 80 厘米以上，地下水位稳定在 1 米以下，春季播前 0~20 厘米土层土壤全盐含量在 0.3%以下，土壤 pH 值为 7.50~8.50 的沙壤土、壤土地块。

5 授粉树配置

主栽品种以苹果梨、早酥梨为主，配栽品种可选锦丰梨、锦香梨等，积极引入七月酥、早美酥、八月红、红香酥等优良品种试栽。授粉树采用行间配置法。苹果梨、早酥梨、锦丰梨等可相互授粉。授粉树的比例不少于 20%，一般 4 行主栽品种配置 1~2 行授粉品种。

6 苗木选择

一般采用坐地苗定植。二年生梨一级苗要求如下：高 110 厘米以上，地上 5 厘米处直径 1.5 厘米以上，主根 25 厘米以上，侧根 3 条以上，舒展并有较多须根，生长健壮充实，无病虫害及机械损伤。

7 定植方法

一般采用南北行向，长方形定植。株行距以 3 米×5 米或 4 米×5 米为宜，长期果粮间作，则采用 2~3 米×10 米的株行距。栽植前先按株行距挖大坑改土，施入一定的腐熟有机肥与表土混合，放入苗木房，并使根系均匀舒展，浇水后先填入拌肥表土，后填底土，踏实。机械作业要求符合 GB 16151—2008 和 NY/T 740 的相关要求。

8 土壤管理

8.1 幼树

采取行间间作，树盘清耕。间作的作物以小麦、瓜类、豆类为宜。

8.2 初果树

树盘覆麦秸 20~30 厘米，适当压土，间作小麦、豆类、瓜类等。

8.3 盛果树

除树盘覆盖麦秸外，在行间种植绿肥，随时刈割覆盖于树盘。

9 合理施肥

坚持平衡施肥，在强调施用有机肥的基础上，采用有机肥与无机肥相结合的方针。有机肥在秋季一次性施入，按“斤果斤肥”的标准。无机肥以每产 50 千克果施纯氮 250 克，氮磷钾比例为 2：1：2，在花前或花后、幼果膨大期分两次施入。梨树生长前期以氮肥为主，后期以磷、钾肥为主。结合叶面喷施 KH_2PO_4、大西北牌多元微肥等，果实迅速膨大后期，15 天喷 1 次，并积极试用梨树专用肥。肥料施用要求符合 NY/T 496—2002 的相关要求。

10 科学灌水

视气候情况，一般 1 年灌 4～5 水。分别在花前或花后，新梢迅速生长期、果实膨大期、封冻前灌水。采前 20 天停止灌水，保证果实品质，增强耐贮性。

11 整形修剪

11.1 树形

以二层五主枝疏散分层形和一层一干形为主推丰产树形。

11.2 幼树整形

轻剪缓放，少疏枝，并注意开张角度。定干高度要求 90 厘米左右（包括 20 厘米整形带），基部选留方向、角度好的枝作为第一层主枝，剪留长度 40～50 厘米，疏除个别竞争枝，其余枝条缓放，促其早结果。

11.3 初果树整形

继续培养各级骨干枝和结果枝组，扩大树冠。剪除与回缩已结过果的裙枝、下垂枝、单轴延伸过长的衰弱枝，使树体尽快进入盛果期。

11.4 盛果树修剪

主要任务是调节生长与结果的关系，保持中庸健壮的树势。维持树冠结构和枝组健壮，达到高产稳产。改善通风透光条件，提高优质果比率。苹果梨、锦丰梨对结果枝组采用“三套枝”的剪法，早酥梨采用伸缩交替剪法，轮流结果。

12 合理负载

12.1 疏果

通过疏果来实现梨树的合理负载，以保证品质。疏果时间：花后 15~45 天完成。疏果方法：一是间距疏果法，初果树按花序间距 20 厘米左右，每花序留 1~2 个果；盛果期树按花序间距 25 厘米左右，每花序留单果，疏去弱枝上的果，保留壮枝上的果，一般留边果，强树可多留，弱树少留。二是截面积法：一般 5 号电池粗的枝留 3~5 个花序；2 号电池粗的枝留 10~12 个花序；1 号电池粗的枝留 20~25 个花序，再按距离法留果。合理留果量符合公式：果量（个）= $4\times1.05\times0.08C^2$（C 是地面上 20 厘米处的周长厘米数）。

12.2 套袋

套袋可提高果实品质。套袋必须结合疏果进行，注意不要损伤果柄，要求果袋中空，不要贴着果面，在 5 月中旬至 6 月中旬进行。

13 病虫害防治

13.1 基本原则

生产绿色食品梨果在病虫害防治上坚持“预防为主，综合防治”的方针，按照绿色食品生产方案，走生物防治与化学防治相结合的综合防治路子。禁用高残留、高毒和致畸、致癌、致突变农药，选用高效、低毒、低残留的农药，优先选用生物制剂，突出利用天敌。提倡联防联治，推行使用机动喷雾器。

13.2 防治要点

生产中主要抓好“四虫一病”的防治。12 月至翌年 2 月底以前，清理果园，芽萌动期喷 3°Be 石硫合剂，降低虫源、病源基数。春季是腐烂病重点防治时期，从 3 月开始，结合刮树皮，防治腐烂病病斑。梨木虱的防治关键有 2 次，3 月当日最低气温在-2℃以上，最高气温 9℃以上时（3 月 20 日前后），梨木虱越虫成虫大量出蛰，及时喷药进行第一次防治；残花期若虫孵化盛期进行第二次防治。梨小食心虫的防治从 5 月开始，每亩悬挂 2 个性引诱芯下挂水盆，诱杀雄蛾；7 月中旬以后，结合诱芯预测虫情，进行药剂防治（诱集到雄蛾高峰期后 3 天喷药最宜)。红蜘蛛在花芽开绽期至花序分离期，及时喷药进行防治，花后 7~10 天，选择高效低毒杀螨剂再次防治。高温季节视情况继续防治。落花后进行梨二叉蚜的防治，6 月中下旬，进行绣线菊蚜防治。农药使用要求符合 GB 4285—1989 和 GB/T 8321 的相关规定。

轻度盐碱地大石早生李栽培技术规程

1　范围

本规程规定了轻度盐碱地大石早生李栽培技术的技术术语、技术参数、操作规程和实施规范。

2　规范性引用文件

下列文件对于本文件的应用是必不可少的。凡是注日期的引用文件，仅所注日期的版本适用于本文件。凡是不注日期的引用文件，其最新版本（包括所有的修改单）适用于本文件。

GB 4285—1989　农药安全使用标准

GB/T 8321.1~9　农药合理使用准则（1~9）

GB 16151—2008　农业机械运行安全技术条件

NY/T 496—2002　肥料合理使用准则

NY/T 740　田间开沟机械作业质量

3　术语和定义

下列术语和定义适用于本文件。

3.1　大石早生李

大石早生李是日本福岛县伊达郡大石俊雄从台湾李的实生苗中选出。10 年生的树高 2.76 米，冠幅 3.15 米×3.25 米，干周 33.5 厘米，新梢平均长 69 厘米，粗 0.78 厘米。以小黄李为砧亲合力良好，耐湿性强，根系分布较深而广；以毛樱桃为砧根系分布浅而广，幼树时固地性较差。培土过高时，可产生大量自生根。大石早生李幼树生长旺盛，萌芽率高，成枝力强，树体健壮，树姿直立。当年定植成苗，翌年结果株率达 30%。幼树定植 2~3 年后进入结果期。进入结果期后树势生长稳定。以花束状果枝和短果枝结果为主，中、长果枝次之。平均株产 2.5 千克，最高可达 5 千克，5~6 年生进入盛果期，单株产量可达 30~50

千克。该品种自花不结实，较好的授粉品种有美丽李、香蕉李、玉皇李、跃进李等。大石早生李幼树生长旺盛，一年可发育2~3次枝，形成树冠快。果实为卵圆形，平均单果重42.5克，最大果重106克。果顶尖，缝合线较深，片肉对称。梗洼深较广。果皮底色黄绿，着鲜红色，果面具有大小不等的黄褐色果点。果肉黄色，肉质细，较密，过熟时变软，果汁多，纤维粗而且较多，味甜酸，微香。黏核，较小，可食率97.6%。大石早生李是一种优质早熟李新品种，抗旱，抗寒，耐涝，耐瘠薄，耐盐碱，适应性广，结果早，丰产、稳产，在西北沿黄灌区大约4月上旬开花，比早蜜李早2~3天，6月下旬果实成熟，果实发育期65天左右，10月初始落叶，生育期约190天，在西北沿黄大部分地区均可栽培。

4 产地环境

西北沿黄灌区，区域范围明确，排灌方便，土层深厚，地力水平中等及以上，春季播前0~20厘米土层土壤全盐含量在0.2%以下，土壤pH值为7.50~8.50。

5 定植

定植前施农家肥37.5吨/公顷、过磷酸钙750千克/公顷。采用3米×5米株行距，挖1平方米定植坑，坑深70厘米，并将表土与肥料掺匀填于定植坑。定植后浇足水，并覆膜保湿、增温，促进根系恢复生长。机械作业要求符合GB 16151—2008和NY/T 740的相关要求。肥料施用要求符合NY/T 496—2002的相关要求。

6 种植密度

栽植密度3米×5米，在立地条件较差、管理水平较低的条件下，株行距为3米×4米。一般密度定为每公顷660株。此时2年生树产量为750千克/公顷以上，4年生为4 500千克/公顷以上，6~7年生为12 000千克/公顷以上。

7 肥水管理

7.1 重施基肥，早施追肥

大石早生李树体生长旺盛，每年春秋季对果园深翻，并结合秋季深翻，施有机肥30~45吨/公顷，配合适量磷、钾肥，少施氮肥，防止树势旺长，花芽质量差。早春花前，结合灌水，每株追施尿素0.5~1.0千克。结果树在秋末施入足量有机肥以后，促果追肥宜早，以保证在果实迅速膨大时发挥肥效，追肥种类以硫酸钾肥为主，配合适量中、微量元素，以提高果实内在品质，促进着色。此外在生长期内，结合病虫害防治，叶面喷施3克/千克的尿素溶液2~3次，在果实膨大期喷3~5克/千克的磷酸二氢钾溶液1~2次。肥料施用要求符合NY/T 496—2002的相关要求。

7.2 灌水

水要勤灌少灌，在浇好封冻、萌芽、花期前后、果实迅速膨大几次水的基础上，整个生长季内视土壤墒情状况，适时灌水，采果前20天禁止浇水。

8 整形修剪

树形采用自然开心形，定干50~60厘米，全树选留3~4个主枝，均匀分布，主枝上直接培养结果枝组。栽后第2年开始进行夏剪，5月下旬至6月上旬，拉枝开角，对30厘米以上的新梢摘心，促其分枝成花、提早结果，并适时疏除过密枝、细弱枝。

在芽萌动期，对各级骨干枝及长度100厘米以上、直径0.8厘米以上的发育枝，根据空间、枝势，拉枝开角至水平状态，个别强壮枝拉至110°以上，但必须保持斜平，中间不弓背，梢部不抬头；枝条拉平后，对中后部的侧芽进行刻芽促枝，避免光腿枝，增加结果枝数量。刻芽操作方法：用电工刀或小钢锯在芽上方0.5厘米处横切一刀，切口长度与芽基宽度为准，切透皮层不要伤及木质部。萌芽后对主干、主枝先端、主枝背上萌发的强壮芽、竞争枝（芽）及时抹除，除枝头以外均保留侧芽，培养中庸发育枝。谢花后开始，对生长势较强的新生枝，凡是有生长空间的，在新梢长15厘米处摘心，以后根据树体空间和枝条长势，进行多次摘心，控制树冠延伸过快，促进早果丰产，对长势中庸的枝条，在半木质化时进行拿枝开角，保持平斜缓势生长，促进花芽分化。拿枝必须在枝条半木质化期间，晴天上午10时至下午4时操作，防止枝脆伤折。采果后，疏除外围强壮枝、竞争枝及层间遮光大枝；回缩长放结果枝，疏间细弱结果枝。要求突出重点，总疏枝量不宜过大（30%左右），防止枝叶量减少过多，造成树势衰弱或大量萌发新枝，影响花芽分化，降低下年产量。

冬季修剪以缓放疏剪为主，疏除主干、主枝先端强旺枝、竞争枝，尽量多留中庸枝，达到分散营养、缓和枝势、保持树势均衡的目的，对有发展空间的徒长枝和发育枝可适当短截，以培养结果枝组，同时疏除过密的下垂枝、病虫枝、枯死枝。

9 控冠增产

对行间有1米左右空间、株间基本交接的树，每年春季花期前后，在主干涂施果树促控剂PBO1次，抑制树干加粗，缩小新梢生长量，控冠增产。具体做法为：将PBO加水稀释成20倍液，与10倍氨基酸叶面肥液充分混匀，在树干80厘米以下至10厘米以上处（树干有糙皮提前刮除），用鬃毛板刷蘸取PBO与氨基酸混合液，在树干上涂刷，以渗透表皮不形成液流为好。

10 辅助授粉

大石早生李自花不结实，必须配置授粉品种，其比例为4∶1到5∶2，授粉适宜品种有美丽李等。栽植方式以株间交错配置为好，利于蜜蜂等昆虫和风力传粉。对成龄单纯大石早生李园，可顺行每隔4~5株，在中心干2米高以上，高接盖李枝，以利自然传粉授粉。

另外，为提高大石早生李的坐果率，在配置授粉品种的条件下，花期人工授粉或放蜜蜂。人工授粉的方法为：盛花期上午7:00—11:00，用特制长把鸡毛掸子，先在授粉品种李树花枝上来回轻轻滚动，待沾取一定花粉以后，再到大石早生李树上，按一定顺序逐枝在花朵上轻轻滚动。每天进行1次，连续2~3次为好。

11 花果管理

花期喷施1~3克/千克的硼酸溶液，以提高坐果率。大年树在盛果期控制树体负载量，适时疏果，每公顷产量控制在22 500千克。疏果标准为叶果比25~30∶1，使树体合理负载，生长与发育协调。肥料施用要求符合NY/T 496—2002的相关要求。

12 病虫害防治

大石早生李在生长期间易发生腐烂病、流胶病和细菌性穿孔病等。腐烂病应刮除病疤，并及时涂抹30%腐烂敌可湿性颗粒剂，或40%福美砷可湿性粉剂100倍液，每10天1次，连抹2~3次。流胶病应在防治蛀干性害虫、减轻树体损伤的同时，使树体合理负载，改良土壤，增施有机肥，以提高树体的抗病能力。细菌性穿孔病可在生长季节喷72%农用链霉素可溶性粉剂3000倍液，每10天1次，连喷2~3次。防治苹小卷叶蛾可选用25%灭幼脲悬浮剂800倍液与10%灭多威800倍液，或5%杀铃脲1 000倍液与虫酰肼1 500倍液等低毒无残留农药，在末花期和幼果迅速发育期，连续喷药2次。农药使用要求符合GB 4285—1989和GB/T 8321的相关规定。

13 及时采收

果实成熟时，及时采收、上市。

轻度盐碱地银中杨苗栽培技术规程

1 范围

本规程规定了轻度盐碱地银中杨苗栽培技术的技术术语、技术参数、操作规程和实施规范。

2 规范性引用文件

下列文件对于本文件的应用是必不可少的。凡是注日期的引用文件，仅所注日期的版本适用于本文件。凡是不注日期的引用文件，其最新版本（包括所有的修改单）适用于本文件。

GB 4285—1989　农药安全使用标准
GB/T 8321.1~9　农药合理使用准则（1~9）
GB 4455—1994　农业用聚乙烯吹塑薄膜
GB 13735—1992　聚乙烯吹塑农用地面覆盖薄膜
GB 16151—2008　农业机械运行安全技术条件
NY/T 496—2002　肥料合理使用准则
NY/T 740　田间开沟机械作业质量

3 术语和定义

下列术语和定义适用于本文件。

3.1 银中杨

银中杨是杨柳科，杨属植物，是以熊岳的银白杨为母本，以中东杨为父本，经人工杂交选育而成，该品种为雄性无性系。树干通直，皮灰绿色，披白粉；树冠呈圆锥形。树姿优美，叶大型，叶片两色，叶面深绿色，叶背面银白色，密生绒毛。生长期短，速生胸径年平均生长量为1.0~1.84厘米，树高年平均生长量为1~1.5厘米，常被作为绿化树木和观赏植物，经济价值较高。其形态优美，雄性不飞絮，具有耐寒、抗旱、耐盐碱、抗病虫等特点，适宜在西北沿黄灌区栽种，成活率高于当地目前农田林网主要造林树种。

4 产地环境

西北沿黄灌区，区域范围明确，地势平坦，排灌方便，地力水平中等及以上，春季播前0~20厘米土层土壤全盐含量在0.2%以下，土壤pH值为7.50~8.50的沙壤土田块。

5 平整圃地

秋季进行整地，基施腐熟农家肥90吨/公顷、磷酸二铵300千克/公顷、尿素300千克/公顷，施后深翻30厘米，10月底前灌足冬水。第2年春季气温适宜时，耙耱保墒。机械作业要求符合GB 16151—2008的相关要求。肥料施用要求符合NY/T 496—2002的相关要求。

6 覆膜保墒

3月中旬进行筑垄，一般垄距50~60厘米、垄宽70厘米、垄高20厘米。垄起好后进行复压，用0.5%的高锰酸钾溶液750千克/公顷，加50%的辛硫磷乳油450毫升/公顷，垄面喷洒，进行土壤消毒和防治地下蝼蛄、蛴螬等害虫。然后覆膜，用厚0.01毫米、宽90厘米的黑色或无色地膜，注意将地膜两侧压实，确保墒情。农药使用要求符合GB 4285—1989和GB/T 8321的相关规定。地膜要求符合GB 4455—1994和GB 13735—1992的相关要求。

7 采条制穗

在春季树液流动前，选择上年育苗留床较好的无病虫害、生长健壮、充分木质化、芽饱满，地径在2.0~2.5厘米的1年生枝条，剪截成长18~20厘米的穗条。穗条上切口为平口，距芽0.1~0.2厘米；下切口为斜口，切口要平滑，防止裂变，不能有损伤。插穗要按粗细分级，每50~100枝为1捆，上下端不要颠倒。将剪好的穗条用清水浸泡或沙藏备用。

8 催根处理

银中杨插穗难生根，扦插前必须进行插穗生根处理。主要的催根方法有水浸法、沙埋法、生长调节剂法3种。

8.1 水浸法

扦插前用水（流动的水）浸泡插穗，时间为 10~15 天，当皮层出现白色瘤状物时进行扦插，宜于在气温 12℃左右的良好稳定气候条件下进行。

8.2 沙埋法

倒置沙藏，在排水良好、不含盐碱、向阳的地方挖宽 3 米，长 5 米，深 6 厘米的地块，将插穗用洁净河沙深埋。一般分为 2 层，第 1 层放入后用厚 8 厘米湿土覆盖，再放入 1 层，再覆盖 1 层 8 厘米湿沙土，用塑料布覆盖，注意湿度、温度、通风等的变化情况，以防止腐烂现象发生。沙藏前用 0.5%的高锰酸钾溶液浸泡穗条 4~8 小时进行消毒，同时用同样方法对河沙进行消毒，当穗条皮层出现白色瘤状物时进行扦插。

8.3 生长调节剂催根法

将浸泡好的穗条，在插前用 ABT 生根粉 300 倍液，或 NAA（萘乙酸）和 IAA（吲哚乙酸）200~300 毫克/千克溶液等，对根部 3~4 厘米处浸泡 2~3 小时，然后在背风向阳处，将消毒的河沙在地面覆盖 10 厘米，将穗条倒置整齐码放，空隙用河沙填充，上面再覆盖 20 厘米的湿河沙，含水量以手捏成团，落地即散为宜，当皮层出现白色瘤状物时进行扦插。

9 适时扦插

4 月 10—20 日，当气温稳定在 15~20℃，土壤、气温、水分都很适中时，可进行扦插。如果土壤墒情较差，可以推迟到 4 月底，待灌区开闸放水后，进行扦插，插后应立即灌水。扦插时一般选择株距 40~50 厘米，行距 60~70 厘米，以 4.95 万穗/公顷插穗为宜。注意不要倒插、悬空，不破坏芽苞，不损伤穗条，第 1 芽应离地表 3~5 厘米，用浮土盖好。

10 灌水抹芽

扦插后，苗圃地要立即灌水，以利于插穗与土壤紧密结合，又可满足插穗对水分的需要。在苗高 30~50 厘米时，灌第 2 水，此后，根据土壤墒情和降雨情况，灌 2~4 次水。一般进行小水漫灌，浇透。做到勤观察、勤测温，注意防止插穗腐烂或干枯现象。9 月中旬停止灌溉，以防止苗木徒长，在 11 月下旬进行冬灌。

银中杨在4月底灌第1水后，随着气温升高，开始大量发芽，多出现了2~3枝，应及时在芽条10~20厘米时，进行抹芽，选留1枝新梢培养苗干，除掉基部多余的萌生枝。此后，每隔1周时间，对主干上新萌芽进行抹除。要及时趁小抹除，注意不要伤及苗杆的皮层。

11 除草施肥

6月上旬，2水后，进行中耕、施肥，中耕后，沟施复合肥450千克/公顷、尿素300千克/公顷。此后，结合灌水再追肥1~2次，9月中旬后不施肥，注意控制灌水，进行蹲苗，促使苗木木质化的提高。灌水后要及时清除杂草，防止与苗木争夺养分和水分，影响苗木正常生长。第2年的春季，在4月初进行中耕、施肥，施复合肥600~750千克/公顷，尿素600千克/公顷，进行抹芽灌水，清除出现的病苗和死亡苗，提高整体苗木的生长量。肥料施用要求符合NY/T 496—2002的相关要求。

12 病虫害防治

银中杨苗期易受白杨透翅蛾为害，要积极做好预防工作。剪穗条时，将剪除的虫瘿及枝条全部烧毁，防止虫害蔓延。在6—8月成虫羽化期和幼虫孵化期，用2.5%溴氰菊酯1 000倍液喷洒，防止幼虫蛀侵。农药使用要求符合GB 4285—1989和GB/T 8321的相关规定。

13 苗木出圃

一般情况，银中杨需要培育2年以上，当苗木胸径达到2.0厘米以上时，才能出圃造林。

参考文献

阿依夏木，托胡提 . 2012. 色素辣椒膜下滴灌高产栽培技术［J］. 蔬菜（5）：16-20.

白金贵，黄建民，明光礼 . 2003. 甘草栽培技术［J］. 中国种业（12）：59.

柏翠香，党掌国，王娜，等 . 2016. 覆膜及播种方式对旱地春小麦的影响［J］. 甘肃农业科技（4）：46-49.

班乃荣，张永宏 . 2004. 宁夏银北地区盐碱地枸杞栽培技术［J］. 甘肃农业科技（4）：55-56.

包玉玺，郝永安 . 2008. 籽粒苋种植技术要点［J］. 养殖技术顾问（4）：34.

曹华 . 2003. 球茎茴香栽培技术［J］. 中国蔬菜，1（1）：55-56.

柴武高，张其展，巴兰清 . 2004. 中药材柴胡与孜然混作高效栽培技术［J］. 甘肃农业科技（11）：49-50.

车顺升，罗三强 . 2000. 磷石膏改良盐碱地土壤化学性质的效果［J］. 陕西农业科学（9）：16-18.

陈晓军 . 2011. 引黄灌区冬小麦后复种水稻栽培技术规程［J］. 宁夏农林科技，52（12）：134.

程积民 . 1998. 人工草地优良牧草栽培技术试验研究［J］. 水土保持研究，5（1）：88-96.

崔向超，胡君利，林先贵，等 . 2014. 滨海盐碱地施用磷石膏与糠醛渣对番茄菌根化苗生长的影响［J］. 应用与环境生物学报，20（2）：305-309.

邓长鹏 . 2004. 盐碱地紫花苜蓿种植技术［J］. 现代农村科技（4）：14.

董继芳 . 2009. 景泰县地膜玉米垄作套胡麻高产高效栽培技术［J］. 甘肃农业（5）：96.

杜新胜，王海清 . 2009. 干旱地区人工栽培马蔺技术［J］. 内蒙古林业（5）：24.

范浩峰，王凤玲 . 2015. 绿色食品梨高效栽培技术［J］. 河北果树（4）：24-26.

范瑞红，栾连航，刘邦，等 . 2010. 黄芪栽培技术［J］. 中国林副特产（2）：44-46.

高飞，崔增团，刘健，等 . 2012. 起垄方式对垄膜沟灌玉米产量及水分利用效率的影响［J］. 甘肃农业科技（12）：12-14.
高培德，甄煜，张丽，等 . 2010. 日光温室华莱士瓜（河套蜜瓜）无公害绿色规范化栽培技术［J］. 中国瓜菜，23（4）：37-39.
高庆东，李林 . 2016. 盐碱地大白菜种植技术要点［J］. 天津农林科技（4）：22-23.
高新华 . 2013. 大拱棚甜瓜栽培技术［J］. 现代农业科技（9）：91-92.
高柱平，池宝亮 . 1995. 大同盆地盐碱地甜菜高产配套技术研究［J］. 土壤学报（1）：91-100.
苟守德，张文杰 . 1999. 安西县移民开发区盐碱地的成因及改良措施［J］. 甘肃农业科技（12）：97.
顾松华，顾立元，刘以良 . 1996. 啤酒大麦高产栽培经验［J］. 大麦与谷类科学（1）：32-34.
郭承德 . 1994. 河套蜜瓜栽培技术［J］. 特产研究（1）：62.
郭建设 . 2011. 我国传统优秀地被植物——马蔺草的研究和推广［J］. 现代园艺（9x）：35-37.
郭永盛，陶波尔 . 2008. 内蒙古河套灌区盐碱地枸杞种植效益分析［J］. 林业资源管理（2）：90-94.
韩士钦，付立东，王宇，等 . 2010. 滨海盐碱稻区冬小麦栽培技术研究［J］. 耕作与栽培（2）：1-2.
旱区集雨种植方式对春小麦产量和水分利用效率的影响［J］. 土壤通报，2018，49（4）：112-118.
何为 . 2012. 盐碱地牧草高产种植措施［J］. 农村新技术（7）：6-7.
胡素琴，蔡飞鹏，王建梅，等 . 2012. 菊芋的种植和开发利用［J］. 生物质化学工程，46（1）：51-54.
黄立君，孙丽梅，郭永华，等 . 2012. 玉米套种菠菜（繁种）标准化生产栽培［J］. 宁夏农林科技，53（6）：60.
黄新荣 . 2011. 盐碱地设施蔬菜栽培要点［J］. 现代农村科技（1）：19.
蒋儒龄，吴金铭，任慧霞，等 . 2003. 宁南扬黄灌区冬小麦复种小油菜栽培技术［J］. 宁夏农林科技（3）：59.
孔祥群，韩俊伟 . 2014. 不同土壤改良剂对辣椒生产的影响研究［J］. 现代农村科技（1）：51-52.
李昌爱，马慧珍，杨国锦 . 1994. 平地速生黄芪栽培技术［J］. 中国中药杂志，19（8）：469.

李成，王瑞莲，王兆娟，等 . 2018. 冬小麦全覆膜穴播茬后免耕复种特早熟玉米试验初报 [J]. 作物研究，32（2）：111-113.
李东山 . 2011. 盐碱地种植莜麦技术 [J]. 农业技术与装备（13）：57.
李端富，周天生，吴能，等 . 1990. 稻田养鱼对水稻生长发育的效应试验初报 [J]. 基因组学与应用生物学（4）：27-34.
李国良，刘香萍，崔国文，等 . 2006. 北方盐碱地区几种牧草引种及对雏鹅生产性能影响的研究 [J]. 饲料广角（20）：33-35.
李怀生，马惠琴，郭风萍，等 . 2003. 宽行小麦套种玉米复种青贮玉米栽培技术 [J]. 宁夏农林科技（5）：55.
李凯峰，王丽，武雪冬，等 . 2011. 柽柳栽培技术及其效益浅析 [J]. 中国西部科技，10（31）：42-43.
李隆云，张艳，黄天福，等 . 1997. 药用红花栽培技术研究 [J]. 西南师范大学学报：自然科学版（4）：441-444.
李普越，张文泉，孙涛 . 2009. 萌芽前到花后喷肥提高大石早生李坐果率试验 [J]. 山西果树（2）：42-43.
李淑香，赵明清 . 2006. 甘草栽培技术及效益分析 [J]. 农业与技术，26（6）：134-135.
李松阳，王晓丽，马玉寿，等 . 2017. 6 个紫花苜蓿品种在柴达木盆地盐碱地适应性研究 [J]. 青海畜牧兽医杂志，47（6）：21-26.
李晓燕 . 2010. 大石早生李栽培技术 [J]. 现代农村科技（8）：32-33.
李雅利，李红 . 2012. 早春拱棚甜瓜栽培技术 [J]. 现代农业科技（1）：140.
李援农，张晓鹏，费良军，等 . 2006. 垄膜覆盖膜孔沟灌技术要素试验研究 [J]. 干旱地区农业研究，24（4）：33-35.
李云祥，王光英，万兵全，等 . 2008. 甘肃中部地区砂田西瓜平衡施肥效应及效益研究 [J]. 土壤通报，39（2）：453-455.
梁国民 . 2003. 拱棚甜瓜优质高产栽培技术 [J]. 新疆农业科学，40（3）：184-185.
林传政，吕泽林，周远清，等 . 2015. 不同稻鱼共生方式对水稻性状及稻鱼产量的影响 [J]. 耕作与栽培（6）：19-21.
刘建新，田兴旺，邱建红 . 2002. 旱地裸燕麦丰产栽培技术 [J]. 陕西农业科学（12）：39-40.
刘军政 . 2003. 对我国西部菊芋种植与土地荒漠化防治研究的探索 [J]. 甘肃科技，19（6）：106-107.

刘启，贾志宽，连延浩，等 . 2016. 沟垄集雨种植模式下谷子种植密度对土壤水分及产量的影响［J］. 干旱地区农业研究，34（2）：81–87.
刘圣田，冯象秦 . 1996. 盐碱地棉花双膜覆盖优质高产栽培技术研究［J］. 山东农业科学（1）：25–28.
刘师敏，李培贵，张振希，等 . 2013. 盐碱地施用脱硫废弃物对甜菜种植的影响［J］. 安徽农业科学，41（3）：1 085–1 087.
刘武生 . 2014. 焉耆盆地盐碱地芦苇防治方法［J］. 农村科技（12）：42.
刘新萍 . 2005. 食用向日葵套种小麦或胡麻高产高效栽培技术［J］. 甘肃农业科技（8）：21–22.
刘学彬 . 2010. 会宁县引黄灌区豌豆套种向日葵高产栽培技术［J］. 现代农业科技（5）：94.
刘永博 . 2001. 肉苁蓉栽培与管理［J］. 特种经济动植物（8）：22–23.
刘永丽，佟成富，宋铁锋，等 . 2005. 洋葱栽培技术要点［J］. 辽宁农业科学（3）：92–93.
刘永信，王玉珍 . 2011. 盐碱地区域化种植耐盐植物可行性研究［J］. 宁夏农林科技，52（5）：49–50.
刘勇 . 2013. 盐胁迫对青引 3 号莜麦种子萌发与幼苗生长影响研究［D］. 西宁：青海大学.
刘忠臣 . 2014. 浅析察县移民安置区土壤改良熟化进展情况［J］. 内蒙古水利（4）：128–129.
卢有江 . 2005. 景泰县甜玉米套种高效栽培技术［J］. 甘肃农业科技（4）：17–18.
吕伍民，屠均会，黄美亮，等 . 2009. 苦豆子地膜覆盖栽培技术［J］. 农村科技（11）：47.
罗天虎，冯天梅，虎晓梅，等 . 2004. 板蓝根栽培技术要点［J］. 甘肃农业科技（10）：53–54.
骆兆智 . 2016. 食用大黄种植技术［J］. 青海农技推广（3）：7–8.
马兰，杨宁 . 2011. 盐碱地绿化植物——马蔺［J］. 新农业（11）：41.
马丽萍，常智善 . 2007. 民勤县红皮洋葱栽培技术［J］. 甘肃农业科技（4）：45–46.
马申洁，李春燕 . 2005. 棉田套种小茴香栽培技术［J］. 中国棉花，32（11）：36.
毛永兴，钟加龙，周煜 . 2003. 青贮玉米高产优质配套栽培技术研究［J］. 上海农业科技（3）：92–93.

梅园雪 . 2004. 青贮玉米高产配套栽培措施［J］. 北方农业学报（6）：49.
孟凡德 . 2010. 色素菊花高产栽培关键技术［J］. 新疆农垦科技，33（6）：16-17.
孟庆田，于连增 . 1995. 盐碱地早酥梨密植丰产栽培技术总结［J］. 中国果树（2）：38-40.
欧克立，孙国海 . 2011. 黄芪栽培技术［J］. 林业与环境科学，27（3）：80-82.
潘安中，谢树莲，张灯，等 . 2007. 中药黄芪栽培技术研究［J］. 山西农业科学，35（1）：51-55.
潘广昌，吴祥春，王月萍，等 . 2015. 滨海重盐碱地柽柳造林新模式探讨［J］. 福建林业科技（2）：94-97.
蒲雪先，王飞 . 2016. 哈密洋葱高产栽培技术［J］. 现代农村科技（14）：23.
祁翠兰 . 2005. 甜玉米套种甜豌豆无公害栽培技术［J］. 甘肃农业科技（1）：17-18.
钱金娥 . 2006. 矮生地被菊品种特性及栽培技术［J］. 河北林业科技（1）：65.
钱寿福，孟好军 . 2010. 干旱半干旱地区沙化土地菊芋种植试验［J］. 防护林科技（4）：30-32.
钱寿福，孟好军 . 2012. 菊芋种植对沙化土地土壤理化性质的影响［J］. 防护林科技（1）：22-24.
冉清华，曹瑞玲，李翠云 . 2007. 金银花栽培技术［J］. 北方农业学报（2）：114.
任红梅 . 2013. 山区旱地莜麦种植技术［J］. 农业与技术（5）：132.
任天喜，王新红，韩丽英，等 . 2009. 盐碱地脱水甜椒栽培技术［J］. 甘肃农业科技（5）：62-63.
任万海，顾敏，任慧霞 . 2006. 宁夏海原特色作物小茴香种植技术［J］. 中国农技推广，22（9）：31-33.
任振西，李明，张铎 . 1993. 沟鱼垄稻对低洼盐碱荒地的改良利用效果探讨［J］. 宁夏农林科技（2）：17-19.
沈传进，项艳春 . 2000. 乌海市盐碱地水稻旱育稀植栽培技术［J］. 北方农业学报（3）：30.
史永利，靳丽萍 . 2009. 庄浪县砂田西瓜无公害栽培技术［J］. 北方园艺（3）：160-161.

水建兵 . 2008. 一膜两用胡麻种植节本增效效果试验研究［J］. 农业科技与信息（7）：5-6.
宋发英，肖晓华，2008. 金银花栽培技术［J］. 现代农业科技（15）：87-88.
眭克仁，班乃荣，张永宏 . 2006. 盐碱地色素菊花栽培技术［J］. 农业科技通讯（10）：52-53.
孙得祥 . 2010. 民勤沙区梭梭人工接种肉苁蓉栽培技术［J］. 甘肃林业科技，35（2）：60-62.
孙建昌，袁汉民，陈东升，等 . 2003. 宁夏引黄灌区冬小麦复种水稻栽培技术研究初报［J］. 宁夏农林科技（5）：1-2.
孙跃春，樊奋成，奚广生 . 2003. 马蔺的开发与利用［J］. 中国林副特产（4）：53.
唐秀楠，杨树青，苏瑞东，等 . 2015. 内蒙古河套灌区枸杞微咸水利用模式模拟及环境预测［J］. 节水灌溉（5）：52-56.
陶金，侯龙鱼，杨杰 . 2018. 燕麦萌发耐盐性及指标筛选［J］. 草业科学，35（10）：2 414-2 421.
田丰，贺瑞文，高晓红，等，2017. 包头市土右旗应用脱硫石膏改良盐碱地田间试验效果总结［J］. 新农村：黑龙江（33）：16-17.
田茂忠，李风岭，孙子亮，等 . 1996. 盐碱地甘草栽培技术［J］. 中草药（3）：175-176.
屠鹏飞，陈庆亮，姜勇，等 . 2015. 管花肉苁蓉及其寄主柽柳栽培技术［J］. 中国现代中药，17（4）：349-358.
王海鹏，汪玉萍，马育斌，等，2010. 秦王川辣椒膜下滴灌栽培新技术［J］. 黑龙江农业科学（8）：176-177.
王宏国，郭玉海 . 2012. 肉苁蓉栽培技术研究进展［J］. 北方园艺（1）：183-187.
王晶英，赵雨森，王臻，等 . 2006. 干旱胁迫对银中杨生理生化特性的影响［J］. 水土保持学报，20（1）：197-200.
王景志 . 1997. 柽柳育苗栽培技术［J］. 林业实用技术（1）：38.
王婧，逄焕成，任天志，等 . 2012. 地膜覆盖与秸秆深埋对河套灌区盐渍土水盐运动的影响［J］. 农业工程学报，28（15）：52-59.
王立志，陈明昌，张强，等 . 2011. 脱硫石膏及改良盐碱地效果研究［J］. 中国农学通报，27（20）：241-245.
王亮，潘瑞萍，岳霞，等 . 2014. 乌拉特后旗梭梭人工接种肉苁蓉栽培技术

[J]. 内蒙古林业（9）：29.
王启龙，曹源，王波 . 2018. 覆沙压盐对土壤理化性质及黑麦草生长的影响 [J]. 西部大开发（土地开发工程研究），3（12）：57-61.
王全九，王文焰，汪志荣，等 . 2001. 盐碱地膜下滴灌技术参数的确定 [J]. 农业工程学报，17（2）：47-50.
王淑娟，陈群，李彦，等 . 2013. 重金属在燃煤烟气脱硫石膏改良盐碱土壤中迁移的实验研究 [J]. 生态环境学报（5）：851-856.
王婷，李永刚，2005. 青贮玉米高产栽培与适期收获技术 [J]. 新疆农垦科技（2）：7-9.
王同仁 . 2003. 淮北牧草间作模式及技术 [J]. 中国草食动物科学，23（2）：46-46.
王卫成，韩富军，杨振坤 . 2005. 矮生地被菊新品种栽培技术 [J]. 甘肃农业科技（7）：45-46.
王文铭 . 2008. 金银花栽培 [J]. 中国林业（7）：52.
王希江，韩祥利，李艳辉，等 . 2005. 盐碱地大白菜丰产技术 [J]. 农业新技术（1）：20.
王霞，苏玉彤，崔岩 . 2014. 胡麻营养价值及套种向日葵和小麦高产高效栽培技术 [J]. 特种经济动植物，17（12）：32-33.
王新亮 . 2005. 盐碱地枸杞丰产栽培 [J]. 北方农业学报（s2）：75-76.
王雅琴，刘洪光，朱拥军 . 2010. 重盐碱地膜下滴灌土壤盐分运移规律研究 [J]. 灌溉排水学报，29（3）：58-60.
王亚军，谢忠奎，张志山 . 2003. 甘肃砂田西瓜覆膜补灌效应研究 [J]. 中国沙漠，23（3）：300-305.
王彦华，李艳波，李洪义 . 2004. 寒地盐碱地区水稻栽培技术的研究 [J]. 中国稻米，10（4）：34.
王一民，虎胆·吐马尔白，弋鹏飞，等 . 2010. 盐碱地膜下滴灌水盐运移规律试验研究 [J]. 中国农村水利水电（10）：13-17.
王玉珍 . 2005. 盐碱地柽柳育苗技术 [J]. 特种经济动植物，8（9）：37.
王越，赵辉，马凤江，等 . 2006. 盐碱地与耐盐碱牧草 [J]. 山西农业科学，34（1）：55-57.
微咸水滴灌条件下水氮互作模式对枸杞生长及农田土壤环境的影响研究 [J]. 节水灌溉，2019，281（1）：12-17.
温宝阳，周丽君，张俭斌，等 . 1995. 银中杨栽培技术研究 [J]. 林业实用技术（5）：16-19.

温学刚 . 2009. 豌豆套种向日葵双丰产栽培技术［J］. 甘肃农业（9）：110.
文玉琳，贾银录 . 2002. 扬黄灌区冬小麦复种油葵技术探讨［J］. 宁夏农林科技（4）：53–54.
吴刚，2010. 野生苦豆子人工栽培技术［J］. 新疆农垦科技（4）：28.
吴素丽 . 2019. 覆盖对土壤水盐调控及枸杞产量的影响［J］. 北方园艺，426（03）：122–126.
吴晓刚，王生强，陈彦虎，等 . 2008. 籽用菠菜套种玉米栽培技术［J］. 宁夏农林科技（5）：89.
吴秀梅 . 2016. 小麦套种玉米复种青贮玉米种植模式的效益研究［J］. 现代农业科技（19）：37.
肖启银，高明文，张祯勇，等 . 2015. 大黄种植技术［J］. 现代农业科技（21）：90–91.
杨薇靖，王兴政 . 2013. 定西半干旱区板蓝根栽培技术［J］. 甘肃农业科技（8）：66–67.
杨文化，孙志虎，王庆成 . 2002. 土壤水分供应梯度对银中杨扦插生根及苗木生长的影响［J］. 东北林业大学学报，30（4）：125–128.
叶锋 . 2010. 朔州市盐碱荒漠地燕麦高产栽培技术［J］. 农业技术与装备（9）：50.
尹志荣，黄建成，桂林国，等 . 2016. 盐碱地枸杞节水高效利用技术集成研究［J］. 节水灌溉（12）：32–35.
尹志荣，苏德喜，张永宏，等 . 2012. 不同灌溉方式节水控盐效果及对枸杞产量的影响［J］. 安徽农业科学，40（3）：1 383–1 386.
尹志荣，张永宏，桂林国，等 . 2014. 枸杞微咸水滴灌土壤水盐运移特征及产量研究［J］. 中国土壤与肥料（1）：19–23.
尤力云，张晓丽，李茂廷，2014. 万寿菊花高产栽培技术［J］. 甘肃农业科技（2）：60–61.
俞益民 . 1995. 宁夏盐碱地枸杞栽培技术及研究成果［J］. 内蒙古林业（3）：28–28.
袁秋星，罗伯余 . 2007. 优质谷子栽培技术［J］. 农村实用科技信息（6）：8–8.
岳常彦，郭金龙，王洪水 . 2001. 种植牧草改良盐碱地和油污地［J］. 山东畜牧兽医（6）：49.
张彬贤，赵建德，刘复权 . 1992. 高盐分盐碱地甜菜栽培技术探讨［J］. 甘肃农业科技（6）：14–16.

张放民，常继农，张涛 . 2006. 拱棚甜瓜套棉花栽培模式及管理技术［J］. 现代农业科技（19）：34.
张光远 . 2012. 冬小麦栽培技术要点［J］. 现代农村科技（22）：16.
张立勤，马忠明，俄胜哲 . 2007. 垄膜沟灌栽培对制种玉米产量和水分利用效率的影响［J］. 西北农业学报，16（4）：83-86.
张茂莲，杜华，贾冬梅 . 2002. 籽粒苋栽培技术要点［J］. 种子世界（11）：44.
张庆宏，王凤霞 . 2004. 高寒盐碱地马蔺播种试验［J］. 防护林科技（5）：28-29.
张碎成 . 1998. 甘肃省河西地区啤酒大麦高产栽培技术［J］. 大麦与谷类科学（4）：15-16.
张廷彦，李国飞，冯国强 . 2011. 河西地区辣椒膜下滴灌高产栽培技术［J］. 蔬菜（6）：20-21.
张婷婷，李立军，阿磊，等 . 2016. 牧草间作模式对盐碱化农田和黑土地土壤酶活性的影响［J］. 中国农学通报，32（24）：153-161.
张铜会，李玉霖 . 2000. 半干旱沙地甘草栽培技术规程［J］. 中国沙漠，20（s1）：94-95.
张希霞，苗兴武，王洁 . 1995. 滨海盐碱地水稻旱育稀植高产栽培技术［J］. 山东农业科学（3）：19-20.
张小红，2012. 全膜覆土穴播谷子栽培技术要点［J］. 甘肃农业科技（3）：62-63.
张晓贺，杨思存，陈英，等 . 2013. 不同施肥处理对新垦盐碱荒地盐分运移的影响［J］. 甘肃农业大学学报（6）：110-115.
张永宏，班乃荣，樊振军 . 2007. 银北地区盐碱地耐盐牧草高效种植技术的研究［J］. 中国牛业科学，33（1）：51-54.
张永宏，苏德喜，尹志荣，等 . 2014. 盐碱地水稻保苗控灌技术集成研究［J］. 土壤通报，45（2）：445-449.
张玉红 . 2017. 银中杨栽培技术［J］. 现代化农业（2）：39-40.
张中山 . 2009. 红提葡萄栽培技术及病害防治［J］. 河南农业（1）：36.
张祖栋，朱亮，徐金芳 . 2010. 红提葡萄栽培技术［J］. 农村科技（6）：72.
赵强，常国军，韩文韬，等 . 2007. 酒泉市洋葱栽培技术的改进［J］. 中国蔬菜，1（10）：49-50.
赵永敢，李玉义，胡小龙，等 . 2013. 地膜覆盖结合秸秆深埋对土壤水盐动态影响的微区试验［J］. 土壤学报，50（6）：1 129-1 137.

赵忠，高秀英．2000. 豌豆套种向日葵双丰产栽培技术［J］. 北方农业学报（2）：41-42.
郑国保，孔德杰，张源沛，等．2010. 灌水量对日光温室辣椒膜下滴灌耗水规律的影响［J］. 农业科学研究，31（4）：50-52.
周道玮，田雨，王敏玲，等．2011. 覆沙改良科尔沁沙地-松辽平原交错区盐碱地与造田技术研究［J］. 自然资源学报（6）：910-918.
周谦，2003. 旱作区冬小麦栽培技术［J］. 农业科技通讯（9）：8.
周尤付．2001. 中草药红花栽培技术［J］. 农村百事通（16）：31.
朱晓玲，王栋梁，王云彦．2011. 裸燕麦种植技术［J］. 农村科技（11）：15.
庄舜尧，钟敏，孙晓，等．2012. 滨海盐碱地垄作模式对籽粒苋生长的影响［J］. 江苏农业科学，40（3）：136-137.
庄卫东，林涛．2001. 盐碱地蔬菜栽培模式［J］. 福建农业（1）：15.
邹林有．2008. 苦豆子生长发育特性及氮肥效应研究［D］. 兰州：甘肃农业大学.